国网福建省电力有限公司配电网工程

通用设计

成套化铁附件加工图

国网福建省电力有限公司　组编

中国电力出版社
CHINA ELECTRIC POWER PRESS

内容提要

为全面落实配电网标准化建设"三通一标"要求，实现配电网设计标准化、模块化，本书结合福建地区的综合气象条件、安装方式及现场工况等，对国网典型设计及标准物料进行梳理与精简，提出配电网铁附件"模块化设计、成套化采购"的管理模式，提升项目建设施工进度及施工工艺质量，提高配电网工程建设管理水平。

本书适用于配电网工程成套化铁附件的设计选配、施工装配等工程人员。

图书在版编目（CIP）数据

国网福建省电力有限公司配电网工程通用设计. 成套化铁附件加工图／国网福建省电力有限公司组编. —北京：中国电力出版社，2019.12
ISBN 978-7-5198-3310-7

Ⅰ. ①国⋯ Ⅱ. ①国⋯ Ⅲ. ①配电系统–设计 Ⅳ. ①TM727

中国版本图书馆 CIP 数据核字（2019）第 119734 号

出版发行：中国电力出版社	印　　刷：三河市百盛印装有限公司
地　　址：北京市东城区北京站西街 19 号	版　　次：2019 年 12 月第一版
邮政编码：100005	印　　次：2019 年 12 月北京第一次印刷
网　　址：http://www.cepp.sgcc.com.cn	开　　本：880 毫米×1230 毫米　横 16 开本
责任编辑：罗　艳　高　芬	印　　张：17.75
责任校对：黄　蓓　常燕昆	字　　数：627 千字
装帧设计：张俊霞	印　　数：0001—2000 册
责任印制：石　雷	定　　价：110.00 元

《国网福建省电力有限公司配电网工程通用设计
成套化铁附件加工图》编委会

组织单位　　国网福建省电力有限公司

编制单位　　国网泉州供电公司　　福建亿兴电力设计院有限公司

批　　准　　郑宗安

审　　核　　林　平　　王连辉　　章浦军　　郭建钊　　黄志杰

校　　核　　张火树　　翁晓春　　陈石川　　涂启绍　　曾育洪　　阮彩昆

主要编写　　徐挺武　　吴仰芳　　陈艺伟　　黄　滨　　廖永斌　　陈明耀

前　言

　　铁附件是配电网架空线路的重要组成部分之一，是作为架空导线支撑、柱上开关设备等固定的铁构件，主要分为横担、抱箍、设备支构架、接地装置、接户墙担等类型。由于配电网点多面广，设备种类较多，线路结构复杂，加之不同的气象区条件、电压等级、杆头梢径及杆高等影响，造成整体架空线路铁构件数量种类繁多。传统的零配件式铁件不利于设计选配、物资申报采购、工程施工与管理，以及后期的工程结算和退料办理等，是影响整体配电网工程项目进度管理的重要环节之一。

　　为全面落实配电网标准化建设"三通一标"和"四个一"要求，深化推进《国家电网公司配电网工程典型设计》的应用，实现配电网设计标准化、模块化，福建公司结合本地区的综合气象条件、安装方式及现场工况等，对现有国网典型设计及标准物料进行梳理与精简，提出配电网铁附件"模块化设计、成套化采购"的管理模式，以"优化精简物料、模块设计选配、成套申购配送、加速施工装配、提高校审效率"为目的，优化选取适用于福建地区的典型设计和标准物料。通过对配电网铁附件的梳理精简、部件的灵活组配、杆塔集成模块拆解等技术优化措施，组成由多个单件零散铁件组合转换成标准化、模块化、多元化的成套化铁附件，并编制形成《国网福建电力配电网成套化铁附件电商化目录清单》。配电网成套化铁附件是对现状铁附件应用情况进行技术优化创新，化繁为简，提质增效，可实现在设计选配、申报采购、供应配送、领用存储、施工装配、预（决）算编审等项目建设过程得到全面覆盖应用，有效地加快项目建设进度及施工工艺质量的提升，进一步提高配电网工程建设管理水平。

　　为满足设计选配、现场施工安装及工程管理在实际应用中的需要，本次在《国网福建电力配电网成套化铁附件电商化目录清单》的基础上增加编制配套对应的《国网福建省电力有限公司配电网工程通用设计　成套化铁附件加工图》，以确保成套化铁附件在实际工程中得到更好的应用。

编　者

2018 年 11 月

目 录

高压杆头成套铁附件

（一）高压杆头成套（水泥杆，单杆）

序号 001-Z1-2（ZF1-2），直线杆，单回三角排列，梢径 190，中间

序号	一级物料主表						二级子表清单							总重（kg）
	商品名称	规格型号	单位	商品图片	归类	国网配电网工程典型设计对应图号	物料名称	物料描述	单位	数量	单重（kg）	合重（kg）	物料归类	《成套化铁附件加工图通用设计》对应加工图号	
1	高压杆头成套铁附件	Z1-2（ZF1-2），直线杆，单回三角排列，梢径190，中间	套	001.pdf	高压杆头	2016年版图6-2，2017年版图6-2	高压线路角铁横担	Q235，角钢 L80×8×1700，扁钢—60×6×257（Φ205）	块	1	17.15	17.2	横担类	图6-67，图6-68	37.5
							U型抱箍	U18-200，Q235，圆钢 Φ18×667，螺母 M18：4个	块	1	1.5	1.5	抱箍类	图6-93	
							单头螺栓	M20×50，两平一弹一帽	件	2	0.44	0.9	螺栓类	TJ-GZ-06	
							单头螺栓	M16×80，两平一弹一帽	件	4	0.3	1.2	螺栓类	TJ-GZ-06	
							直线双顶抱箍	GBG-192，Q235，角钢 L63×6×400，L63×6×420，扁钢—60×8×442，—50×5×100	副	1	16.7	16.7	抱箍类	图6-95	

序号 002－Z1－2（ZF1－2），直线杆，单回三角排列，梢径 230，中间

序号	一级物料主表						二级子表清单								总重（kg）
	商品名称	规格型号	单位	商品图片	归类	国网配电网工程典型设计对应图号	物料名称	物料描述	单位	数量	单重（kg）	合重（kg）	物料归类	《成套化铁附件加工图通用设计》对应加工图号	
2	高压杆头成套铁附件	Z1－2（ZF1－2），直线杆，单回三角排列，梢径230，中间	套	002.pdf	高压杆头	2016年版图6－2；2017年版图6－2	高压线路角铁横担	Q235，角钢L80×8×1700，扁钢—60×6×331（φ245）	块	1	17.35	17.4	横担类	图6－67，图6－68	38.7
							U型抱箍	U18－240，Q235，圆钢φ18×770，螺母M18:4个	块	1	1.8	1.8	抱箍类	图6－93	
							单头螺栓	M20×50，两平一弹一帽	件	2	0.44	0.9	螺栓类	TJ－GZ－06	
							单头螺栓	M16×80，两平一弹一帽	件	4	0.3	1.2	螺栓类	TJ－GZ－06	
							直线双顶抱箍	GBG－232，Q235，角钢L63×6×400，L63×6×420，扁钢—60×8×492，—50×5×100	副	1	17.4	17.4	抱箍类	图6－95	

序号 003－Z2－3（ZF2－3），直线杆，双回左右垂直排列，梢径 190，中间

序号	一级物料主表						二级子表清单								总重（kg）
	商品名称	规格型号	单位	商品图片	归类	国网配电网工程典型设计对应图号	物料名称	物料描述	单位	数量	单重（kg）	合重（kg）	物料归类	《成套化铁附件加工图通用设计》对应加工图号	
3	高压杆头成套铁附件	Z2－3（ZF2－3），直线杆，双回左右垂直排列，梢径190，中间	套	003.pdf	高压杆头	2016年版图6－9，2017年版图6－8	高压线路角铁横担	Q235，角钢L80×8×1700，扁钢—60×6×257（φ205）	块	3	17.15	51.5	横担类	图6－67，图6－68	56.2
							U型抱箍	U18－200，Q235，圆钢φ18×667，螺母M18：4个	块	2	1.5	3	抱箍类	图6－93	
							U型抱箍	U18－220，Q235，圆钢φ18×719，螺母M18：4个	块	1	1.7	1.7	抱箍类	图6－93	

序号 004－Z2－3（ZF2－3），直线杆，双回左右垂直排列，梢径 230，中间

序号	一级物料主表						二级子表清单							总重（kg）
	商品名称	规格型号	单位	商品图片	归类	国网配电网工程典型设计对应图号	物料名称	物料描述	单位	数量	单重（kg）	合重（kg）	物料归类	《成套化铁附件加工图通用设计》对应加工图号	
4	高压杆头成套铁附件	Z2－3（ZF2－3），直线杆，双回左右垂直排列，梢径230，中间	套	004.pdf	高压杆头	2016年版图6－9，2017年版图6－8	高压线路角铁横担	Q235，角钢 L80×8×1700，扁钢—60×6×331（φ245）	块	3	17.35	52.1	横担类	图6－67，图6－68	57.5
							U型抱箍	U18－240，Q235，圆钢 φ18×770，螺母 M18：4个	块	2	1.8	3.6	抱箍类	图6－93	
							U型抱箍	U18－260，Q235，圆钢 φ18×822，螺母 M18：4个	块	1	1.8	1.8	抱箍类	图6－93	

序号 005－ZJ1－2（ZJF1－2，Z1－2，ZF1－2），直线转角杆，单回三角排列，梢径 190，中间

序号	一级物料主表						二级子表清单							总重（kg）
	商品名称	规格型号	单位	商品图片	归类	国网配电网工程典型设计对应图号	物料名称	物料描述	单位	数量	单重（kg）	合重（kg）	物料归类	《成套化铁附件加工图通用设计》对应加工图号	
5	高压杆头成套铁附件	ZJ1－2（ZJF1－2，Z1－2，ZF1－2），直线转角杆，单回三角排列，梢径190，中间	套	005.pdf	高压杆头	2016年版图6－2－1，图6－2；2017年版图6－2－1，图6－2	高压线路角铁横担	Q235，角钢 L80×8×1700，扁钢—60×6×257（φ205）	块	2	17.15	34.3	横担类	图6－67，图6－68，图6－40	57.5
							直线双顶抱箍	GBG－192，Q235，角钢 L63×6×400，L63×6×420，扁钢—60×8×442，—50×5×100	副	1	16.7	16.7	抱箍类	图6－95	
							单头螺栓	M20×50，两平一弹一帽	件	2	0.44	0.9	螺栓类	TJ－GZ－06	
							单头螺栓	M16×80，两平一弹一帽	件	4	0.3	1.2	螺栓类	TJ－GZ－06	
							双头螺栓	M18×340，两平两弹四帽	件	4	1.1	4.4	螺栓类	TJ－GZ－07	

序号 006-ZJ1-2（ZJF1-2，Z1-2，ZF1-2），直线转角杆，单回三角排列，梢径 230，中间

序号	一级物料主表						二级子表清单							总重(kg)
	商品名称	规格型号	单位	商品图片	归类	国网配电网工程典型设计对应图号	物料名称	物料描述	单位	数量	单重(kg)	合重(kg)	物料归类	《成套化铁附件加工图通用设计》对应加工图号	
6	高压杆头成套铁附件	ZJ1-2（ZJF1-2，Z1-2，ZF1-2），直线转角杆，单回三角排列，梢径230，中间	套	006.pdf	高压杆头	2016年版图 6-2-1，图 6-2；2017年版图 6-2-1，图 6-2	高压线路角铁横担	Q235，角钢 L80×8×1700，扁钢—60×6×331（φ245）	块	2	17.35	34.7	横担类	图 6-67，图 6-68，图 6-40	58.9
							直线双顶抱箍	GBG-232，Q235，角钢 L63×6×400，L63×6×420，扁钢—60×8×492，—50×5×100	副	1	17.4	17.4	抱箍类	图 6-95	
							单头螺栓	M20×50，两平一弹一帽	件	2	0.44	0.9	螺栓类	TJ-GZ-06	
							单头螺栓	M16×80，两平一弹一帽	件	4	0.3	1.2	螺栓类	TJ-GZ-06	
							双头螺栓	M18×380，两平两弹四帽	件	4	1.18	4.7	螺栓类	TJ-GZ-07	

序号 007-ZJ2-3（ZJF2-3，Z2-3，ZF2-3），直线转角杆，双回左右垂直排列，梢径 190，中间

序号	一级物料主表						二级子表清单							总重(kg)
	商品名称	规格型号	单位	商品图片	归类	国网配电网工程典型设计对应图号	物料名称	物料描述	单位	数量	单重(kg)	合重(kg)	物料归类	《成套化铁附件加工图通用设计》对应加工图号	
7	高压杆头成套铁附件	ZJ2-3（ZJF2-3，Z2-3，ZF2-3），直线转角杆，双回左右垂直排列，梢径190，中间	套	007.pdf	高压杆头	2016年版图 6-9-1，图 6-9；2017年版图 6-8，图 6-8-1	高压线路角铁横担	Q235，角钢 L80×8×1700，扁钢—60×6×257（φ205）	块	6	17.15	102.9	横担类	图 6-67，图 6-68，图 6-40	116.1
							双头螺栓	M18×320，两平两弹四帽	件	4	1.06	4.2	螺栓类	TJ-GZ-07	
							双头螺栓	M18×340，两平两弹四帽	件	4	1.1	4.4	螺栓类	TJ-GZ-07	
							双头螺栓	M18×360，两平两弹四帽	件	4	1.14	4.6	螺栓类	TJ-GZ-07	

序号 008－ZJ2－3（ZJF2－3，Z2－3，ZF2－3），直线转角杆，双回左右垂直排列，梢径230，中间

序号	一级物料主表						二级子表清单							总重(kg)
	商品名称	规格型号	单位	商品图片	归类	国网配电网工程典型设计对应图号	物料名称	物料描述	单位	数量	单重(kg)	合重(kg)	物料归类	《成套化铁附件加工图通用设计》对应加工图号	
8	高压杆头成套铁附件	ZJ2－3（ZJF2－3，Z2－3，ZF2－3），直线转角杆，双回左右垂直排列，梢径230，中间	套	008.pdf	高压杆头	2016年版图6－9－1，图6－9；2017年版图6－8，图6－8－15	高压线路角铁横担	Q235，角钢 L80×8×1700，扁钢—60×6×331（Φ245）	块	6	17.35	104.1	横担类	图6－67，图6－68，图6－40	118.3
							双头螺栓	M18×360，两平两弹四帽	件	4	1.14	4.6	螺栓类	TJ－GZ－07	
							双头螺栓	M18×380，两平两弹四帽	件	4	1.18	4.7	螺栓类	TJ－GZ－07	
							双头螺栓	M18×400，两平两弹四帽	件	4	1.22	4.9	螺栓类	TJ－GZ－07	

序号 009－NJ1－2（ZN1－2，NJF1－2，ZNF1－2），转角45°耐张杆，单回三角排列，梢径190，中间

序号	一级物料主表						二级子表清单							总重(kg)
	商品名称	规格型号	单位	商品图片	归类	国网配电网工程典型设计对应图号	物料名称	物料描述	单位	数量	单重(kg)	合重(kg)	物料归类	《成套化铁附件加工图通用设计》对应加工图号	
9	高压杆头成套铁附件	NJ1－2（ZN1－2，NJF1－2，ZNF1－2），转角45°耐张杆，单回三角排列，梢径190，中间	套	009.pdf	高压杆头	2016年版图6－22，图6－22－1；2017年版图6－13，图6－13－1	高压线路角铁横担	Q235，角钢 L80×8×1700，扁钢—70×6×238（Φ205）	块	2	17.21	34.4	横担类	图6－127，图6－127－1	73.4
							挂线板	Q235，扁钢—160×8×170	块	2	1.71	3.4	支构架		
							斜铁	Q235，角钢 L63×6×642	块	2	3.64	7.3	支构架		
							联板	Q235，扁钢—80×8×570	块	2	2.86	5.7	支构架		
							单头螺栓	M16×50，两平一弹一帽	件	12	0.24	2.9	螺栓类	TJ－GZ－06	
							双头螺栓	M20×350，两平两弹四帽	件	2	1.45	2.9	螺栓类	TJ－GZ－07	
							拉线抱箍	LB₂－200，Q235，扁钢—8×80×457，—8×80×56	块	2	3.55	7.1	抱箍类	图9－56	
							单头螺栓	M20×100，两平一弹一帽	件	2	0.56	1.1	螺栓类	TJ－GZ－06	
							单头螺栓	M18×100，两平一弹一帽	件	2	0.44	0.9	螺栓类	TJ－GZ－06	
							耐张顶架	D190，Q235，角钢 L63×6×400，L63×6×250，扁钢—60×6×80，—60×6×60，—80×8×441	副	1	7.7	7.7	抱箍类	图6－169	

序号 010—NJ1—2（ZN1—2，NJF1—2，ZNF1—2），转角 45° 耐张杆，单回三角排列，梢径 230，中间

序号	一级物料主表						二级子表清单							总重(kg)
	商品名称	规格型号	单位	商品图片	归类	国网配电网工程典型设计对应图号	物料名称	物料描述	单位	数量	单重(kg)	合重(kg)	物料归类	《成套化铁附件加工图通用设计》对应加工图号	
10	高压杆头成套铁附件	NJ1—2（ZN1—2，NJF1—2，ZNF1—2），转角45°耐张杆，单回三角排列，梢径230，中间	套	010.pdf	高压杆头	2016年版图6—22，图6—22—1；2017年版图6—13，图6—13—1	高压线路角铁横担	Q235，角钢L80×8×1700，扁钢—70×6×285（φ245）	块	2	17.36	34.7	横担类		76.1
							挂线板	Q235，扁钢—160×8×170	块	2	1.71	3.4	支构架	图6—127，图6—127—1	
							斜铁	Q235，角钢L63×6×662	块	2	3.79	7.6	支构架		
							联板	Q235，扁钢—80×8×606	块	2	3.05	6.1	支构架		
							单头螺栓	M16×50，两平一弹一帽	件	12	0.24	2.9	螺栓类	TJ—GZ—06	
							双头螺栓	M20×400，两平两弹四帽	件	2	1.58	3.2	螺栓类	TJ—GZ—07	
							拉线抱箍	LB₂—240，Q235，扁钢—8×80×520，—8×80×56	块	2	3.9	7.8	抱箍类	图9—56	
							单头螺栓	M20×100，两平一弹一帽	件	2	0.56	1.1	螺栓类	TJ—GZ—06	
							单头螺栓	M18×100，两平一弹一帽	件	2	0.44	0.9	螺栓类	TJ—GZ—06	
							耐张顶架	D230，Q235，角钢L63×6×400，L63×6×250，扁钢—60×6×80，—60×6×60，—80×8×504	副	1	8.4	8.4	抱箍类	图6—169	

序号 011—NJ1—4（NJF1—4），转角 90° 耐张杆，单回三角排列，梢径 190，中间

序号	一级物料主表						二级子表清单							总重(kg)
	商品名称	规格型号	单位	商品图片	归类	国网配电网工程典型设计对应图号	物料名称	物料描述	单位	数量	单重(kg)	合重(kg)	物料归类	《成套化铁附件加工图通用设计》对应加工图号	
11	高压杆头成套铁附件	NJ1—4（NJF1—4），转角90°耐张杆，单回三角排列，梢径190，中间	套	011.pdf	高压杆头	2016年版图6—24；2017年版图6—15	高压线路角铁横担	Q235，角钢L80×8×1700，扁钢—70×6×238（φ205）	块	4	17.21	68.8	横担类		138.2
							挂线板	Q235，扁钢—160×8×170	块	4	1.71	6.8	支构架	图6—127，图6—127—1	
							斜铁	Q235，角钢L63×6×642	块	4	3.64	14.6	支构架		
							联板	Q235，扁钢—80×8×570	块	4	2.86	11.4	支构架		
							单头螺栓	M16×50，两平一弹一帽	件	24	0.24	5.8	螺栓类	TJ—GZ—06	

| 序号 | 一级物料主表 | | | | | | 二级子表清单 | | | | | | | 总重(kg) |
	商品名称	规格型号	单位	商品图片	归类	国网配电网工程典型设计对应图号	物料名称	物料描述	单位	数量	单重(kg)	合重(kg)	物料归类	《成套化铁附件加工图通用设计》对应加工图号	
11	高压杆头成套铁附件	NJ1-4（NJF1-4），转角90°耐张杆，单回三角排列，梢径190，中间	套	011.pdf	高压杆头	2016年版图6-24；2017年版图6-15	双头螺栓	M20×350，两平两弹四帽	件	4	1.45	5.8	螺栓类	TJ-GZ-07	
							拉线抱箍	LB₂-200，Q235，扁钢—8×80×457，—8×80×56	块	4	3.55	14.2	抱箍类	图9-56	
							单头螺栓	M20×100，两平一弹一帽	件	4	0.56	2.2	螺栓类	TJ-GZ-06	
							单头螺栓	M18×100，两平一弹一帽	件	2	0.44	0.9	螺栓类	TJ-GZ-06	
							耐张顶架	D190，Q235，角钢L63×6×400，L63×6×250，扁钢—60×6×80，—60×6×60，—80×8×441	副	1	7.7	7.7	抱箍类	图6-169	

序号012-NJ1-4（NJF1-4），转角90°耐张杆，单回三角排列，梢径230，中间

| 序号 | 一级物料主表 | | | | | | 二级子表清单 | | | | | | | 总重(kg) |
	商品名称	规格型号	单位	商品图片	归类	国网配电网工程典型设计对应图号	物料名称	物料描述	单位	数量	单重(kg)	合重(kg)	物料归类	《成套化铁附件加工图通用设计》对应加工图号	
12	高压杆头成套铁附件	NJ1-4（NJF1-4），转角90°耐张杆，单回三角排列，梢径230，中间	套	012.pdf	高压杆头	2016年版图6-24；2017年版图6-15	高压线路角铁横担	Q235，角钢L80×8×1700，扁钢—70×6×285（φ245）	块	4	17.36	69.4	横担类	图6-127，图6-127-1	142.8
							挂线板	Q235，扁钢—160×8×170	块	4	1.71	6.8	支构架		
							斜铁	Q235，角钢L63×6×662	块	4	3.79	15.2	支构架		
							联板	Q235，扁钢—80×8×606	块	4	3.05	12.2	支构架		
							单头螺栓	M16×50，两平一弹一帽	件	24	0.24	5.8	螺栓类	TJ-GZ-06	
							双头螺栓	M20×400，两平两弹四帽	件	4	1.58	6.3	螺栓类	TJ-GZ-07	
							拉线抱箍	LB₂-240，Q235，扁钢—8×80×520，—8×80×56	块	4	3.9	15.6	抱箍类	图9-56	
							单头螺栓	M20×100，两平一弹一帽	件	4	0.56	2.2	螺栓类	TJ-GZ-06	
							单头螺栓	M18×100，两平一弹一帽	件	2	0.44	0.9	螺栓类	TJ-GZ-06	
							耐张顶架	D230，Q235，角钢L63×6×400，L63×6×250，扁钢—60×6×80，—60×6×60，—80×8×504	副	1	8.4	8.4	抱箍类	图6-169	

序号 013 - DA - 2（DAF - 2），终端杆，单回三角排列，梢径 190，中间

序号	一级物料主表						二级子表清单							《成套化铁附件加工图通用设计》对应加工图号	总重（kg）
	商品名称	规格型号	单位	商品图片	归类	国网配电网工程典型设计对应图号	物料名称	物料描述	单位	数量	单重（kg）	合重（kg）	物料归类		
13	高压杆头成套铁附件	DA - 2（DAF - 2），终端杆，单回三角排列，梢径 190，中间	套	013.pdf	高压杆头	2016 年版图 6 - 24 - 1；2017 年版图 6 - 15 - 1	高压线路角铁横担	Q235，角钢 L80×8×1700，扁钢—70×6×238（Φ205）	块	2	17.21	34.4	横担类	图 6 - 127，图 6 - 127 - 1	64.8
							挂线板	Q235，扁钢—160×8×170	块	2	1.71	3.4	支构架		
							斜铁	Q235，角钢 L63×6×642	块	2	3.64	7.3	支构架		
							联板	Q235，扁钢—80×8×570	块	2	2.86	5.7	支构架		
							单头螺栓	M16×50，两平一弹一帽	件	12	0.24	2.9	螺栓类	TJ - GZ - 06	
							双头螺栓	M20×350，两平两弹四帽	件	2	1.45	2.9	螺栓类	TJ - GZ - 07	
							拉线抱箍	LB₂ - 200，Q235，扁钢—8×80×457，—8×80×56	块	2	3.55	7.1	抱箍类	图 9 - 56	
							单头螺栓	M20×100，两平一弹一帽	件	2	0.56	1.1	螺栓类	TJ - GZ - 06	

序号 014 - DA - 2（DAF - 2），终端杆，单回三角排列，梢径 230，中间

序号	一级物料主表						二级子表清单							《成套化铁附件加工图通用设计》对应加工图号	总重（kg）
	商品名称	规格型号	单位	商品图片	归类	国网配电网工程典型设计对应图号	物料名称	物料描述	单位	数量	单重（kg）	合重（kg）	物料归类		
14	高压杆头成套铁附件	DA - 2（DAF - 2），终端杆，单回三角排列，梢径 230，中间	套	014.pdf	高压杆头	2016 年版图 6 - 24 - 1；2017 年版图 6 - 15 - 1	高压线路角铁横担	Q235，角钢 L80×8×1700，扁钢—70×6×285（Φ245）	块	2	17.36	34.7	横担类	图 6 - 127，图 6 - 127 - 1	66.8
							挂线板	Q235，扁钢—160×8×170	块	2	1.71	3.4	支构架		
							斜铁	Q235，角钢 L63×6×662	块	2	3.79	7.6	支构架		
							联板	Q235，扁钢—80×8×606	块	2	3.05	6.1	支构架		
							单头螺栓	M16×50，两平一弹一帽	件	12	0.24	2.9	螺栓类	TJ - GZ - 06	
							双头螺栓	M20×400，两平两弹四帽	件	2	1.58	3.2	螺栓类	TJ - GZ - 07	
							拉线抱箍	LB₂ - 240，Q235，扁钢—8×80×520，—8×80×56	块	2	3.9	7.8	抱箍类	图 9 - 56	
							单头螺栓	M20×100，两平一弹一帽	件	2	0.56	1.1	螺栓类	TJ - GZ - 06	

国网福建省电力有限公司配电网工程通用设计　成套化铁附件加工图

序号015－NJ2－3（DA2－3，ZN2－3，NJF2－3，ZNF2－3，DAF2－3），转角45°耐张杆（终端杆），双回左右垂直排列，梢径190，中间

序号	一级物料主表						二级子表清单							总重（kg）
	商品名称	规格型号	单位	商品图片	归类	国网配电网工程典型设计对应图号	物料名称	物料描述	单位	数量	单重（kg）	合重（kg）	物料归类	《成套化铁附件加工图通用设计》对应加工图号	
15	高压杆头成套铁附件	NJ2－3（DA2－3，ZN2－3，NJF2－3，ZNF2－3，DAF2－3），转角45°耐张杆（终端杆），双回左右垂直排列，梢径190，中间	套	015.pdf	高压杆头	2016年版图6－29，图6－29－1，图6－30－1；2017年版图6－20，图6－20－1，图6－21－1	高压线路角铁横担	Q235，角钢L80×8×1700，扁钢—70×6×238（Φ205）	块	6	17.21	103.3	横担类	图6－127，图6－127－1	169.8
							挂线板	Q235，扁钢—160×8×170	块	6	1.71	10.3	支构架		
							斜铁	Q235，角钢L63×6×642	块	6	3.64	21.8	支构架		
							联板	Q235，扁钢—80×8×570	块	6	2.86	17.2	支构架		
							单头螺栓	M16×50，两平一弹一帽	件	36	0.24	8.6	螺栓类	TJ－GZ－06	
							双头螺栓	M20×320，两平两弹四帽	件	2	1.38	2.8	螺栓类	TJ－GZ－07	
							双头螺栓	M20×350，两平两弹四帽	件	2	1.45	2.9	螺栓类	TJ－GZ－07	
							双头螺栓	M20×360，两平两弹四帽	件	2	1.47	2.9	螺栓类	TJ－GZ－07	

序号016－NJ2－3（DA2－3，ZN2－3，NJF2－3，ZNF2－3，DAF2－3），转角45°耐张杆（终端杆），双回左右垂直排列，梢径230，中间

序号	一级物料主表						二级子表清单							总重（kg）
	商品名称	规格型号	单位	商品图片	归类	国网配电网工程典型设计对应图号	物料名称	物料描述	单位	数量	单重（kg）	合重（kg）	物料归类	《成套化铁附件加工图通用设计》对应加工图号	
16	高压杆头成套铁附件	NJ2－3（DA2－3，ZN2－3，NJF2－3，ZNF2－3，DAF2－3），转角45°耐张杆（终端杆），双回左右垂直排列，梢径230，中间	套	016.pdf	高压杆头	2016年版图6－29，图6－29－1，图6－30－1；2017年版图6－20，图6－20－1，图6－21－1	高压线路角铁横担	Q235，角钢L80×8×1700，扁钢—70×6×285（Φ245）	块	6	17.36	104.2	横担类	图6－127，图6－127－1	173.4
							挂线板	Q235，扁钢—160×8×170	块	6	1.71	10.3	支构架		
							斜铁	Q235，角钢L63×6×662	块	6	3.79	22.7	支构架		
							联板	Q235，扁钢—80×8×606	块	6	3.05	18.3	支构架		
							单头螺栓	M16×50，两平一弹一帽	件	36	0.24	8.6	螺栓类	TJ－GZ－06	
							双头螺栓	M20×380，两平两弹四帽	件	2	1.52	3	螺栓类	TJ－GZ－07	
							双头螺栓	M20×400，两平两弹四帽	件	4	1.58	6.3	螺栓类	TJ－GZ－07	

序号 017-NJ2-4（NJF2-4），转角 90°耐张杆，双回左右垂直排列，梢径 230，中间

序号	一级物料主表						二级子表清单							《成套化铁附件加工图通用设计》对应加工图号	总重（kg）
	商品名称	规格型号	单位	商品图片	归类	国网配电网工程典型设计对应图号	物料名称	物料描述	单位	数量	单重（kg）	合重（kg）	物料归类		
17	高压杆头成套铁附件	NJ2-4（NJF2-4），转角 90°耐张杆，双回左右垂直排列，梢径 230，中间	套	017.pdf	高压杆头	2016 年版图 6-30；2017 年版图 6-21	高压线路角铁横担	Q235，角钢 L80×8×1700，扁钢—70×6×285（φ245）	块	12	17.36	208.3	横担类	图 6-127，图 6-127-1	346.9
							挂线板	Q235，扁钢—160×8×170	块	12	1.71	20.5	支构架		
							斜铁	Q235，角钢 L63×6×662	块	12	3.79	45.5	支构架		
							联板	Q235，扁钢—80×8×606	块	12	3.05	36.6	支构架		
							单头螺栓	M16×50，两平一弹一帽	件	72	0.24	17.3	螺栓类	TJ-GZ-06	
							双头螺栓	M20×380，两平两弹四帽	件	4	1.52	6.1	螺栓类	TJ-GZ-07	
							双头螺栓	M20×400，两平两弹四帽	件	4	1.58	6.3	螺栓类	TJ-GZ-07	
							双头螺栓	M20×400，两平两弹四帽	件	4	1.58	6.3	螺栓类	TJ-GZ-07	

国网福建省电力有限公司配电网工程通用设计　成套化铁附件加工图

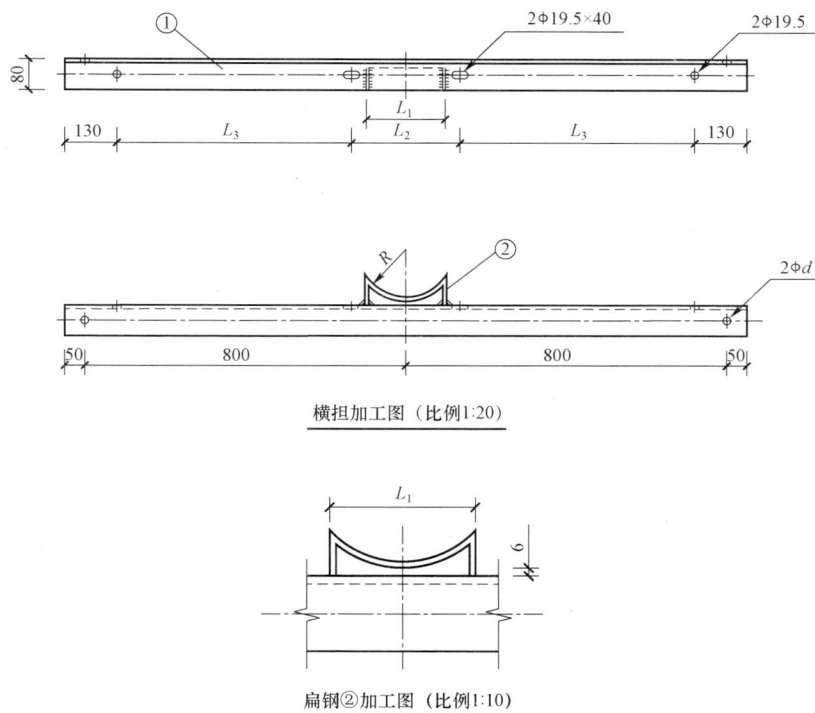

横担加工图（比例1:20）

扁钢②加工图（比例1:10）

材 料 表

杆径 （mm）	编号	材料名称	规格 （mm）	单位	数量	质量 （kg） 单件	质量 （kg） 小计	总质量 （kg） ①+②	备注
	①	角钢	L80×8×1700	块	1	16.42	16.4		
190	②	扁钢	—60×6×243	块	1	0.69	0.7	17.1	
205	②	扁钢	—60×6×257	块	1	0.73	0.7	17.1	
215	②	扁钢	—60×6×275	块	1	0.78	0.8	17.2	
230	②	扁钢	—60×6×317	块	1	0.90	0.9	17.3	
245	②	扁钢	—60×6×331	块	1	0.93	0.9	17.3	
255	②	扁钢	—60×6×349	块	1	0.99	1.0	17.4	
260	②	扁钢	—60×6×375	块	1	1.06	1.1	17.5	
270	②	扁钢	—60×6×394	块	1	1.11	1.1	17.5	
280	②	扁钢	—60×6×414	块	1	1.17	1.2	17.6	
285	②	扁钢	—60×6×407	块	1	1.15	1.2	17.6	
300	②	扁钢	—60×6×453	块	1	1.28	1.3	17.7	

注：1. 扁钢与角钢须四面焊接，且焊缝高度为 6mm。

2. 所有材料均须热镀锌防腐。

3. 所有材料材质均为 Q235。

4. 扁钢②与角钢间隙 6mm。

5. 根据选取的绝缘子固定螺栓的规格，本地区确定安装孔径 d 按 M20 螺栓取 ϕ21.5mm。

6. 横担准线根据 DL/T 5442—2010《输电线路铁塔制图和构造规定》表 8.2.1 角钢准距表中的技术参数，详见本典型设计第 6 章总说明 6.1.3.3。

图 6－67　HD1－17/8008 水泥单杆直线横担加工图（1/2）

横担加工尺寸及零件选取表

水泥杆杆径（mm）	L_1（mm）	L_2（mm）	L_3（mm）	R（mm）	杆头示意图	U型抱箍
190	150	230	605	95	图6-9 上横担	U18-200
205	160	240	600	103	图6-2 横担、图6-9 中横担	U18-220
215	170	250	595	108	图6-9 下横担	U18-230
230	190	270	585	115	图6-9 上横担、图6-16 上横担、图6-18 上横担、图6-20 横担1	U18-240
245	200	280	580	123	图6-2 横担、图6-9 中横担、图6-16 中上横担、图6-20 横担2	U18-260
255	210	290	575	128	图6-9 下横担、图6-16 中下横担、图6-20 横担3	U18-270
260	220	300	570	130	图6-18 中下横担	U18-270
270	230	310	565	135	图6-9 上横担、图6-17 上横担、图6-19 上横担、图6-20 横担4、图6-20 横担1	U18-280
280	240	320	560	140	图6-20 横担5	U18-290
285	240	320	560	143	图6-2 横担、图6-9 中横担、图6-17 中上横担、图6-20 横担2	U18-300
290	250	330	555	145	图6-20 横担6	U18-300
295	250	330	555	148	图6-9 下横担、图6-17 中下横担、图6-20 横担3	U18-310
300	260	340	550	150	图6-19 中下横担	U18-310

图 6－68　HD1－17/8008 水泥单杆直线横担加工图（2/2）

· 12 ·　国网福建省电力有限公司配电网工程通用设计　成套化铁附件加工图

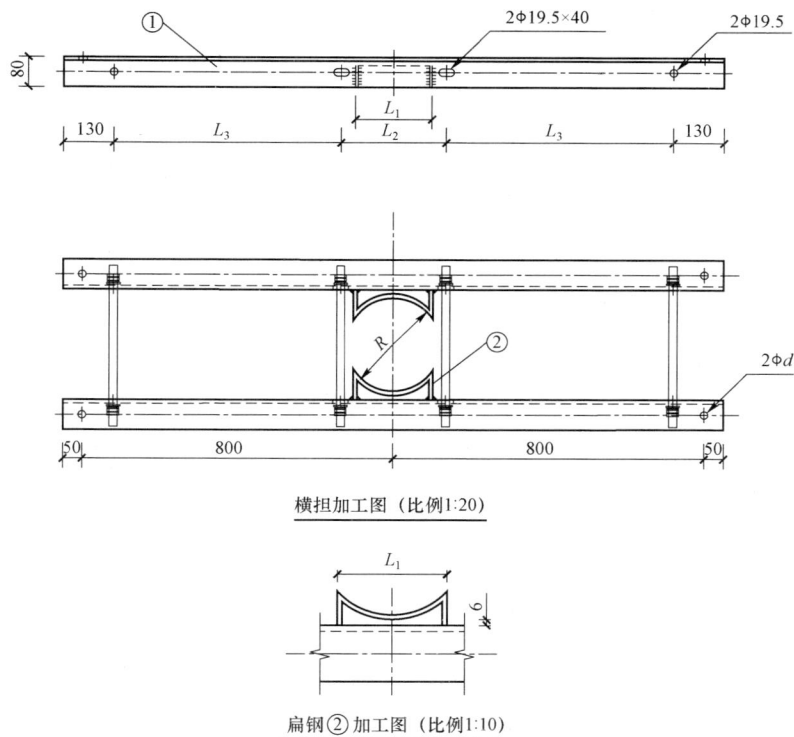

材 料 表

杆径（mm）	编号	材料名称	规格（mm）	单位	数量	质量（kg）		总质量（kg）①+②	备注
						单件	小计		
	①	角钢	L80×8×1700	块	2	16.42	32.8		
190	②	扁钢	—60×6×243	块	2	0.69	1.4	34.2	
205	②	扁钢	—60×6×257	块	2	0.73	1.4	34.2	
215	②	扁钢	—60×6×275	块	2	0.78	1.6	34.4	
230	②	扁钢	—60×6×317	块	2	0.90	1.8	34.6	
245	②	扁钢	—60×6×331	块	2	0.93	1.8	34.6	
255	②	扁钢	—60×6×349	块	2	0.99	2.0	34.8	
260	②	扁钢	—60×6×375	块	2	1.06	2.2	35.0	
270	②	扁钢	—60×6×394	块	2	1.11	2.2	35.0	
280	②	扁钢	—60×6×414	块	2	1.17	2.4	35.2	
285	②	扁钢	—60×6×407	块	2	1.15	2.4	35.2	
290	②	扁钢	—60×6×433	块	2	1.23	2.4	35.2	
295	②	扁钢	—60×6×426	块	2	1.20	2.4	35.2	
300	②	扁钢	—60×6×453	块	2	1.28	2.6	35.4	

横担加工图（比例1:20）

扁钢②加工图（比例1:10）

注：1. 扁钢与角钢须四面焊接，且焊缝高度为 6mm。

2. 所有材料均须热镀锌防腐。

3. 所有材料材质均为 Q235。

4. 扁钢②与角钢间隙 6mm。

5. 根据选取的绝缘子固定螺栓的规格，本地区确定安装孔径 d 按 M20 螺栓取 $\phi21.5$mm。

6. 横担准线根据 DL/T 5442—2010《输电线路铁塔制图和构造规定》表 8.2.1 角钢准距表中的技术参数，详见本典型设计第 6 章总说明 6.1.3.3。

7. 本横担用于直线转角横担。图中未注明的尺寸详见"图 6—68"。

图 6－40　HD2－17/8008 水泥单杆直线转角杆横担加工图

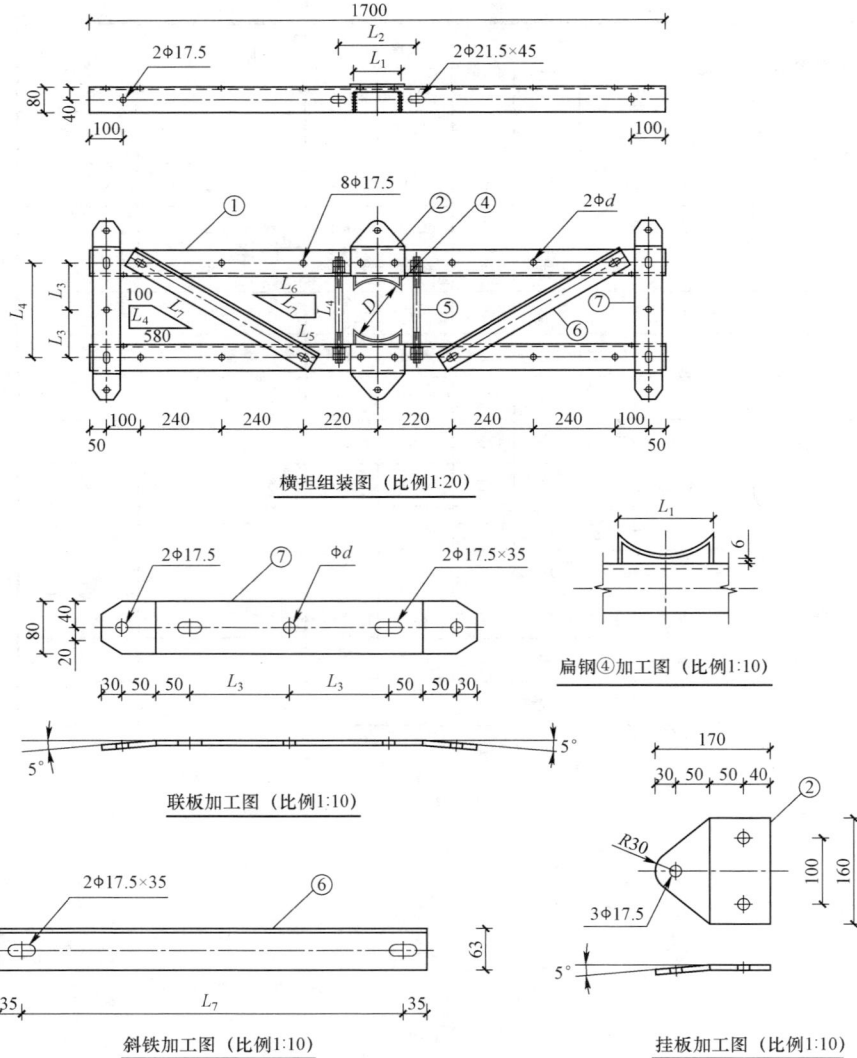

横担组装图（比例1:20）

扁钢④加工图（比例1:10）

联板加工图（比例1:10）

斜铁加工图（比例1:10）

挂板加工图（比例1:10）

双头螺栓加工图（比例1:10）

材 料 表

杆径（mm）	编号	材料名称	规格（mm）	单位	数量	质量（kg） 单件	质量（kg） 小计	总重	备注
	①	角钢	L80×8×1700	块	2	16.42	32.8		
	②	挂板	—160×8×170	块	2	1.71	3.4		
	③	螺栓	M16×45	个	12	0.15	1.8		单帽单垫，无扣长12mm
190	④	扁钢	—70×6×223	块	2	0.74	1.5	54.4	
	⑤	螺栓	M20×330	个	2	1.05	2.1		
	⑥	角钢	L63×6×633	块	2	3.62	7.2		
	⑦	扁钢	—80×8×554	块	2	2.78	5.6		
200	④	扁钢	—70×6×234	块	2	0.77	1.5	54.7	
	⑤	螺栓	M20×340	个	2	1.08	2.2		
	⑥	角钢	L63×6×638	块	2	3.65	7.3		
	⑦	扁钢	—80×8×564	块	2	2.83	5.7		
205	④	扁钢	—70×6×238	块	2	0.79	1.6	54.8	
	⑤	螺栓	M20×345	个	2	1.09	2.2		
	⑥	角钢	L63×6×642	块	2	3.64	7.3		
	⑦	扁钢	—80×8×570	块	2	2.86	5.7		
210	④	扁钢	—70×6×244	块	2	0.80	1.6	54.9	
	⑤	螺栓	M20×350	个	2	1.10	2.2		
	⑥	角钢	L63×6×644	块	2	3.68	7.4		
	⑦	扁钢	—80×8×574	块	2	2.86	5.7		

选 型 表

杆径（mm）	L_1（mm）	L_2（mm）	L_3（mm）	L_4（mm）	L_5（mm）	L_6（mm）	L_7（mm）	D（mm）	H（mm）	杆头示意图
190	141	230	147	294	105	585	563	190	140	图6-22横担
200	149	240	152	304	100	580	568	200	150	图6-24横担
205	152	245	153	310	103	478	570	205	155	图6-29横担
210	156	250	155	314	100	475	572	210	160	图6-30横担

注：1. 扁钢④与角钢①须四面焊接，且焊缝高度为6mm。

2. 所有材料均须热镀锌防腐。

3. 所有材料材质均为Q235。

4. 扁钢④与角钢①间隙6mm。

5. 根据选取的绝缘子固定螺栓的规格，本地区确定安装孔径 d 按 M20 螺栓取 ϕ21.5mm。

6. 横担准线根据DL/T 5442—2010《输电线路铁塔制图和构造规定》表8.2.1 角钢准距中的技术参数，详见本典型设计第6章总说明6.1.3.3。

7. 螺栓的性能等级为6.8级。

图 6-127 HD3-17/8008 水泥单杆耐张横担加工图（1/2）

材 料 表

杆径（mm）	编号	材料名称	规格（mm）	单位	数量	质量（kg）单件	质量（kg）小计	总重	备注
	①	角钢	L80×8×1700	块	2	16.42	32.8		
	②	挂板	—160×8×170	块	2	1.71	3.4		
	③	螺栓	M16×45	个	12	0.15	1.8		单帽单垫，无扣长12mm
220	④	扁钢	—70×6×255	块	2	0.84	1.7	55.4	
	⑤	螺栓	M20×360	个	2	1.13	2.3		
	⑥	角钢	L63×6×650	块	2	3.72	7.5		
	⑦	扁钢	—80×8×584	块	2	2.93	5.9		
235	④	扁钢	—70×6×272	块	2	0.90	1.8	55.6	
	⑤	螺栓	M20×375	个	2	1.16	2.3		
	⑥	角钢	L63×6×658	块	2	3.76	7.5		
	⑦	扁钢	—80×8×600	块	2	3.01	6.0		
245	④	扁钢	—70×6×285	块	2	0.94	1.9	56.0	
	⑤	螺栓	M20×385	个	2	1.19	2.4		
	⑥	角钢	L63×6×662	块	2	3.79	7.6		
	⑦	扁钢	—80×8×606	块	2	3.05	6.1		
250	④	扁钢	—70×6×292	块	2	0.96	1.9	56.1	
	⑤	螺栓	M20×390	个	2	1.20	2.4		
	⑥	角钢	L63×6×666	块	2	3.81	7.6		
	⑦	扁钢	—80×8×614	块	2	3.09	6.2		
265	④	扁钢	—70×6×309	块	2	1.02	2.0	56.6	
	⑤	螺栓	M20×405	个	2	1.24	2.5		
	⑥	角钢	L63×6×676	块	2	3.87	7.8		
	⑦	扁钢	—80×8×630	块	2	3.17	6.3		
270	④	扁钢	—70×6×312	块	2	1.03	2.1	56.8	
	⑤	螺栓	M20×410	个	2	1.25	2.5		
	⑥	角钢	L63×6×678	块	2	3.88	7.8		
	⑦	扁钢	—80×8×634	块	2	3.19	6.4		

选 型 表

杆径（mm）	L_1（mm）	L_2（mm）	L_3（mm）	L_4（mm）	L_5（mm）	L_6（mm）	L_7（mm）	D（mm）	H（mm）	杆头示意图
220	163	260	162	324	87	670	667	220	170	图6-22横担
235	174	275	170	340	96	663	661	235	185	图6-24横担
245	182	285	173	346	83	458	592	245	195	图6-29横担
250	186	290	177	354	88	655	668	250	200	图6-30横担
265	197	305	185	370	80	648	678	265	215	
270	200	310	187	374	110	645	653	270	220	

图 6-127-1　HD3-17/8008 水泥单杆耐张横担加工图（2/2）

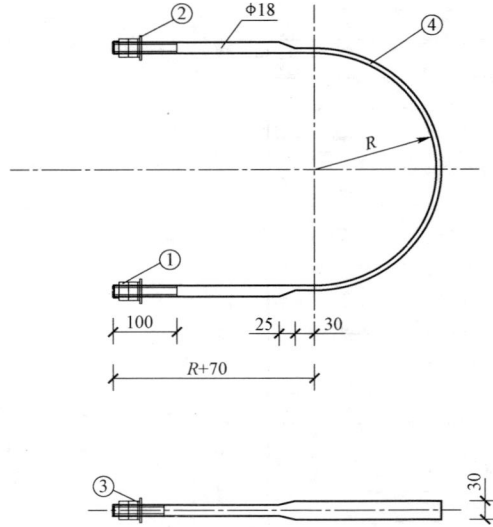

比例 1:10

注：1. 所有材料材质均为 Q235 型钢材并进行热镀锌防腐处理。

2. 半圆部分的圆钢须打扁。

材 料 表

序号	编号	名称	规格	R (mm)	L长度 (mm)	单位	数量	质量（kg）		总质量（kg）①+②+③+④	备注
								单件	小计		
1	①	螺母	AM18			个	4	0.05	0.2		
2	②	平垫	φ18			个	2	0.01	0.02		
3	③	弹垫	φ18			个	2	0.01	0.02		
4	④	U型抱箍	U18－200	100	667	块	1	1.33	1.3	1.5	
5	④	U型抱箍	U18－210	105	693	块	1	1.39	1.4	1.6	
6	④	U型抱箍	U18－220	110	719	块	1	1.44	1.5	1.7	
7	④	U型抱箍	U18－230	115	744	块	1	1.49	1.5	1.7	
8	④	U型抱箍	U18－240	120	770	块	1	1.54	1.6	1.8	
9	④	U型抱箍	U18－250	125	796	块	1	1.59	1.6	1.8	
10	④	U型抱箍	U18－260	130	822	块	1	1.64	1.6	1.8	
11	④	U型抱箍	U18－270	135	847	块	1	1.69	1.7	1.9	
12	④	U型抱箍	U18－280	140	873	块	1	1.75	1.8	2.0	
13	④	U型抱箍	U18－290	145	899	块	1	1.80	1.8	2.0	
14	④	U型抱箍	U18－300	150	924	块	1	1.85	1.9	2.1	
15	④	U型抱箍	U18－310	155	950	块	1	1.90	1.9	2.1	
16	④	U型抱箍	U18－320	160	976	块	1	1.95	2.0	2.2	
17	④	U型抱箍	U18－330	165	1001	块	1	2.00	2.0	2.2	
18	④	U型抱箍	U18－340	170	1027	块	1	2.05	2.1	2.3	
19	④	U型抱箍	U18－350	175	1053	块	1	2.11	2.1	2.3	
20	④	U型抱箍	U18－360	180	1078	块	1	2.16	2.2	2.4	
21	④	U型抱箍	U18－370	185	1104	块	1	2.21	2.2	2.4	
22	④	U型抱箍	U18－380	190	1130	块	1	2.26	2.3	2.5	
23	④	U型抱箍	U18－390	195	1155	块	1	2.31	2.3	2.5	
24	④	U型抱箍	U18－400	200	1181	块	1	2.36	2.4	2.6	
25	④	U型抱箍	U18－410	205	1207	块	1	2.41	2.4	2.6	
26	④	U型抱箍	U18－420	210	1233	块	1	2.47	2.5	2.7	
27	④	U型抱箍	U18－430	215	1258	块	1	2.52	2.5	2.7	
28	④	U型抱箍	U18－440	220	1284	块	1	2.57	2.6	2.8	
29	④	U型抱箍	U18－450	225	1310	块	1	2.62	2.6	2.8	
30	④	U型抱箍	U18－460	230	1335	块	1	2.67	2.7	2.9	
31	④	U型抱箍	U18－470	235	1361	块	1	2.72	2.7	2.9	
32	④	U型抱箍	U18－480	240	1387	块	1	2.77	2.8	3.0	
33	④	U型抱箍	U18－490	245	1412	块	1	2.83	2.8	3.0	
34	④	U型抱箍	U18－500	250	1438	块	1	2.88	2.9	3.1	
35	④	U型抱箍	U18－510	255	1464	块	1	2.93	2.9	3.1	

图 6－93 U 型抱箍加工图

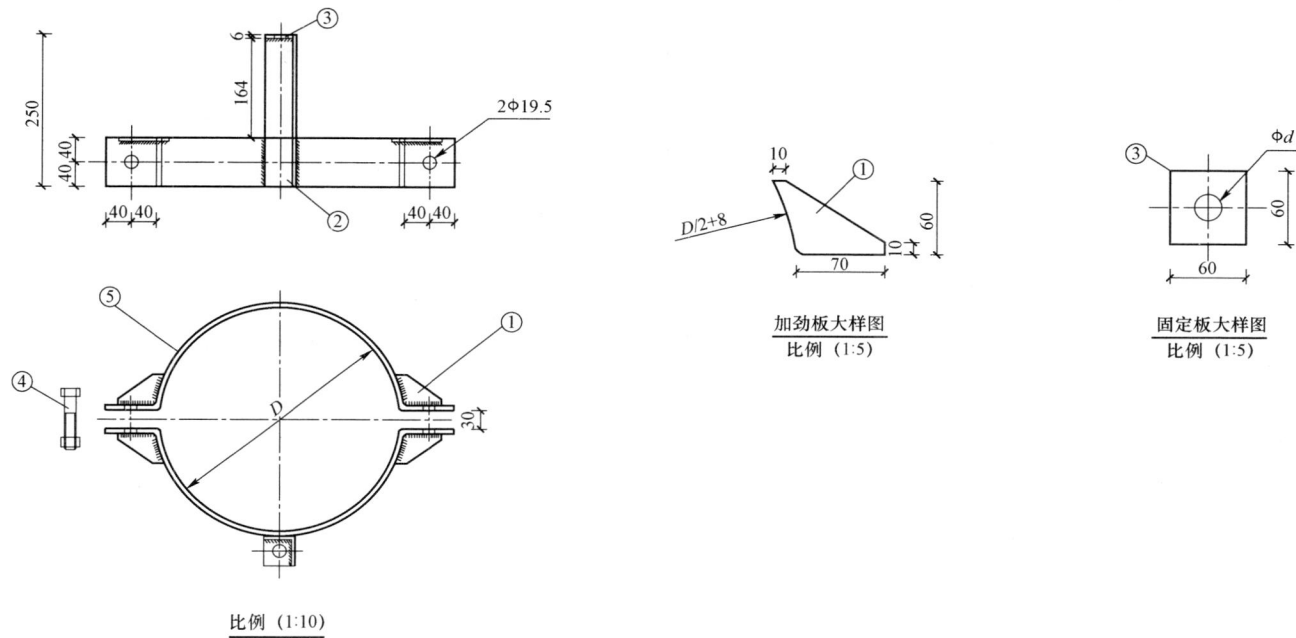

加劲板大样图
比例（1:5）

固定板大样图
比例（1:5）

比例（1:10）

注：1. 所有材料材质均为 Q235 并进行热镀锌防腐。

2. 根据选取的绝缘子固定螺栓的规格，本地区确定安装孔径 d 按 M20 螺栓取 ϕ21.5mm。

3. 横担准线根据 DL/T 5442—2010《输电线路铁塔制图和构造规定》表 8.2.1 角钢准距表中的技术参数，详见本典型设计第 6 章总说明 6.1.3.3。

4. 螺栓的性能等级为 6.8 级。

5. 支撑铁②与抱箍板⑤，固定板③与支撑铁②须焊接牢固。

6. 各构件焊接工艺、焊缝高度及长度应满足相关规程、规范要求。

材 料 表

序号	编号	名称	D (mm)	规格	长度 (mm)	单位	数量	质量 (kg) 单件	质量 (kg) 小计	总质量 (kg)
1	①	加劲板		—60×6	80	块	4	0.23	0.9	
2	②	支撑铁		L63×6	250	块	1	1.43	1.4	
3	③	固定板		—60×6	60	块	1	0.17	0.2	
4	④	螺栓		M18×100	100	个	2	0.39	0.8	单帽单垫，无扣长46mm
5	⑤	抱箍板	190	—80×8	441	块	2	2.22	4.4	7.7
6	⑤	抱箍板	230	—80×8	504	块	2	2.53	5.1	8.4
7	⑤	抱箍板	270	—80×8	567	块	2	2.85	5.7	9.0
8	⑤	抱箍板	350	—80×8	693	块	2	3.48	7.0	10.3
9	⑤	抱箍板	430	—80×8	818	块	2	4.11	8.2	11.5

图 6－169 耐张顶架加工图

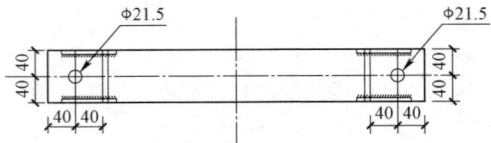

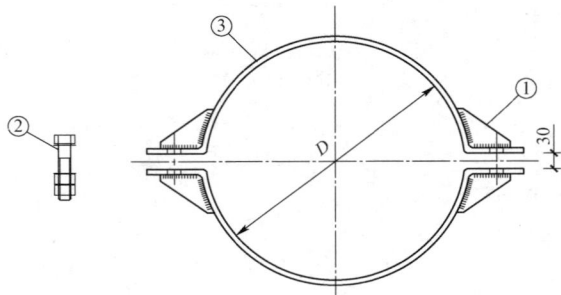

材 料 表

序号	编号	名称	规格	长度（mm）	单位	数量	质量 (kg) 单件	质量 (kg) 小计	备注
1	①	加劲板	—8×80	56	块	8	0.31	2.5	
2	②	螺栓	M20×100	100	个	2	0.48	1.0	6.8级,双帽双垫,无扣长度为46mm

选 型 表

序号	编号	型号	D（mm）	规格	长度（mm）	单位	数量	质量 (kg) 单件	质量 (kg) 小计	总质量 (kg) ①+②+③	备注
1	③	LB₂−200	200	—8×80	457	块	2	2.30	4.6	8.1	
2	③	LB₂−210	210	—8×80	473	块	2	2.37	4.8	8.2	
3	③	LB₂−220	220	—8×80	489	块	2	2.45	4.9	8.4	
4	③	LB₂−230	230	—8×80	504	块	2	2.53	5.1	8.6	
5	③	LB₂−240	240	—8×80	520	块	2	2.61	5.2	8.8	
6	③	LB₂−250	250	—8×80	536	块	2	2.69	5.4	8.9	适用GJ−80拉线
7	③	LB₂−260	260	—8×80	552	块	2	2.77	5.5	9.0	
8	③	LB₂−270	270	—8×80	567	块	2	2.85	5.7	9.2	
9	③	LB₂−280	280	—8×80	583	块	2	2.93	5.9	9.4	
10	③	LB₂−290	290	—8×80	599	块	2	3.01	6.0	9.5	
11	③	LB₂−300	300	—8×80	614	块	2	3.08	6.2	9.7	

比例（1:10）

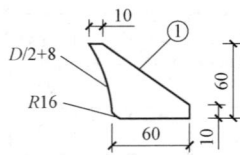

加劲板大样图
比例（1:5）

说明： 1. 螺栓螺母垫圈参阅国家标准。

　　　 2. 钢材为 Q235。

　　　 3. 全部铁件必须热镀锌防腐处理。

　　　 4. 各构件焊接工艺、焊缝高度及长度应满足相关规程、规范要求。

图 9－56　拉线抱箍加工图 LB₂（2/3）

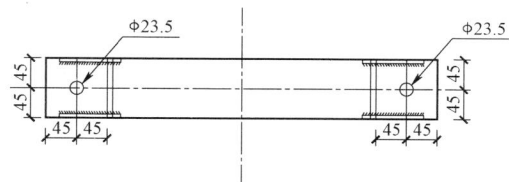

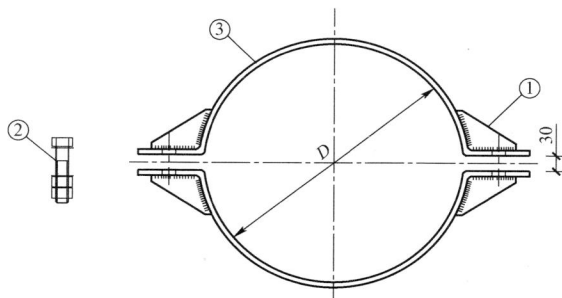

比例（1:10）

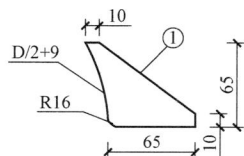

加劲板大样图
比例（1:5）

材 料 表

序号	编号	名称	规格	长度（mm）	单位	数量	质量（kg）单件	质量（kg）小计	备注
1	①	加劲板	—9×65	85	块	8	0.39	3.1	
2	②	螺栓	M22×110	110	个	2	0.62	1.2	6.8级,双帽双垫,无扣长度为48mm

选 型 表

序号	编号	型号	D（mm）	规格	长度（mm）	单位	数量	质量（kg）单件	质量（kg）小计	总质量（kg）①+②+③	备注
1	③	LB$_3$－200	200	—9×80	477	块	2	2.70	5.4	9.7	
2	③	LB$_3$－210	210	—9×80	493	块	2	2.79	5.6	9.9	
3	③	LB$_3$－220	220	—9×80	509	块	2	2.87	5.8	10.0	
4	③	LB$_3$－230	230	—9×80	524	块	2	2.96	5.9	10.2	
5	③	LB$_3$－240	240	—9×80	540	块	2	3.05	6.1	10.4	
6	③	LB$_3$－250	250	—9×80	556	块	2	3.14	6.3	10.6	
7	③	LB$_3$－260	260	—9×80	572	块	2	3.23	6.5	10.8	
8	③	LB$_3$－270	270	—9×80	587	块	2	3.32	6.6	10.9	
9	③	LB$_3$－280	280	—9×80	603	块	2	3.41	6.8	11.1	
10	③	LB$_3$－290	290	—9×80	619	块	2	3.50	7.0	11.3	
11	③	LB$_3$－300	300	—9×80	634	块	2	3.58	7.2	11.5	适用GJ－100拉线
12	③	LB$_3$－310	310	—9×80	650	块	2	3.67	7.4	11.6	
13	③	LB$_3$－320	320	—9×80	666	块	2	3.76	7.5	11.8	
14	③	LB$_3$－330	330	—9×80	681	块	2	3.85	7.7	12.0	
15	③	LB$_3$－340	340	—9×80	697	块	2	3.94	7.9	12.2	
16	③	LB$_3$－350	350	—9×80	713	块	2	4.03	8.1	12.4	
17	③	LB$_3$－360	360	—9×80	729	块	2	4.12	8.2	12.5	
18	③	LB$_3$－370	370	—9×80	744	块	2	4.21	8.4	12.7	
19	③	LB$_3$－380	380	—9×80	760	块	2	4.29	8.6	12.9	
20	③	LB$_3$－390	390	—9×80	776	块	2	4.38	8.8	13.1	

说明：1. 螺栓螺母垫圈参阅国家标准。

2. 钢材为 Q235。

3. 全部铁件必须热镀锌防腐处理。

4. 各构件焊接工艺、焊缝高度及长度应满足相关规程、规范要求。

图 9－57　拉线抱箍加工图 LB$_3$（3/3）

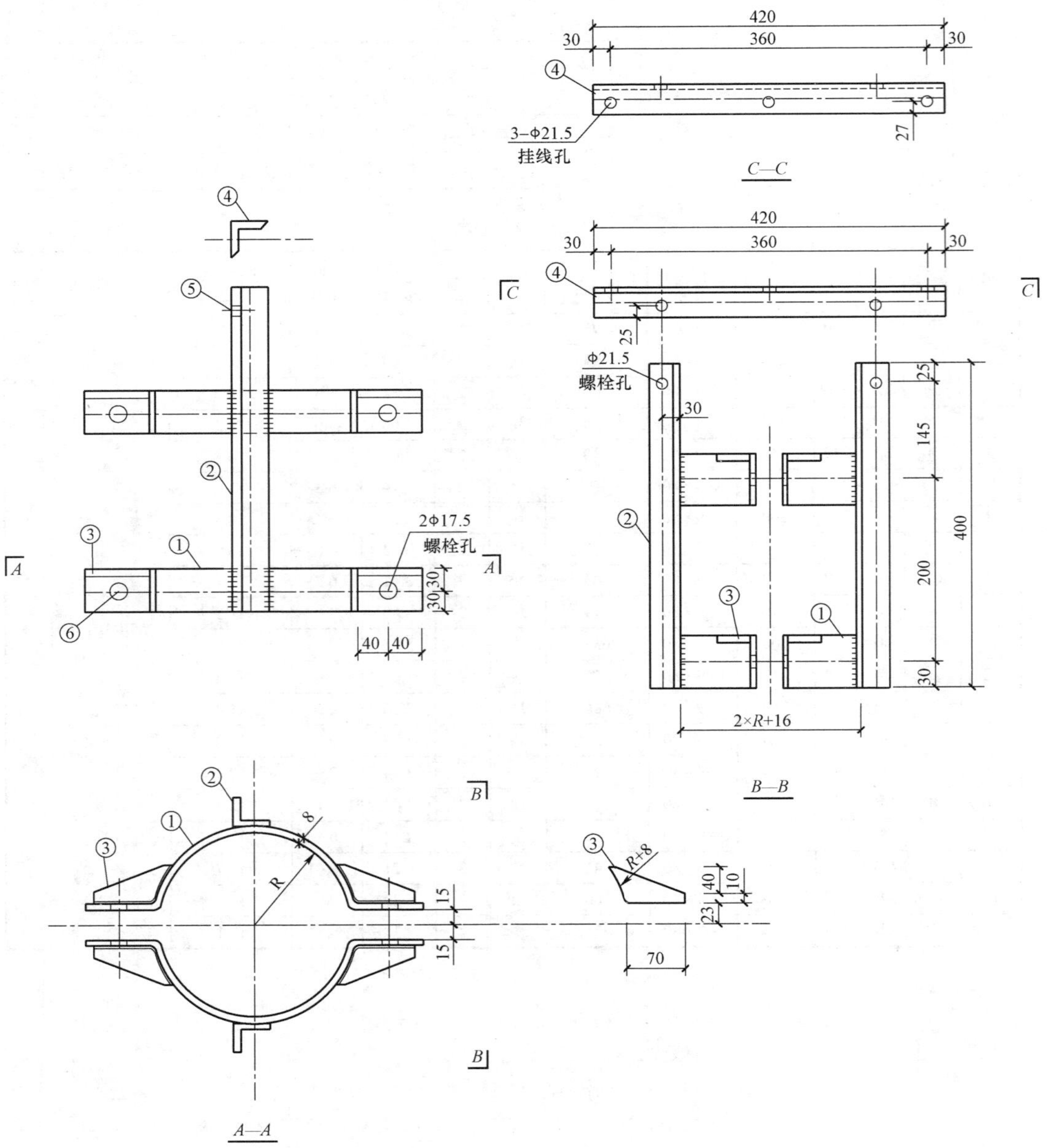

1000m 及以下海拔地区 10kV 杆顶抱箍
240mm²及以下导线截面、梢径 190mm

杆顶抱箍材料表

编号	规格	长度 (mm)	数量	质量 (kg) 单件	质量 (kg) 小计	总质量 (kg)	适用梢径 (mm)	型号
①	Q235，—8×60	442	4	1.67	6.7	16.7	Φ190	GBG－192
②	Q235，L63×6	400	2	2.29	4.6			
②	—5×50	100	8	0.20	1.6			
④	Q235，L63×6	420	1	2.40	2.4			
⑤	M20×45		2	0.27	0.5			
⑥	M16×80		4	0.21	0.9			
①	Q235，—8×60	492	4	1.85	7.4	17.4	Φ230	GBG－232
②	Q235，L63×6	400	2	2.29	4.6			
②	—5×50	100	8	0.20	1.6			
④	Q235，L63×6	420	1	2.40	2.4			
⑤	M20×45		2	0.27	0.5			
⑥	M16×80		4	0.21	0.9			

说明：1. 铁件均需热镀锌。

2. 螺栓等级为 6.8 级。

3. 材质未注明的均为 Q235。

图 6－95　直线双顶抱箍加工图

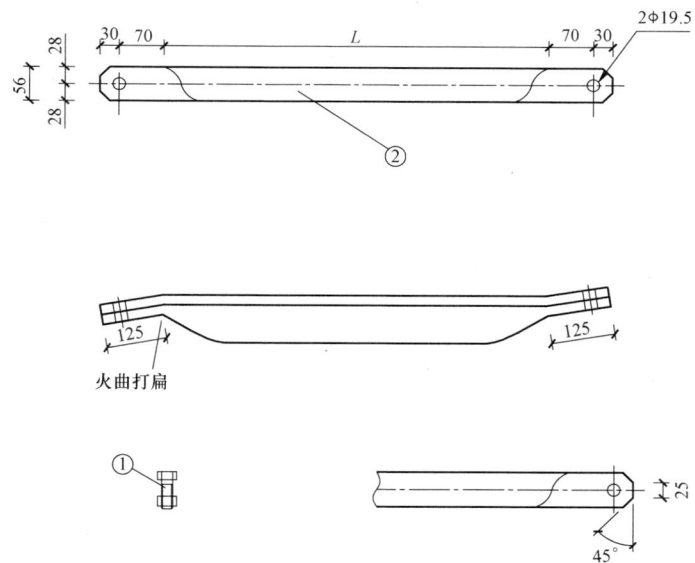

比例（1:10）

材 料 表

序号	编号	名称	型号	规格	长度(mm)	L(mm)	单位	数量	质量（kg）		总质量（kg）①+②
									单件	小计	
1	①	螺栓		M18×50	50	50	个	1	0.27	0.3	
2	②	角钢	ZX-850	L56×5	850	650	根	1	3.60	3.6	3.9
3	②	角钢	ZX-1000	L56×5	1000	800	根	1	4.25	4.3	4.6
4	②	角钢	ZX-1100	L56×5	1100	900	根	1	4.68	4.7	5.0
5	②	角钢	ZX-1200	L56×5	1200	1000	根	1	5.10	5.1	5.4
6	②	角钢	ZX-1250	L56×5	1250	1050	根	1	5.31	5.3	5.6
7	②	角钢	ZX-1300	L56×5	1300	1100	根	1	5.53	5.5	5.8
8	②	角钢	ZX-1400	L56×5	1400	1200	根	1	5.95	6.0	6.3
9	②	角钢	ZX-1500	L56×5	1500	1300	根	1	6.38	6.4	6.7
10	②	角钢	ZX-1600	L56×5	1600	1400	根	1	6.80	6.8	7.1

注：1. 所有材料材质均为 Q235 型钢材并进行热镀锌防腐处理。

2. 螺栓①性能等级 6.8 级，单帽单垫，无扣长 12mm。

图 6-97　直线横担斜撑加工图

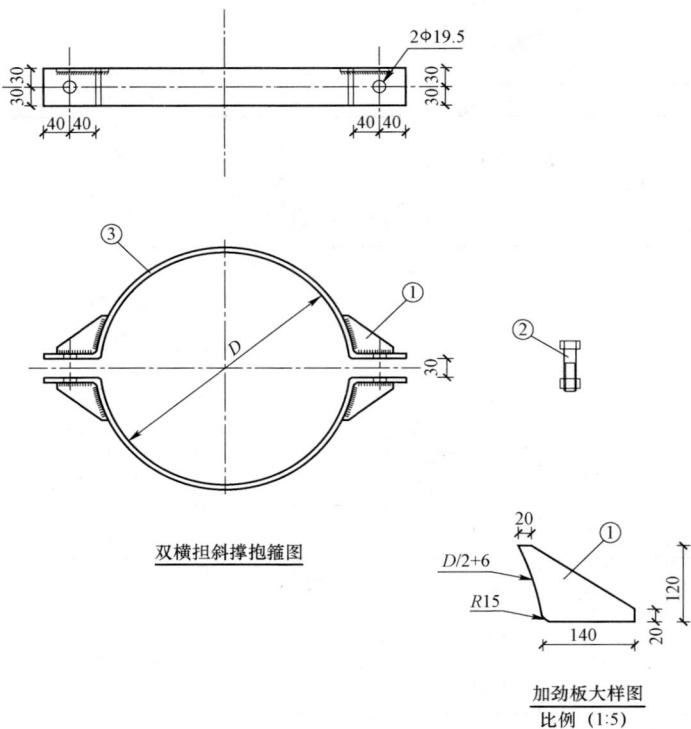

材 料 表

序号	编号	名称	型号	D (mm)	规格	长度 (mm)	单位	数量	质量 (kg) 单件	小计	总质量 (kg) ①+②+③	备注
1	①	加劲板			—6×60	80	块	4	0.23	0.9		
2	②	螺栓			M18×80	80	个	2	0.34	0.7		单帽单垫，无扣长42mm
3	③	斜撑抱箍	ZB－200	200	—6×60	457	块	2	1.29	2.6	4.2	
4	③	斜撑抱箍	ZB－210	210	—6×60	472	块	2	1.34	2.7	4.3	
5	③	斜撑抱箍	ZB－220	220	—6×60	489	块	2	1.38	2.8	4.4	
6	③	斜撑抱箍	ZB－230	230	—6×60	504	块	2	1.43	2.9	4.5	
7	③	斜撑抱箍	ZB－240	240	—6×60	520	块	2	1.47	3.0	4.6	
8	③	斜撑抱箍	ZB－250	250	—6×60	536	块	2	1.52	3.0	4.6	
9	③	斜撑抱箍	ZB－260	260	—6×60	552	块	2	1.56	3.1	4.7	
10	③	斜撑抱箍	ZB－280	280	—6×60	583	块	2	1.65	3.3	4.9	
11	③	斜撑抱箍	ZB－300	300	—6×60	614	块	2	1.74	3.5	5.1	
12	③	斜撑抱箍	ZB－320	320	—6×60	646	块	2	1.83	3.7	5.3	
13	③	斜撑抱箍	ZB－340	340	—6×60	677	块	2	1.92	3.9	5.5	
14	③	斜撑抱箍	ZB－350	350	—6×60	693	块	2	1.96	3.9	5.5	
15	③	斜撑抱箍	ZB－360	360	—6×60	708	块	2	2.00	4.0	5.6	
16	③	斜撑抱箍	ZB－380	380	—6×60	740	块	2	2.09	4.2	5.8	
17	③	斜撑抱箍	ZB－400	400	—6×60	771	块	2	2.18	4.4	6.0	

双横担斜撑抱箍图

加劲板大样图
比例（1:5）

注：1. 所有材料材质均为 Q235 型钢材并进行热镀锌防腐处理。

　　2. 螺栓的性能等级为 6.8 级。

　　3. 各构件焊接工艺、焊缝高度及长度应满足相关规程、规范要求。

图 6－98　直线横担斜撑抱箍加工图

（二）高压杆头成套（水泥杆，双杆）

序号 018－ZS，双杆直线杆，单回水平排列，梢径 190，双侧

序号	一级物料主表						二级子表清单							总重(kg)
	商品名称	规格型号	单位	商品图片	归类	国网配电网工程典型设计对应图号	物料名称	物料描述	单位	数量	单重(kg)	合重(kg)	物料归类	《成套化铁附件加工图通用设计》对应加工图号	
18	高压杆头成套铁附件	ZS，双杆直线杆，单回水平排列，梢径190，双侧	套	018.pdf	高压杆头	2016年版图10-1～图10-3	高压线路角铁横担，双杆	Q235，角钢 L75×6×6300	块	2	43.51	87	横担类	图10-16	219.5
							斜铁	Q235，角钢 L40×5×500	块	4	1.49	6	支构架		
							斜铁	Q235，角钢 L40×5×565	块	4	1.69	6.8	支构架		
							斜铁	Q235，角钢 L75×6×502	块	4	3.47	13.9	支构架		
							斜铁	Q235，角钢 L75×6×456	块	6	3.15	18.9	支构架		
							单头螺栓	M18×70，两平一弹一帽	件	6	0.38	2.3	螺栓类	TJ-GZ-06	
							单头螺栓	M20×70，两平一弹一帽	件	16	0.49	7.8	螺栓类		
							单头螺栓	M20×80，两平一弹一帽	件	4	0.51	2	螺栓类		
							单头螺栓	M20×100，两平一弹一帽	件	4	0.56	2.2	螺栓类		
							直线杆横担托箍	ZBG-195，Q235，扁钢—90×8×465，—60×12×96，钢板—128×6×184，—60×6×90	副	2	9.8	19.6	抱箍类	图10-22	
							斜撑	Q235，角钢 L63×6×804	块	8	4.6	36.8	支构架	图10-19	
							斜撑抱箍	XBG-202，Q235，扁钢—8×110×478，—8×60×85	块	4	4.05	16.2	抱箍类	图10-21	

序号 019－NJS1（NJS2，NJS3，NJS4），双杆转角 0°～90° 耐张杆，单回水平排列，梢径 230，双侧

序号	一级物料主表					二级子表清单							《成套化铁附件加工图通用设计》对应加工图号	总重（kg）
	商品名称	规格型号	单位	商品图片	归类	国网配电网工程典型设计对应图号	物料名称	物料描述	单位	数量	单重（kg）	合重（kg）	物料归类		
19	高压杆头成套铁附件	NJS1（NJS2，NJS3，NJS4），双杆转角 0°～90°耐张杆，单回水平排列，梢径 230，双侧	套	019.pdf	高压杆头	2016 年版图 10－4～图 10－11	高压线路角铁横担，双杆	Q235，角钢 L80×8×6200	块	2	59.88	119.8	横担类	图 10－17	301.7
							斜铁	Q235，角钢 L40×5×549	块	4	1.64	6.6	支构架		
							斜铁	Q235，角钢 L40×5×574	块	4	1.71	6.8	支构架		
							斜铁	Q235，角钢 L40×5×502	块	4	1.5	6	支构架		
							联板	Q235，扁钢—80×10×632	块	3	3.97	11.9	支构架		
							单头螺栓	M18×70，两平一弹一帽	件	6	0.38	2.3	螺栓类	TJ－GZ－06	
							单头螺栓	M20×70，两平一弹一帽	件	16	0.49	7.8	螺栓类		
							单头螺栓	M20×100，两平一弹一帽	件	8	0.56	4.5	螺栓类		
							耐张杆横担托箍	JBG－234，Q235，扁钢—100×8×528，—75×16×76，钢板—220×10×182，—60×6×90	副	2	15.6	31.2	抱箍类	图 10－23	
							斜撑	Q235，角钢 L63×6×1891	块	8	10.82	86.6	支构架	图 10－19	
							斜撑抱箍	XBG－252，Q235，扁钢—8×110×556，—8×60×85	块	4	4.55	18.2	抱箍类	图 10－21	

序号 020－DS，双杆终端杆，单回水平排列，梢径 230，双侧

序号	一级物料主表					二级子表清单							《成套化铁附件加工图通用设计》对应加工图号	总重（kg）
	商品名称	规格型号	单位	商品图片	归类	国网配电网工程典型设计对应图号	物料名称	物料描述	单位	数量	单重（kg）	合重（kg）	物料归类		
20	高压杆头成套铁附件	DS，双杆终端杆，单回水平排列，梢径 230，双侧	套	020.pdf	高压杆头	2016 年版图 10－12，图 10－13	高压线路角铁横担，双杆	Q235，角钢 L100×8×6200	块	2	76.12	152.2	横担类	图 10－18	340.8
							斜铁	Q235，角钢 L50×6×560	块	4	2.51	10	支构架		
							斜铁	Q235，角钢 L50×6×584	块	4	2.61	10.4	支构架		
							斜铁	Q235，角钢 L50×6×512	块	4	2.29	9.2	支构架		
							联板	Q235，扁钢—80×10×670	块	3	4.21	12.6	支构架		

序号	商品名称	规格型号	单位	商品图片	归类	国网配电网工程典型设计对应图号	物料名称	物料描述	单位	数量	单重(kg)	合重(kg)	物料归类	《成套化铁附件加工图通用设计》对应加工图号	总重(kg)
20	高压杆头成套铁附件	DS，双杆终端杆，单回水平排列梢径230，双侧	套	020.pdf	高压杆头	2016年版图10-12，图10-13	单头螺栓	M18×70，两平一弹一帽	件	6	0.38	2.3	螺栓类	TJ-GZ-06	340.8
							单头螺栓	M20×70，两平一弹一帽	件	16	0.49	7.8	螺栓类		
							单头螺栓	M20×100，两平一弹一帽	件	8	0.56	4.5	螺栓类		
							耐张杆横担托箍	DBG-234，Q235，扁钢—100×8×528，—75×16×76，钢板—230×8×145，—60×6×90	副	2	13.5	27	抱箍类	图10-24	
							斜撑	Q235，角钢L63×6×1891	块	8	10.82	86.6	支构架	图10-19	
							斜撑抱箍	XBG-252，Q235，扁钢—8×110×556，—8×60×85	块	4	4.55	18.2	抱箍类	图10-21	

序号021-ZFS，双杆直线杆，单回水平排列，梢径190，双侧

序号	商品名称	规格型号	单位	商品图片	归类	国网配电网工程典型设计对应图号	物料名称	物料描述	单位	数量	单重(kg)	合重(kg)	物料归类	《成套化铁附件加工图通用设计》对应加工图号	总重(kg)
21	高压杆头成套铁附件	ZFS，双杆直线杆，单回水平排列，梢径190，双侧	套	021.pdf	高压杆头	2017年版图10-1，图10-2	高压线路角铁横担，双杆	Q235，角钢L80×6×2990	块	2	22.05	44.1	横担类	2017年版抗冰抗台典设，图10-16	245.6
							高压线路角铁横担，双杆	Q235，角钢L80×6×1907	块	2	14.07	28.1	横担类		
							高压线路角铁横担，双杆	Q235，角钢L80×6×1383	块	2	10.2	20.4	横担类		
							连接铁	Q235，角钢L90×7×360	块	4	3.48	13.9	支构架	2017年版抗冰抗台典设，图10-16	
							斜铁	Q235，角钢L75×6×480	块	6	3.31	19.9	支构架		
							斜铁	Q235，角钢L40×5×536	块	12	1.6	19.2	支构架		
							单头螺栓	M16×70，两平一弹一帽	件	48	0.32	15.4	螺栓类	TJ-GZ-06	
							单头螺栓	M20×70，两平一弹一帽	件	16	0.49	7.8	螺栓类		
							单头螺栓	M20×80，两平一弹一帽	件	4	0.51	2	螺栓类		
							单头螺栓	M20×100，两平一弹一帽	件	4	0.56	2.2	螺栓类		

序号	一级物料主表						二级子表清单							《成套化铁附件加工图通用设计》对应加工图号	总重（kg）
	商品名称	规格型号	单位	商品图片	归类	国网配电网工程典型设计对应图号	物料名称	物料描述	单位	数量	单重（kg）	合重（kg）	物料归类		
21	高压杆头成套铁附件	ZFS，双杆直线杆，单回水平排列，梢径190，双侧	套	021.pdf	高压杆头	2017年版图10-1，图10-2	直线杆横担托箍	ZBG-195，Q235，扁钢—90×8×465，—60×12×96，钢板—128×6×184，—60×6×90	副	2	9.8	19.6	抱箍类	图10-22	
							斜撑	Q235，角钢L63×6×804	块	8	4.6	36.8	支构架	图10-19	
							斜撑抱箍	XBG-202，Q235，扁钢—8×110×478，—8×60×85	块	4	4.05	16.2	抱箍类	图10-21	

序号022-ZFS，双杆直线杆，单回水平排列，梢径230，双侧

序号	一级物料主表						二级子表清单							《成套化铁附件加工图通用设计》对应加工图号	总重（kg）
	商品名称	规格型号	单位	商品图片	归类	国网配电网工程典型设计对应图号	物料名称	物料描述	单位	数量	单重（kg）	合重（kg）	物料归类		
22	高压杆头成套铁附件	ZFS，双杆直线杆，单回水平排列，梢径230，双侧	套	022.pdf	高压杆头	2017年版图10-3	高压线路角铁横担，双杆	Q235，角钢L80×6×2990	块	2	22.05	44.1	横担类	2017年版抗冰抗台典设，图10-16	259.2
							高压线路角铁横担，双杆	Q235，角钢L80×6×1907	块	2	14.07	28.1	横担类		
							高压线路角铁横担，双杆	Q235，角钢L80×6×1383	块	2	10.2	20.4	横担类		
							连接铁	Q235，角钢L90×7×360	块	4	3.48	13.9	支构架		
							斜铁	Q235，角钢L75×6×480	块	6	3.31	19.9	支构架		
							斜铁	Q235，角钢L40×5×536	块	12	1.6	19.2	支构架		
							单头螺栓	M16×70，两平一弹一帽	件	48	0.32	15.4	螺栓类	TJ-GZ-06	
							单头螺栓	M20×70，两平一弹一帽	件	16	0.49	7.8	螺栓类		
							单头螺栓	M20×80，两平一弹一帽	件	4	0.51	2	螺栓类		
							单头螺栓	M20×100，两平一弹一帽	件	4	0.56	2.2	螺栓类		
							耐张杆横担托箍	JBG-234，Q235，扁钢—100×8×528，—75×16×76，钢板—220×10×182，—60×6×90	副	2	15.6	31.2	抱箍类	图10-23	
							斜撑	Q235，角钢L63×6×804	块	8	4.6	36.8	支构架	图10-19	
							斜撑抱箍	XBG-252，Q235，扁钢—8×110×556，—8×60×85	块	4	4.55	18.2	抱箍类	图10-21	

序号 023－NJFS1（NJFS2，NJFS3，NJFS4），双杆转角 0°～90°耐张杆，单回水平排列，梢径 230，双侧

序号	一级物料主表						二级子表清单							《成套化铁附件加工图通用设计》对应加工图号	总重（kg）
	商品名称	规格型号	单位	商品图片	归类	国网配电网工程典型设计对应图号	物料名称	物料描述	单位	数量	单重（kg）	合重（kg）	物料归类		
23	高压杆头成套铁附件	NJFS1（NJFS2，NJFS3，NJFS4），双杆转角 0°～90°耐张杆，单回水平排列，梢径 230，双侧	套	023.pdf	高压杆头	2017 年版图 10－4～图 10－11	高压线路角铁横担，双杆	Q235，角钢 L100×8×2990	块	2	36.71	73.4	横担类	2017 年版抗冰抗台典设，图 10－17	382.6
							高压线路角铁横担，双杆	Q235，角钢 L100×8×1880	块	2	23.08	46.2	横担类		
							高压线路角铁横担，双杆	Q235，角钢 L100×8×1310	块	2	16.08	32.2	横担类		
							连接铁	Q235，角钢 L110×10×402	块	4	6.71	26.8	支构架		
							斜铁	Q235，角钢 L40×5×590	块	12	1.76	21.1	支构架		
							联板	Q235，扁钢—80×14×620	块	3	5.45	16.4	支构架		
							单头螺栓	M18×70，两平一弹一帽	件	48	0.38	18.2	螺栓类	TJ－GZ－06	
							单头螺栓	M20×70，两平一弹一帽	件	16	0.49	7.8	螺栓类		
							单头螺栓	M20×100，两平一弹一帽	件	8	0.56	4.5	螺栓类		
							耐张杆横担托箍	JBG－234，Q235，扁钢—100×8×528，—75×16×76，钢板—220×10×182，—60×6×90	副	2	15.6	31.2	抱箍类	图 10－23	
							斜撑	Q235，角钢 L63×6×1891	块	8	10.82	86.6	支构架	图 10－19	
							斜撑抱箍	XBG－252，Q235，扁钢—8×110×556，—8×60×85	块	4	4.55	18.2	抱箍类	图 10－21	

序号 024－DFS，双杆终端杆，单回水平排列，梢径 230，双侧

序号	一级物料主表						二级子表清单							《成套化铁附件加工图通用设计》对应加工图号	总重（kg）
	商品名称	规格型号	单位	商品图片	归类	国网配电网工程典型设计对应图号	物料名称	物料描述	单位	数量	单重（kg）	合重（kg）	物料归类		
24	高压杆头成套铁附件	DFS，双杆终端杆，单回水平排列，梢径 230，双侧	套	024.pdf	高压杆头	2017 年版图 10－12，图 10－13	高压线路角铁横担，双杆	Q235，角钢 L100×10×2990	块	2	45.21	90.4	横担类	2017 年版抗冰抗台典设，图 10－18	424.8
							高压线路角铁横担，双杆	Q235，角钢 L100×10×1880	块	2	28.43	56.9	横担类		

序号	一级物料主表						二级子表清单							总重 (kg)
	商品名称	规格型号	单位	商品图片	归类	国网配电网工程典型设计对应图号	物料名称	物料描述	单位	数量	单重 (kg)	合重 (kg)	物料归类	《成套化铁附件加工图通用设计》对应加工图号	
24	高压杆头成套铁附件	DFS，双杆终端杆，单回水平排列，梢径230，双侧	套	024.pdf	高压杆头	2017年版图10-12，图10-13	高压线路角铁横担，双杆	Q235，角钢 L100×10×1310	块	2	19.81	39.6	横担类	2017年版抗冰抗台典设，图10-18	424.8
							连接铁	Q235，角钢 L110×10×402	块	4	6.71	26.8	支构架		
							斜铁	Q235，角钢 L50×6×580	块	12	2.59	31.1	支构架		
							联板	Q235，扁钢—80×14×670	块	3	5.89	17.7	支构架		
							单头螺栓	M18×70，两平一弹一帽	件	48	0.38	18.2	螺栓类	TJ-GZ-06	
							单头螺栓	M20×70，两平一弹一帽	件	16	0.49	7.8	螺栓类		
							单头螺栓	M20×100，两平一弹一帽	件	8	0.56	4.5	螺栓类		
							耐张杆横担托箍	DBG-234，Q235，扁钢—100×8×528，—75×16×76，钢板—230×8×145，—60×6×90	副	2	13.5	27	抱箍类	图10-24	
							斜撑	Q235，角钢 L63×6×1891	块	8	10.82	86.6	支构架	图10-19	
							斜撑抱箍	XBG-252，Q235，扁钢—8×110×556，—8×60×85	块	4	4.55	18.2	抱箍类	图10-21	

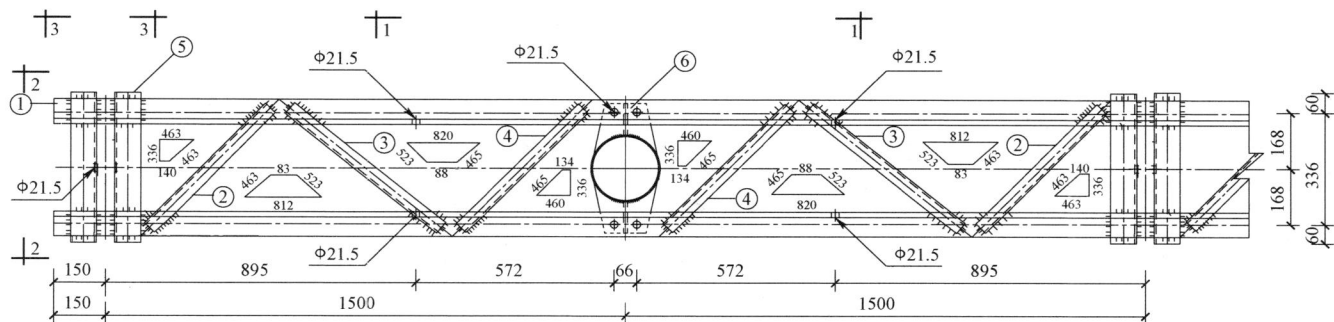

直线横担（比例1:20）

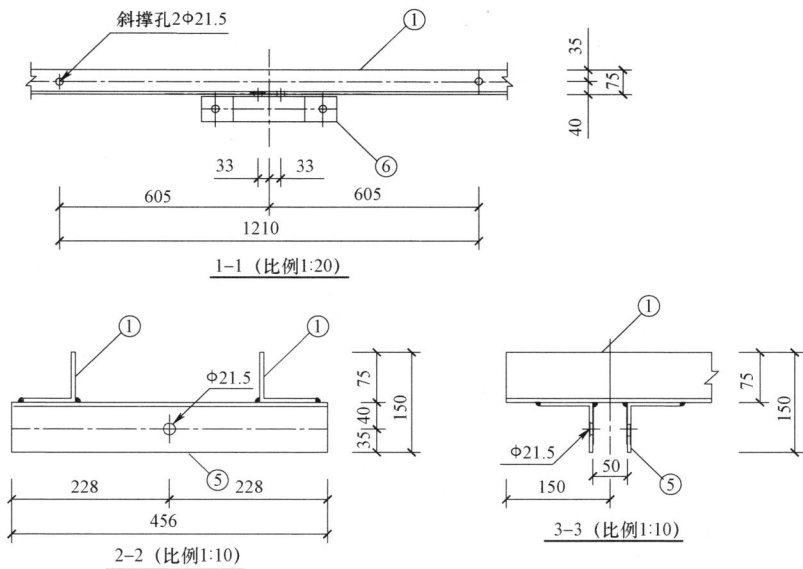

斜撑孔2Φ21.5

1—1（比例1:20）

2—2（比例1:10）

3—3（比例1:10）

材 料 表

编号	名称	规格	长度（mm）	单位	数量	质量（kg）			备注
						单件	小计	合计	
①	角钢	L75×6	6300	根	2	43.51	87.1		
②	角钢	L40×5	500	根	4	1.49	6.0		
③	角钢	L40×5	565	根	4	1.69	6.8		
④	角钢	L40×5	502	根	4	1.50	6.0	128.0	
⑤	角钢	L75×6	456	根	6	3.15	18.9		
⑥	横担托箍	ZBG型	—	套	2	—	—		见图10-22
⑦	螺栓	M20×70		套	8	0.39	3.2		6.8级，双帽双垫，无扣长度18mm

注：1. 各种零件材质均采用 Q235，焊条采用 E43；各种零件均需热弯、热镀锌。

2. 焊接时焊脚高度应满足构造要求。

3. 焊缝施焊时应采用引弧板施焊。

4. 加工完毕后需试组装。

图 10-16　直线双杆横担加工图

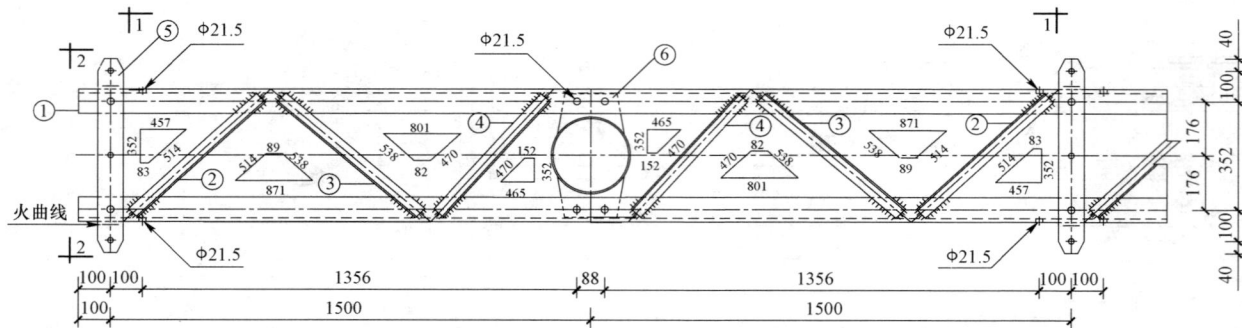

耐张横担（比例1:20）

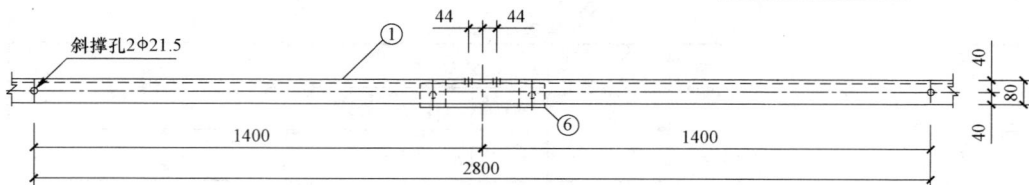

1-1（比例1:20）

斜撑孔2Φ21.5

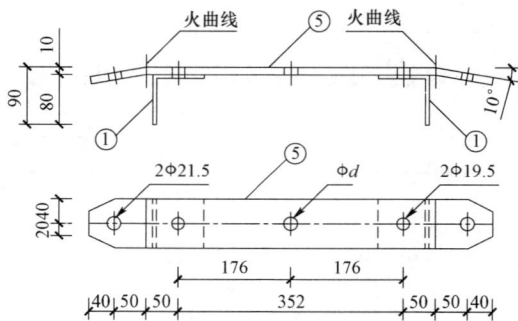

2-2（比例1:10）

材料表

编号	名称	规格	长度(mm)	单位	数量	质量（kg）			备注
						单件	小计	合计	
①	角钢	L80×8	6200	根	2	59.88	119.8		
②	角钢	L40×5	549	根	4	1.64	6.6		
③	角钢	L40×5	574	根	4	1.71	6.9		
④	角钢	L40×5	502	根	4	1.50	6.0		
⑤	扁钢	—80×10	632	块	3	3.97	12.0	156.4	
⑥	横担托箍	JBG型	—	套	2	—	—		见图10-23
⑦	螺栓	M20×70		套	8	0.39	3.2		6.8级，双帽双垫，无扣长度20mm
⑧	螺栓	M18×70		套	6	0.31	1.9		6.8级，双帽双垫，无扣长度18mm

注：1. 各种零件材质均采用 Q235，焊条采用 E43；各种零件均需热弯、热镀锌。

2. 焊接时焊脚高度应满足构造要求。

3. 焊缝施焊时应采用引弧板施焊。

4. 根据选取的绝缘子固定螺栓的规格，本地区确定安装孔径 d 按 M20 螺栓取 ϕ21.5mm。

5. 加工完毕后需试组装。

图 10-17 耐张双杆横担加工图

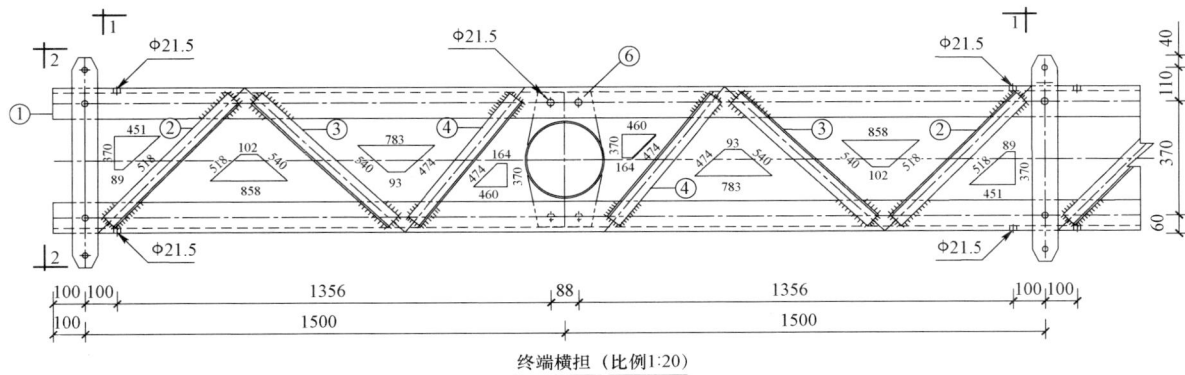

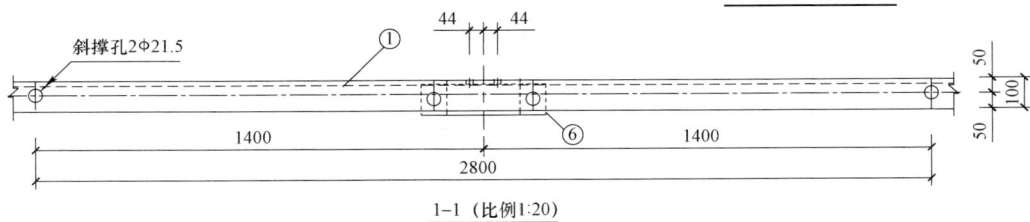

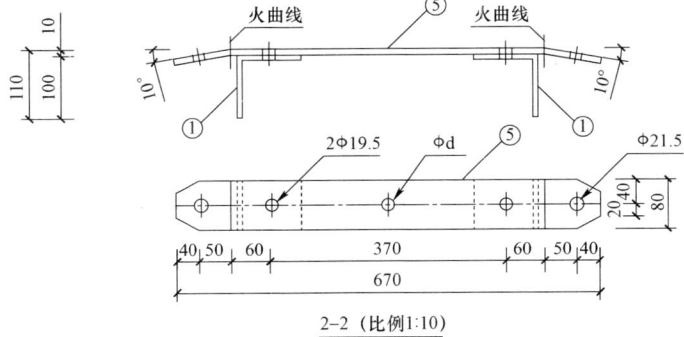

终端横担（比例1:20）

斜撑孔2Φ21.5

1—1（比例1:20）

火曲线   火曲线

2Φ19.5   Φd

Φ21.5

2—2（比例1:10）

材 料 表

编号	名称	规格	长度 (mm)	单位	数量	质量（kg）			备注
						单件	小计	合计	
①	角钢	L100×8	6200	根	2	76.12	152.3		
②	角钢	L50×6	560	根	4	2.51	10.1		
③	角钢	L50×6	584	根	4	2.61	10.5		
④	角钢	L50×6	512	根	4	2.29	9.2	199.8	
⑤	扁钢	—80×10	670	块	3	3.65	11.0		
⑥	横担托箍	DBG型	—	套	2	—	—		图10—24
⑦	螺栓M	20×70		套	8	0.39	3.2		6.8级，双帽双垫，无扣长度20mm
⑧	螺栓M	18×70		套	6	0.31	1.9		6.8级，双帽双垫，无扣长度18mm

注：1. 各种零件材质均采用 Q235，焊条采用 E43；各种零件均需热弯、热镀锌。

2. 焊接时焊脚高度应满足构造要求。

3. 焊缝施焊时应采用引弧板施焊。

4. 根据选取的绝缘子固定螺栓的规格，本地区确定安装孔径 d 按 M20 螺栓取 ϕ21.5mm。

5. 加工完毕后需试组装。

图 10—18 终端双杆横担加工图

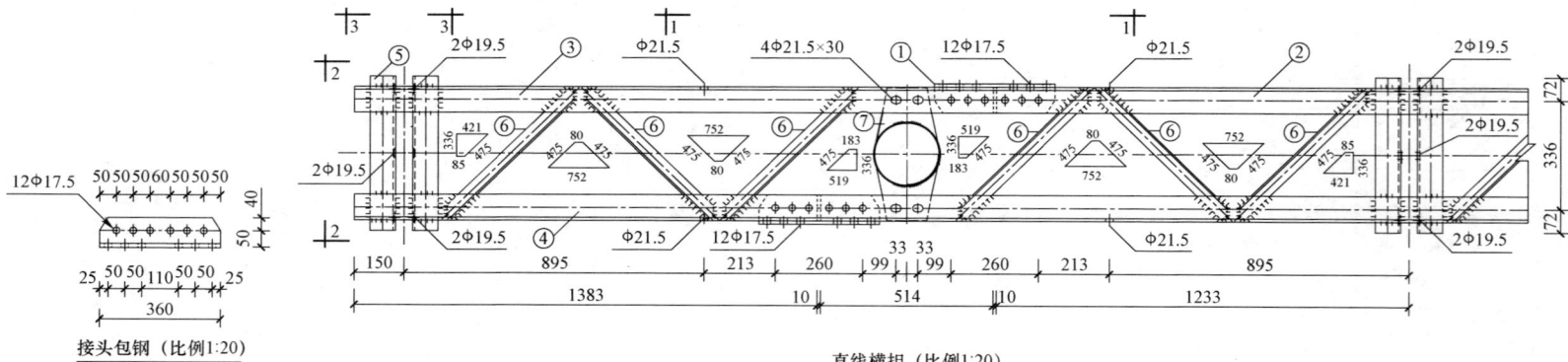

接头包钢（比例1:20）

直线横担（比例1:20）

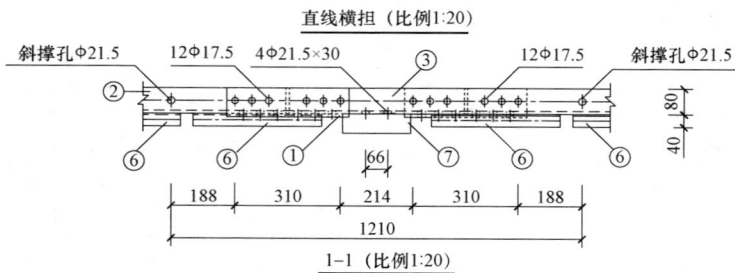

1-1（比例1:20）

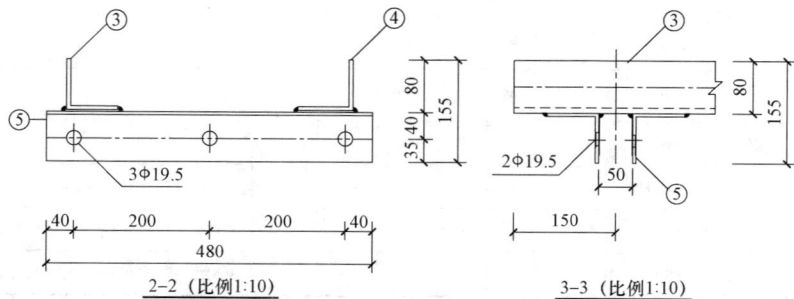

2-2（比例1:10）

3-3（比例1:10）

材 料 表

编号	名称	规格	长度(mm)	单位	数量	单件	小计	合计	备注
①	角钢	L90×7	360	根	4	3.48	13.9		铲弧、切角
②	角钢	L80×6	2990	根	2	22.05	44.1		
③	角钢	L80×6	1907	根	2	14.07	28.1		
④	角钢	L80×6	1383	根	2	10.20	20.4		
⑤	角钢	L75×6	480	根	6	3.31	19.9	164.1	
⑥	角钢	L40×5	536	根	12	1.60	19.2		切肢、切角
⑦	横担托箍	ZBG型	—	套	2	—	—		详见图10-22
⑧	螺栓	M16×70		套	48	0.32	15.4		6.8级，双帽双垫，无扣长度18mm
⑨	螺栓	M20×70		套	8	0.39	3.12		6.8级，双帽双垫，无扣长度18mm

注：1. 各种零件材质均采用 Q235，焊条采用 E43；各种零件均需热弯、热镀锌。

2. 焊接时焊脚高度应满足构造要求。

3. 焊缝施焊时应采用引弧板施焊。

4. 加工完毕后需试组装。

注：本图为2017年版国网典型设计（10kV架空线路抗台抗冰分册）

图 10-16　直线双杆横担加工图

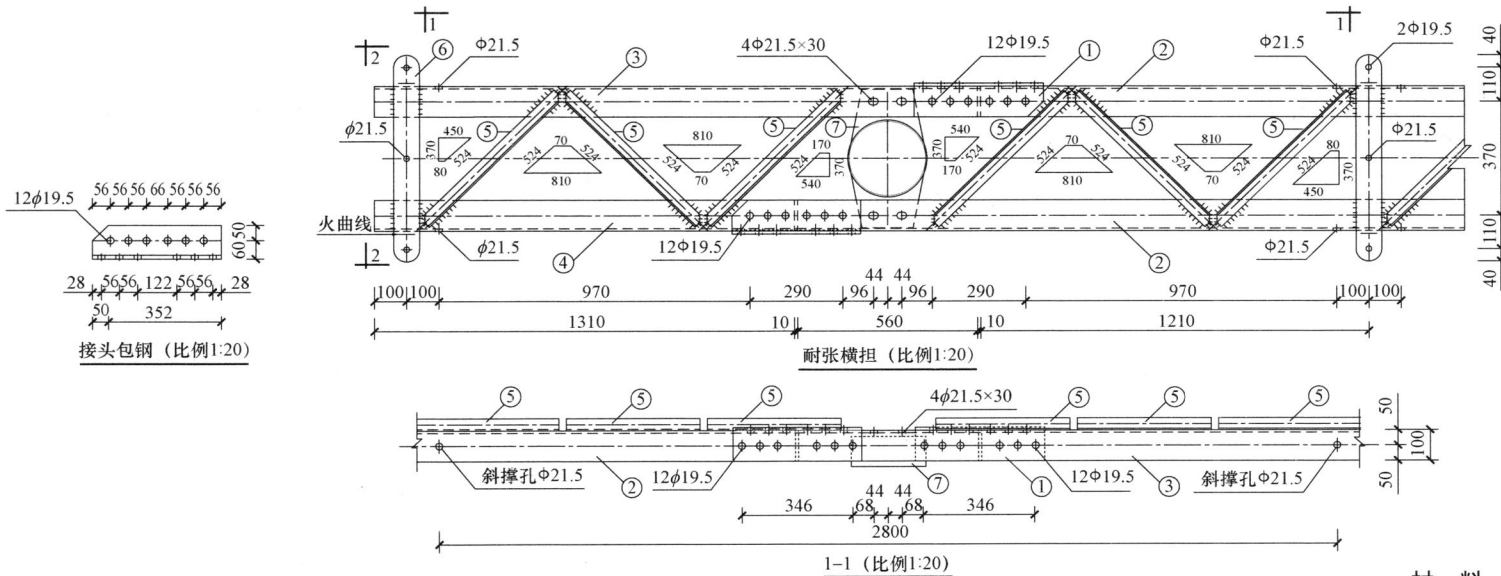

接头包钢（比例1:20）

耐张横担（比例1:20）

1-1（比例1:20）

2-2（比例1:10）

注：本图为2017年版国网典型设计（10kV架空线路抗台抗冰分册）

材 料 表

编号	名称	规格	长度(mm)	单位	数量	质量（kg）单件	质量（kg）小计	质量（kg）合计	备注
①	角钢	L110×10	402	根	4	6.71	26.8		铲弧、切角
②	角钢	L100×8	2990	根	2	36.71	73.4		
③	角钢	L100×8	1880	根	2	23.08	46.2		
④	角钢	L100×8	1310	根	2	16.08	32.2		
⑤	角钢	L40×5	590	根	12	1.76	21.1	236.0	切肢、切角
⑥	扁钢	—80×14	620	块	3	5.45	16.4		火曲10°
⑦	横担托箍	JBG型	—	套	2	—	—		详见图10-23
⑧	螺栓	M18×70		套	48	0.35	16.8		6.8级，双帽双垫，无扣长度20mm
⑨	螺栓	M20×70		套	8	0.39	3.1		6.8级，双帽双垫，无扣长度20mm

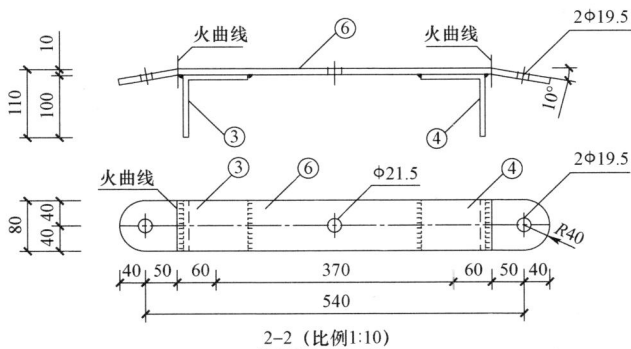

注：1. 各种零件材质均采用 Q235，焊条采用 E43；各种零件均需热弯、热镀锌。

2. 焊接时焊脚高度应满足构造要求。

3. 焊缝施焊时应采用引弧板施焊。

4. 加工完毕后需试组装。

图 10-17 耐张双杆横担加工图

接头包钢（比例1:20）

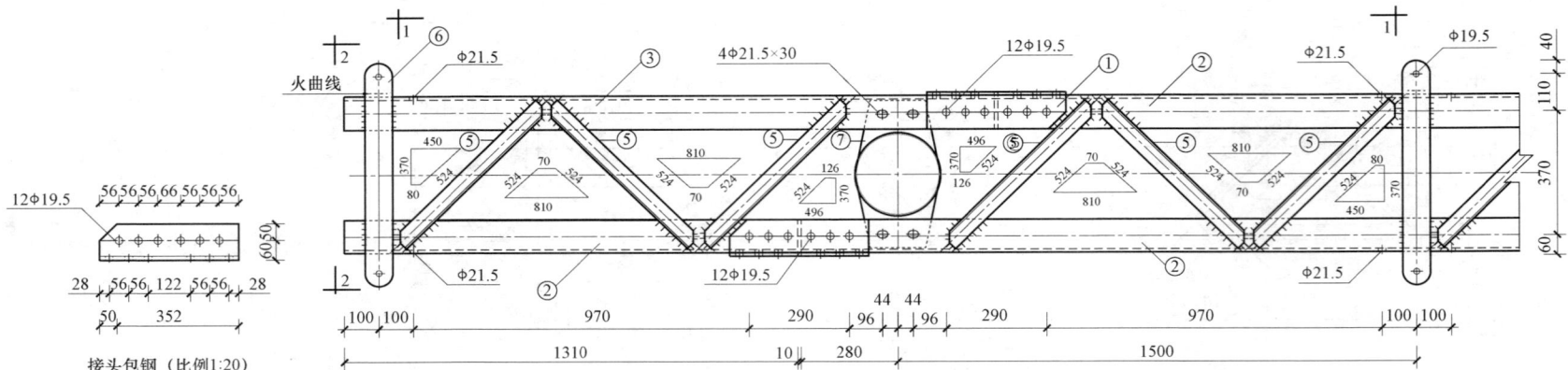

终端横担（比例1:20）

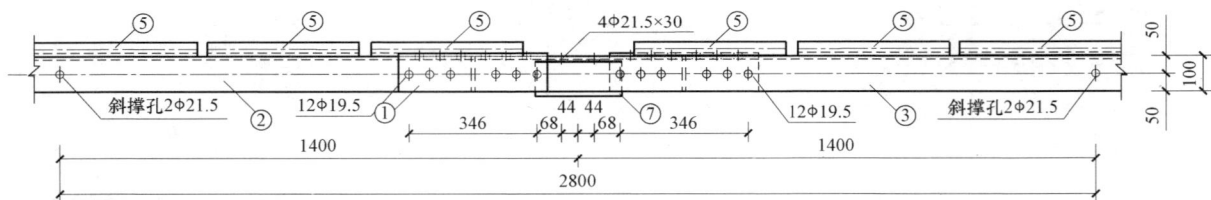

1—1（比例1:20）

2—2（比例1:10）

注：本图为2017年版国网典型设计（10kV架空线路抗台抗冰分册）

材　料　表

编号	名称	规格	长度(mm)	单位	数量	质量（kg）			备注
						单件	小计	合计	
①	角钢	L110×10	402	根	4	6.71	26.8		铲弧、切角
②	角钢	L100×10	2990	根	2	45.21	90.4		
③	角钢	L100×10	1880	根	2	28.43	56.9		
④	角钢	L100×10	1310	根	2	19.81	39.6	282.4	
⑤	角钢	L50×6	580	根	12	2.59	31.1		切肢、切角
⑥	扁钢	—80×14	670	根	3	5.10	17.7		火曲10°
⑦	横担托箍	JBG型	—	套	2	—	—		详见图10-24
⑧	螺栓	M18×70		套	48	0.35	16.8		6.8级，双帽双垫，无扣长度20mm
⑨	螺栓	M20×70		套	8	0.39	3.1		6.8级，双帽双垫，无扣长度20mm

注：1. 各种零件材质均采用Q235，焊条采用E43；各种零件均需热弯、热镀锌。

2. 焊接时焊脚高度应满足构造要求。

3. 焊缝施焊时应采用引弧板施焊。

4. 加工完毕后需试组装。

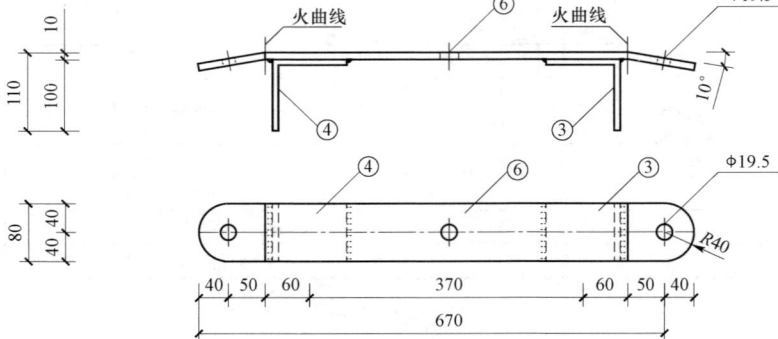

图 10-18　终端双杆横担加工图

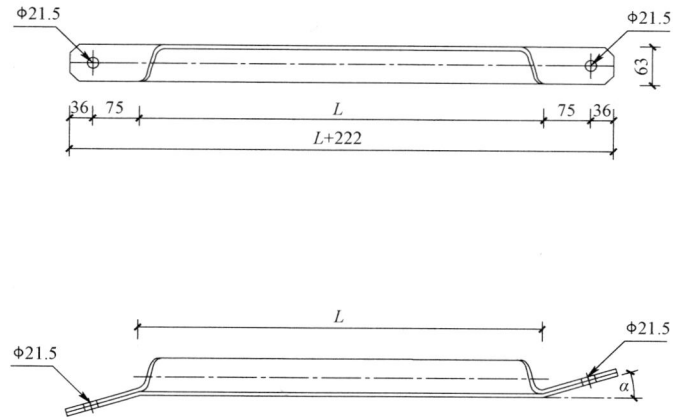

材　料　表

序号	名称	规格	L (mm)	长度 (mm)	单位	数量	质量 (kg)		α值	备注
							单件	小计		
1	角钢	L63×6	582	804	根	8	4.60	36.8	火曲18.5°	直线
2	角钢	L63×6	1665	1887	根	8	10.80	86.4	火曲8.5°	耐张
3	角钢	L63×6	1669	1891	根	8	10.82	86.6	火曲9.5°	终端

注：1. 钢材材料采用 Q235。

　　2. 各部件均需热镀锌。

图 10-19　斜撑加工图

材 料 表

编号	名称	规格	长度（mm）	单位	数量	质量（kg） 一件	质量（kg） 小计	备注
①	抱箍板	—8×110	见选型表	块	2	—	—	钢板
②	扁钢	—50×6	85	块	4	0.20	0.8	
③	扁钢	—90×10	80	块	2	0.57	1.2	
④	钢板	—6×40	90	块	4	0.17	0.7	
⑤	合口螺栓	M22×100		套	2	0.59	1.2	6.8级，双帽双垫，无扣长度46mm

选 型 表

序号	名称	D（mm）	规格	长度（mm）	单位	数量	质量（kg） 单件	质量（kg） 小计	总质量（kg） ①+②+③+④+⑤	备注
1	抱箍板	195	—8×110	467	块	2	3.23	6.5	10.4	
2	抱箍板	200	—8×110	475	块	2	3.29	6.6	10.5	
3	抱箍板	205	—8×110	483	块	2	3.34	6.7	10.6	
4	抱箍板	235	—8×110	530	块	2	3.67	7.4	11.3	
5	抱箍板	240	—8×110	537	块	2	3.71	7.5	11.4	
6	抱箍板	245	—8×110	545	块	2	3.77	7.6	11.5	
7	抱箍板	250	—8×110	553	块	2	3.83	7.7	11.6	
8	抱箍板	355	—8×110	718	块	2	4.96	10.0	13.9	
9	抱箍板	360	—8×110	726	块	2	5.02	10.1	14.0	
10	抱箍板	365	—8×110	734	块	2	5.08	10.2	14.1	
11	抱箍板	370	—8×110	742	块	2	5.13	10.3	14.2	
12	抱箍板	375	—8×110	750	块	2	5.19	10.4	14.3	
13	抱箍板	380	—8×110	757	块	2	5.23	10.5	14.4	
14	抱箍板	385	—8×110	765	块	2	5.29	10.6	14.5	
15	抱箍板	390	—8×110	773	块	2	5.34	10.7	14.6	
16	抱箍板	395	—8×110	781	块	2	5.40	10.8	14.7	
17	抱箍板	400	—8×110	789	块	2	5.46	11.0	14.9	

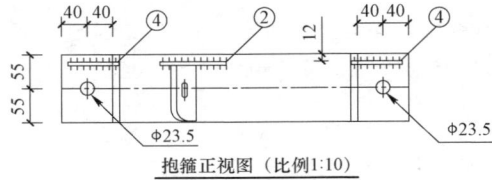

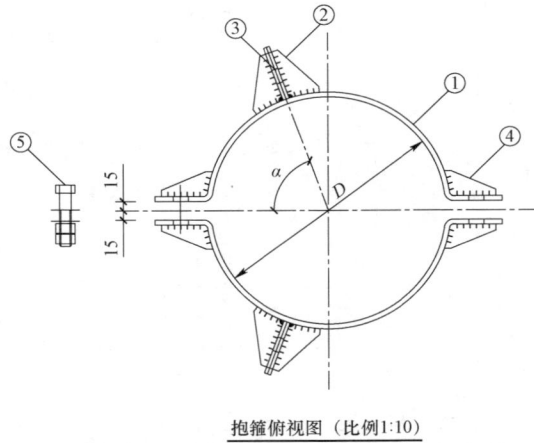

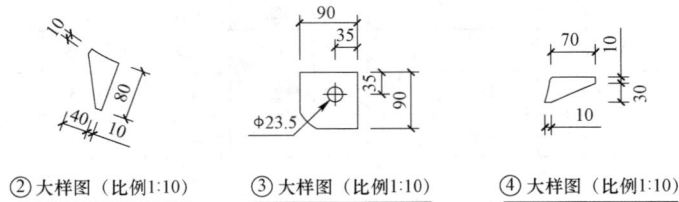

抱箍正视图（比例1:10）

抱箍俯视图（比例1:10）

②大样图（比例1:10）　　③大样图（比例1:10）　　④大样图（比例1:10）

注：1. 各种零件材质均采用 Q235，焊条采用 E43；各种零件均需热弯、热镀锌。

2. ①、②、③焊接时焊脚高度不应小于 8mm，其余部件焊脚高度不应小于 6mm。

3. 焊缝施焊时应采用引弧板施焊。

4. 图中α表示拉线对横担角度，本次典设取 45°、60°、70°和 90°；使用过程中应予以明确。

5. 当用做防滑抱箍时，可不对②、③件进行加工;使用过程中根据实际情况添加橡胶垫进行防滑。

图 10－20　LBG 型拉线抱箍加工图

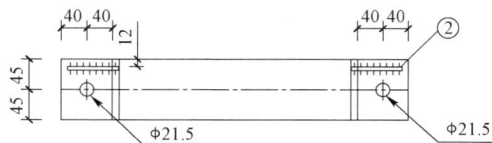

抱箍正视图（比例1:10）

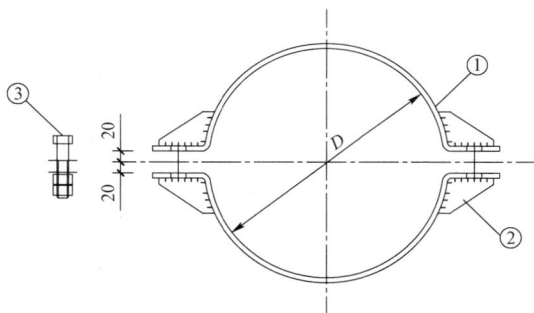

抱箍俯视图（比例1:10）

④ 大样图（比例1:10）

材 料 表

编号	名称	规格	长度（mm）	单位	数量	质量（kg）		备注
						单件	小计	
①	抱箍板	—8×90	见选型表	块	2	—	—	钢板
②	钢板	—8×60	85	块	4	0.33	1.4	
③	合口螺栓	M20×100		套	2	0.47	1.0	6.8 级，双帽双垫，无扣长度56mm

选 型 表

序号	名称	D（mm）	规格	长度（mm）	单位	数量	质量（kg）		总质量（kg）①+②+③	备注
							单件	小计		
1	抱箍板	202	—8×110	478	块	2	3.31	6.7	9.1	直线杆
2	抱箍板	252	—8×110	556	块	2	3.85	7.7	10.1	耐张、终端杆

注：1. 各种零件材质均采用 Q235，焊条采用 E43；各种零件均需热弯、热镀锌。

2. ①、②焊接时焊脚高度不应小于 8mm。

3. 焊缝施焊时应采用引弧板施焊。

图 10−21 XBG 型斜撑抱箍加工图

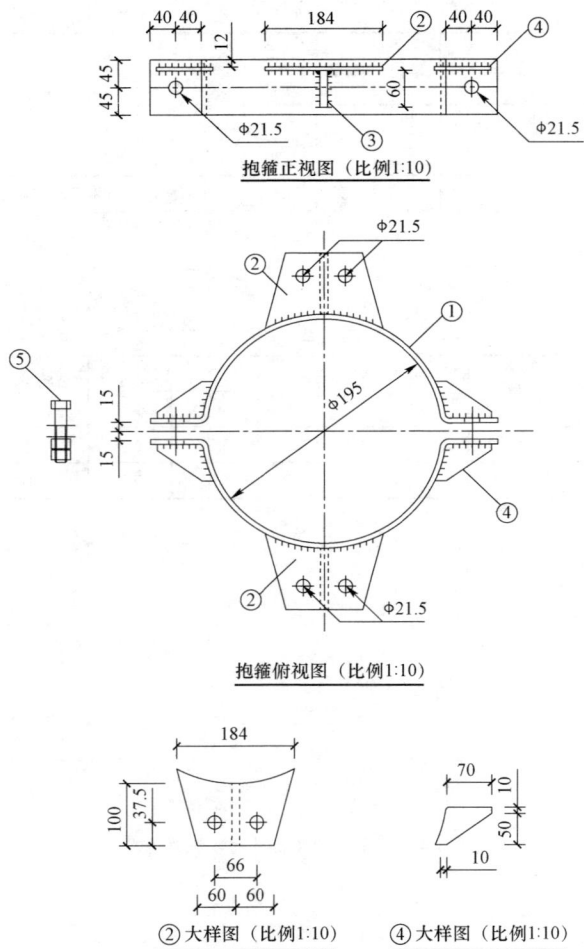

抱箍正视图（比例1:10）

抱箍俯视图（比例1:10）

②大样图（比例1:10）　　④大样图（比例1:10）

材 料 表

编号	名称	规格	长度 (mm)	单位	数量	质量 (kg) 单件	质量 (kg) 小计	备注
①	抱箍板	—8×90	465	块	2	2.63	5.3	钢板
②	钢板	—6×128	184	块	2	1.11	2.3	
③	扁钢	—60×12	96	块	2	0.55	1.1	
④	钢板	—6×60	90	块	4	0.26	1.1	
⑤	合口螺栓	M20×85		套	2	0.37	0.8	6.8级，双帽双垫，无扣长度46mm
⑥	螺栓	M20×70		套	4	0.39	1.6	6.8级，双帽双垫，无扣长度14mm
	合计						12.2	

注：1. 各种零件材质均采用 Q235，焊条采用 E43；各种零件均需热弯、热镀锌。

2. ①、②、③焊接时焊脚高度不应小于 7mm，其余部件焊脚高度不应小于 6mm。

3. 焊缝施焊时应采用引弧板施焊。

图 10－22　ZBG 型直线杆横担托箍加工图

国网福建省电力有限公司配电网工程通用设计　成套化铁附件加工图

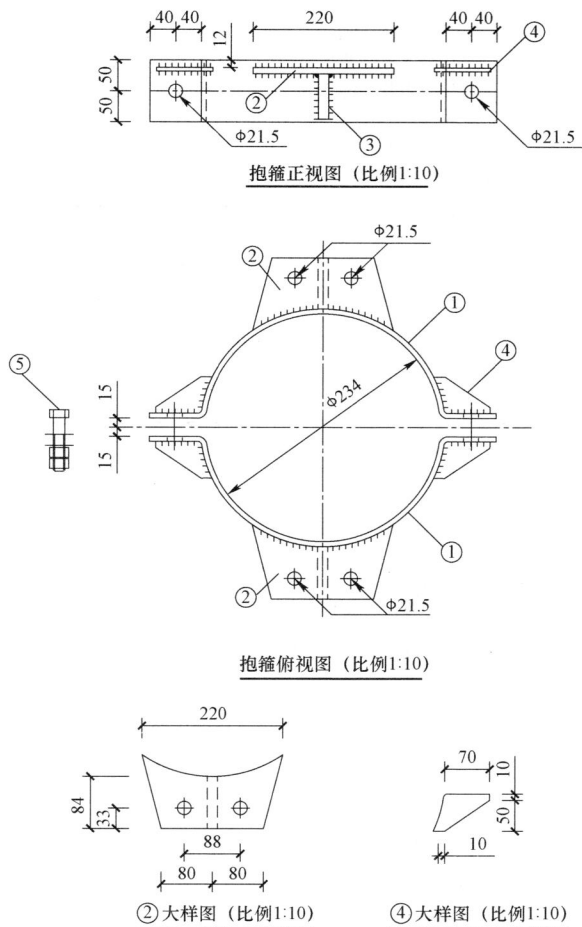

抱箍正视图（比例1:10）

抱箍俯视图（比例1:10）

②大样图（比例1:10）　④大样图（比例1:10）

材 料 表

编号	名称	规格	长度（mm）	单位	数量	质量（kg）		备注
						单件	小计	
①	抱箍板	—8×100	528	块	2	3.32	6.7	钢板
②	钢板	—10×220	182	块	2	3.15	6.3	
③	扁钢	—75×16	76	块	2	0.72	1.5	
④	钢板	—6×60	90	块	4	0.26	1.1	
⑤	合口螺栓	M20×100		套	2	0.47	1.0	6.8级，双帽双垫，无扣长度46mm
⑥	螺栓	M20×70		套	4	0.39	1.6	6.8级，双帽双垫，无扣长度16mm
	合计						18.2	

注：1. 各种零件材质均采用 Q235，焊条采用 E43；各种零件均需热弯、热镀锌。

2. ①、②、③焊接时焊脚高度不应小于 8mm；其余部件焊脚高度不应小于 6mm。

3. 焊缝施焊时应采用引弧板施焊。

图 10－23　JBG 型耐张杆横担托箍加工图

材 料 表

编号	名 称	规 格	长度（mm）	单位	数量	质量（kg）		备 注
						单件	小计	
①	抱箍板	—8×100	528	块	2	3.32	6.7	钢板
②	钢板	—8×230	145	块	2	2.10	4.2	
③	扁钢	—75×16	76	块	2	0.72	1.5	
④	钢板	—6×60	90	块	4	0.26	1.1	
⑤	合口螺栓	M20×100		套	2	0.47	1.0	6.8级，双帽双垫，无扣长度46mm
⑥	螺栓	M20×70		套	4	0.39	1.6	6.8级，双帽双垫，无扣长度16mm
合计							16.1	

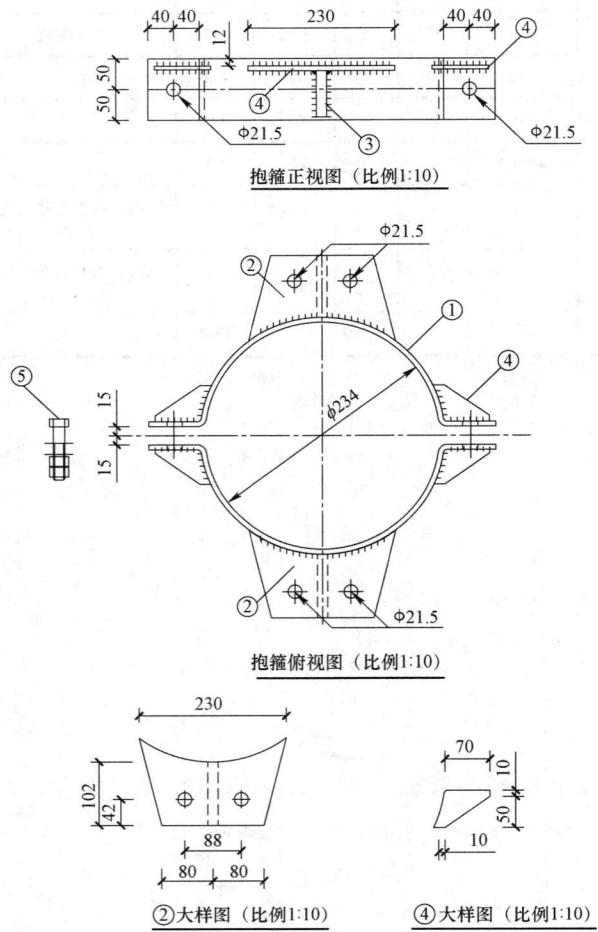

抱箍正视图（比例1:10）

抱箍俯视图（比例1:10）

②大样图（比例1:10）　　④大样图（比例1:10）

注：1. 各种零件材质均采用 Q235，焊条采用 E43；各种零件均需热弯、热镀锌。

　　2. ①、②、③焊接时焊脚高度不应小于 8mm，其余部件焊脚高度不应小于 6mm。

　　3. 焊缝施焊时应采用引弧板施焊。

图 10-24 DBG 型终端杆横担托箍加工图

序号 025－HD－30－6306，双杆终端杆，单回水平排列，梢径 190，双侧

序号	一级物料主表						二级子表清单							总重（kg）
	商品名称	规格型号	单位	商品图片	归类	国网配电网工程典型设计对应图号	物料名称	物料描述	单位	数量	单重（kg）	合重（kg）	物料归类	《成套化铁附件加工图通用设计》对应加工图号	
25	高压杆头成套铁附件	HD－30－6306，双杆终端杆，单回水平排列，梢径190，双侧	套	025.pdf	高压杆头	2016年版图 6－15－1	双杆熔丝具架	SRJ6－300，Q235，角钢 L63×6×3000	块	2	17.16	34.3	横担类	图 6－72，TJ－ZJ－04	60.0
							横担抱箍	HBG6－200，Q235，扁钢—60×6×457，—120×5×85，—60×6×410	块	4	3.25	13	抱箍类	图 6－58，TJ－BG－04	
							联板	联－57，Q235，扁钢—75×8×570	块	3	2.7	8.1	支构架	TJ－GZ－01	
							单头螺栓	M16×50，两平一弹一帽	件	14	0.24	3.4	螺栓类	TJ－GZ－06	
							单头螺栓	M16×80，两平一弹一帽	件	4	0.3	1.2	螺栓类	TJ－GZ－06	

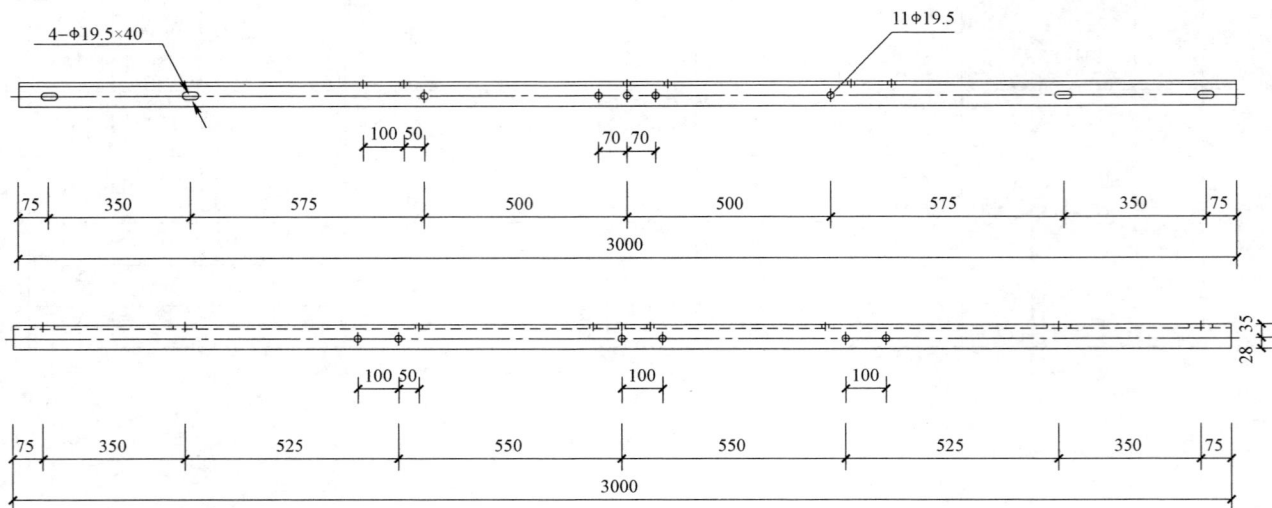

图中标注：
4-Φ19.5×40
11Φ19.5
100 50
70 70
75 350 575 500 500 575 350 75
3000
100 50
100
100
75 350 525 550 550 525 350 75
3000
28 35

选 用 表

物料编码	型号	名 称	单位	数量	质量（kg）	备 注
500018274	SRJ6－3000	双杆熔丝具架	块	1	17.16	双杆避雷器、引线担

材 料 表

名称	规格	单位	数量	质量（kg）	备 注
角钢	L63×6×3000	块	1	17.16	

图 6 - 72　双杆熔丝具架加工图（SRJ6－3000）（TJ－ZJ－04）

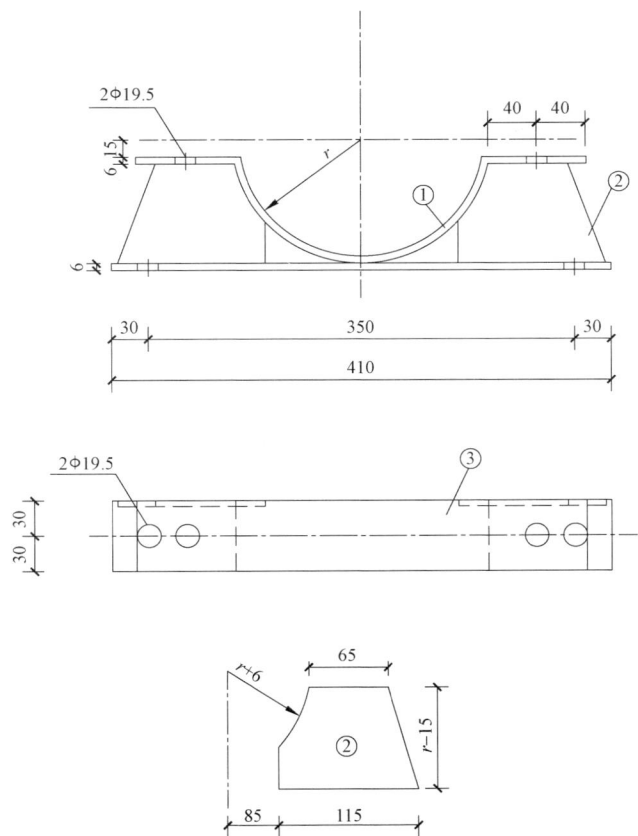

物料编码	型号	r (mm)	下料长度L (mm)	质量（kg）	单位（块）	总重（kg）
500018890	HBG6－160	80	390	1.10	1	3.06
500018891	HBG6－200	100	457	1.29	1	3.25
500126943	HBG6－210	105	470	1.33	1	3.34
500019098	HBG6－220	110	484	1.37	1	3.42
500018892	HBG6－240	120	514	1.45	1	3.60
500019099	HBG6－260	130	545	1.54	1	3.78
500018893	HBG6－280	140	576	1.63	1	3.97
500019100	HBG6－300	150	608	1.72	1	4.15
500019101	HBG6－320	160	638	1.81	1	4.34
500019102	HBG6－340	170	670	1.90	1	4.52
500019103	HBG6－360	180	701	1.98	1	4.69
500019104	HBG6－380	190	733	2.07	1	4.88
500019105	HBG6－400	200	764	2.16	1	5.06
500019106	HBG6－420	210	796	2.25	1	5.25

材 料 表

编号	名称	规格	单位	数量	质量（kg）	备注
①	扁钢	—60×6×L	块	1	见选用表	
②	加劲板	—120×5×（r-15）	块	2		
③	扁钢	—60×6×410	块	1	1.16	

图 6－58　半圆横担抱箍制造图（HBG6）（TJ－BG－04）

构 件 明 细 表

联板编号	尺寸（mm）			适用主杆直径（mm）	序号	规格	数量	质量（kg）		总重（kg）
	L_1	R	L					单件	小计	
联－53	250	80	530	Φ140～165	1	—75×8	1	2.50	2.5	
联－57	290	100	570	Φ190～215	2	—75×8	1	2.69	2.7	
联－61	330	120	610	Φ210～255	3	—75×8	1	2.87	2.9	
联－64	360	135	640	Φ260～285	4	—75×8	1	3.01	3.0	
联－67	390	150	670	Φ300～225	4	—75×8	1	3.16	3.2	

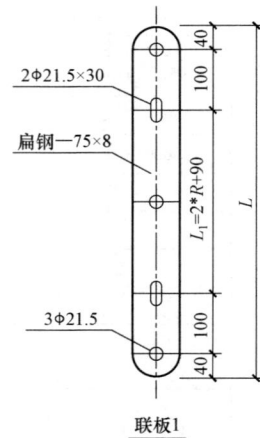

联板1

说明：1. 铁件均需热镀锌。

2. 图中 R 的尺寸是根据铁件安装在距混凝土杆顶的不同高度和电杆梢径来决定的。

3. 材料表中的角钢材料为 Q235。

TJ－GZ－01 联板制造图

（三）高压杆头成套（支接装置）

序号 026-FZ-G01（02），支接杆，单回水平排列，梢径 190，中间

序号	一级物料主表						二级子表清单							总重（kg）
	商品名称	规格型号	单位	商品图片	归类	国网配电网工程典型设计对应图号	物料名称	物料描述	单位	数量	单重（kg）	合重（kg）	物料归类	《成套化铁附件加工图通用设计》对应加工图号	
26	高压杆头成套铁附件	FZ-G01（02），支接杆，单回水平排列，梢径190，中间	套	026.pdf	高压杆头	2016年版图17-7，图17-9	高压线路角铁横担	Q235，角钢L80×8×1700，扁钢—70×6×238（φ205）	块	2	17.21	34.4	横担类	图6-127，图6-127-1	60.4
							挂线板	Q235，扁钢—160×8×170	块	2	1.71	3.4	支构架		
							斜铁	Q235，角钢L63×6×642	块	2	3.64	7.3	支构架		
							联板	Q235，扁钢—80×8×570	块	2	2.86	5.7	支构架		
							柱式绝缘子固定架	JYZJ-150，Q235，角钢L63×6×150，扁钢—60×6×63	块	3	1.04	3.1	支构架	TJ-GJ-10	
							单头螺栓	M16×50，两平一弹一帽	件	15	0.24	3.6	螺栓类	TJ-GZ-06	
							双头螺栓	M20×350，两平两弹四帽	件	2	1.45	2.9	螺栓类	TJ-GZ-07	

序号 027-FZ-G01（02），支接杆，单回水平排列，梢径 230，中间

序号	一级物料主表						二级子表清单							总重（kg）
	商品名称	规格型号	单位	商品图片	归类	国网配电网工程典型设计对应图号	物料名称	物料描述	单位	数量	单重（kg）	合重（kg）	物料归类	《成套化铁附件加工图通用设计》对应加工图号	
27	高压杆头成套铁附件	FZ-G01（02），支接杆，单回水平排列，梢径230，中间	套	027.pdf	高压杆头	2016年版图17-7，图17-9	高压线路角铁横担	Q235，角钢L80×8×1700，扁钢—70×6×285（φ245）	块	2	17.36	34.7	横担类	图6-127，图6-127-1	61.7
							挂线板	Q235，扁钢—160×8×170	块	2	1.71	3.4	支构架		
							斜铁	Q235，角钢L63×6×662	块	2	3.79	7.6	支构架		
							联板	Q235，扁钢—80×8×606	块	2	3.05	6.1	支构架		
							柱式绝缘子固定架	JYZJ-150，Q235，角钢L63×6×150，扁钢—60×6×63	块	3	1.04	3.1	支构架	TJ-GJ-10	
							单头螺栓	M16×50，两平一弹一帽	件	15	0.24	3.6	螺栓类	TJ-GZ-06	
							双头螺栓	M20×400，两平两弹四帽	件	2	1.58	3.2	螺栓类	TJ-GZ-07	

序号 028－FZ－G01（02），支接杆，单回水平排列，梢径300，中间

| 序号 | 一级物料主表 | | | | | | 二级子表清单 | | | | | | | 总重（kg） |
	商品名称	规格型号	单位	商品图片	归类	国网配电网工程典型设计对应图号	物料名称	物料描述	单位	数量	单重（kg）	合重（kg）	物料归类	《成套化铁附件加工图通用设计》对应加工图号	
28	高压杆头成套铁附件	FZ－G01（02），支接杆，单回水平排列，梢径300，中间	套	028.pdf	高压杆头	2016年版图17－7，图17－9	高压线路角铁横担	Q235，角钢L80×8×1700，扁钢—70×6×342（φ300）	块	2	17.55	35.1	横担类	图6－127，图6－127－1	63.3
							挂线板	Q235，扁钢—160×8×170	块	2	1.71	3.4	支构架		
							斜铁	Q235，角钢L63×6×695	块	2	3.98	8	支构架		
							联板	Q235，扁钢—80×8×664	块	2	3.33	6.7	支构架		
							柱式绝缘子固定架	JYZJ－150，Q235，角钢L63×6×150，扁钢—60×6×63	块	3	1.04	3.1	支构架	TJ－GJ－10	
							单头螺栓	M16×50，两平一弹一帽	件	15	0.24	3.6	螺栓类	TJ－GZ－06	
							双头螺栓	M20×440，两平两弹四帽	件	2	1.68	3.4	螺栓类	TJ－GZ－07	

材 料 表

杆径 (mm)	编号	材料名称	规格 (mm)	单位	数量	质量 (kg) 单件	质量 (kg) 小计	总重	备注
	①	角钢	L80×8×1700	块	2	16.42	32.8		
	②	挂板	—160×8×170	块	2	1.71	3.4		
	③	螺栓	M16×45	个	12	0.15	1.8		单帽单垫，无扣长12mm
190	④	扁钢	—70×6×223	块	2	0.74	1.5	54.4	
	⑤	螺栓	M20×330	个	2	1.05	2.1		
	⑥	角钢	L63×6×633	块	2	3.62	7.2		
	⑦	扁钢	—80×8×554	块	2	2.78	5.6		
200	④	扁钢	—70×6×234	块	2	0.77	1.5	54.7	
	⑤	螺栓	M20×340	个	2	1.08	2.2		
	⑥	角钢	L63×6×638	块	2	3.65	7.3		
	⑦	扁钢	—80×8×564	块	2	2.83	5.7		
205	④	扁钢	—70×6×238	块	2	0.79	1.6	54.8	
	⑤	螺栓	M20×345	个	2	1.09	2.2		
	⑥	角钢	L63×6×642	块	2	3.64	7.3		
	⑦	扁钢	—80×8×570	块	2	2.86	5.7		
210	④	扁钢	—70×6×244	块	2	0.80	1.6	54.9	
	⑤	螺栓	M20×350	个	2	1.10	2.2		
	⑥	角钢	L63×6×644	块	2	3.68	7.4		
	⑦	扁钢	—80×8×574	块	2	2.86	5.7		

横担组装图（比例1:20）

扁钢④加工图（比例1:10）

联板加工图（比例1:10）

斜铁加工图（比例1:10）

挂板加工图（比例1:10）

双头螺栓加工图（比例1:10）

选 型 表

杆径 (mm)	L_1 (mm)	L_2 (mm)	L_3 (mm)	L_4 (mm)	L_5 (mm)	L_6 (mm)	L_7 (mm)	D (mm)	H (mm)	杆头示意图
190	141	230	147	294	105	585	563	190	140	图6-22横担
200	149	240	152	304	100	580	568	200	150	图6-24横担
205	152	245	153	310	103	478	570	205	155	图6-29横担
210	156	250	155		100	475	572	210	160	图6-30横担

注：1. 扁钢④与角钢①须四面焊接，且焊缝高度为6mm。

2. 所有材料均须热镀锌防腐。

3. 所有材料材质均为Q235。

4. 扁钢④与角钢①间隙6mm。

5. 根据选取的绝缘子固定螺栓的规格，本地区确定安装孔径 d 按 M20 取 $\phi21.5mm$。

6. 横担准线根据 DL/T 5442—2010《输电线路铁塔制图和构造规定》表 8.2.1 角钢准距表中的技术参数，详见本典型设计第 6 章总说明 6.1.3.3。

7. 螺栓的性能等级为 6.8 级。

图 6-127　HD3-17/8008 水泥单杆耐张横担加工图（1/2）

一　高压杆头成套铁附件　·47·

材 料 表

杆径（mm）	编号	材料名称	规格（mm）	单位	数量	质量（kg） 单件	质量（kg） 小计	总重	备注
	①	角钢	L80×8×1700	块	2	16.42	32.8		
	②	挂板	—160×8×170	块	2	1.71	3.4		
	③	螺栓	M16×45	个	12	0.15	1.8		单帽单垫，无扣长12mm
220	④	扁钢	—70×6×255	块	2	0.84	1.7	55.4	
	⑤	螺栓	M20×360	个	2	1.13	2.3		
	⑥	角钢	L63×6×650	块	2	3.72	7.5		
	⑦	扁钢	—80×8×584	块	2	2.93	5.9		
235	④	扁钢	—70×6×272	块	2	0.90	1.8	55.6	
	⑤	螺栓	M20×375	个	2	1.16	2.3		
	⑥	角钢	L63×6×658	块	2	3.76	7.5		
	⑦	扁钢	—80×8×600	块	2	3.01	6.0		
245	④	扁钢	—70×6×285	块	2	0.94	1.9	56.0	
	⑤	螺栓	M20×385	个	2	1.19	2.4		
	⑥	角钢	L63×6×662	块	2	3.79	7.6		
	⑦	扁钢	—80×8×606	块	2	3.05	6.1		
250	④	扁钢	—70×6×292	块	2	0.96	1.9	56.1	
	⑤	螺栓	M20×390	个	2	1.20	2.4		
	⑥	角钢	L63×6×666	块	2	3.81	7.6		
	⑦	扁钢	—80×8×614	块	2	3.09	6.2		
265	④	扁钢	—70×6×309	块	2	1.02	2.0	56.6	
	⑤	螺栓	M20×405	个	2	1.24	2.5		
	⑥	角钢	L63×6×676	块	2	3.87	7.8		
	⑦	扁钢	—80×8×630	块	2	3.17	6.3		
270	④	扁钢	—70×6×312	块	2	1.03	2.1	56.8	
	⑤	螺栓	M20×410	个	2	1.25	2.5		
	⑥	角钢	L63×6×678	块	2	3.88	7.8		
	⑦	扁钢	—80×8×634	块	2	3.19	6.4		

选 型 表

杆径（mm）	L_1（mm）	L_2（mm）	L_3（mm）	L_4（mm）	L_5（mm）	L_6（mm）	L_7（mm）	D（mm）	H（mm）	杆头示意图
220	163	260	162	324	87	670	667	220	170	
235	174	275	170	340	96	663	661	235	185	图6－22横担
245	182	285	173	346	83	458	592	245	195	图6－24横担
250	186	290	177	354	88	655	668	250	200	图6－29横担
265	197	305	185	370	80	648	678	265	215	图6－30横担
270	200	310	187	374	110	645	653	270	220	

图 6－127－1　HD3－17/8008 水泥单杆耐张横担加工图（2/2）

序号 029－FZ－G03（04），单回路转角塔（单双回直线塔）支接，水平排列，窄基塔，半侧

序号	一级物料主表						二级子表清单							合重（kg）
	商品名称	规格型号	单位	商品图片	归类	国网配电网工程典型设计对应图号	物料名称	物料描述	单位	数量	单重（kg）	合重（kg）	物料归类	《成套化铁附件加工图通用设计》对应加工图号	
29	高压杆头成套铁附件	FZ－G03（04），单回路转角塔（单双回直线塔）支接，水平排列，窄基塔，半侧	套	029.pdf	高压杆头	2016年版图17－7－1，图17－9－1	窄基塔支接横担	ZJHD－ZJT－A1，Q345，角钢 L63×5×2200，L80×7×230，L40×3×770，L40×3×900，L40×3×1030，挂线板－8×102×170	副	1	60.5	60.5	横担类	TJ－HD－14C	60.5

序号 030－FZ－G03（04），双回路转角塔支接，单回水平排列，窄基塔，半侧

序号	一级物料主表						二级子表清单							合重（kg）
	商品名称	规格型号	单位	商品图片	归类	国网配电网工程典型设计对应图号	物料名称	物料描述	单位	数量	单重（kg）	合重（kg）	物料归类	《成套化铁附件加工图通用设计》对应加工图号	
30	高压杆头成套铁附件	FZ－G03（04），双回路转角塔支接，单回水平排列，窄基塔，半侧	套	030.pdf	高压杆头	2016年版图17－7－1，图17－9－1	窄基塔支接横担	ZJHD－ZJT－A2，Q345，角钢 L63×5×2200，L80×7×230，L40×3×950，L40×3×1030，L40×3×1160，挂线板－8×102×170	副	1	62.2	62.2	横担类	TJ－HD－14C	62.2

材 料 表

窄基塔类型	型号	编号	材料名称	规格（mm）	单位	数量	质量（kg）		备注
							单件	小计	总重	

窄基塔类型	型号	编号	材料名称	规格（mm）	单位	数量	单件	小计	总重	备注
		①	角钢	L63×5×2200	块	2	10.60	21.2		
		②	横担固定架	L80×7×230	块	4	2.93	11.7		
		③	挂线板	—8×102×170	块	3	1.09	3.3		
		④	挂线板	—8×102×170	块	3	1.09	3.3		
		⑤	螺栓	M16×45	个	34	0.15	4.2		
		⑥	螺栓	M16×120	个	8	0.28	2.2		
窄基塔支接横担	ZJHD－ZJT－A1	⑦	角钢	L40×3×770	块	3	1.42	4.3	60.5	适用范围：(a) 单回路直线与转角塔支接 (b) 双回路直线塔支接
		⑧	角钢	L40×3×900	块	1	1.67	1.7		
		⑨	角钢	L40×3×1030	块	2	1.91	3.8		
	ZJHD－ZJT－A2	⑦	角钢	L40×3×950	块	3	1.76	5.3	62.2	适用范围：双回路转角塔支接
		⑧	角钢	L40×3×1030	块	1	1.91	1.9		
		⑨	角钢	L40×3×1160	块	2	2.15	4.3		

窄基塔支接横担

选 型 表

窄基塔类型 \ 安装位置 尺寸	窄基塔支接横担			备注
	L_1 (mm)	L_2 (mm)	L_3 (mm)	
单回窄基塔	362（340）	724（680）	425（395）	
双回窄基塔	446（360）	892（720）	580（530）	

注：括号中的数据为直线塔距离。

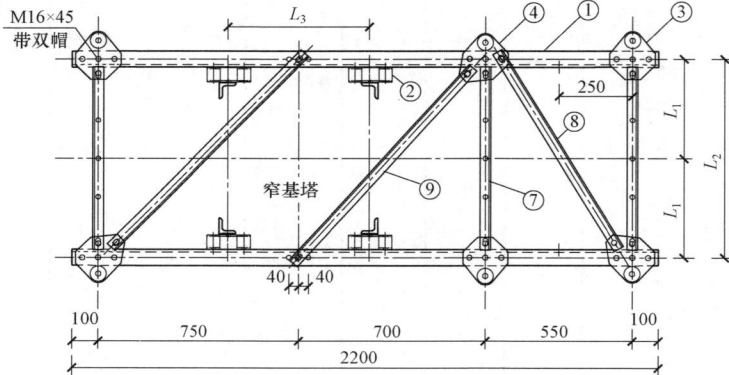

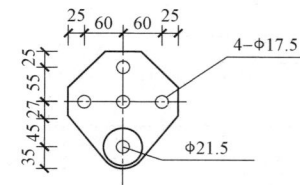

挂线板 ③ 详图（比例1:10）

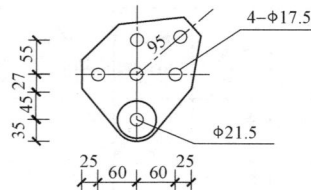

挂线板 ④ 详图（比例1:10）

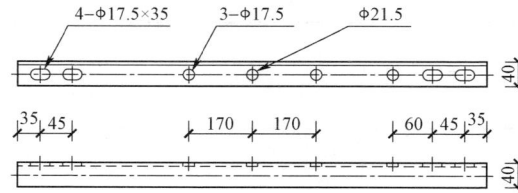

角钢联铁 ⑦ 详图（比例1:10）

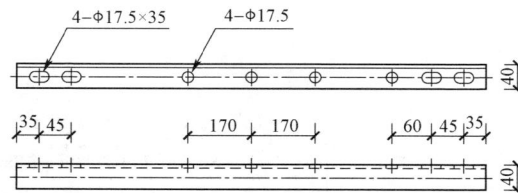

斜材 ⑧ ⑨ 加工图（比例1:10）

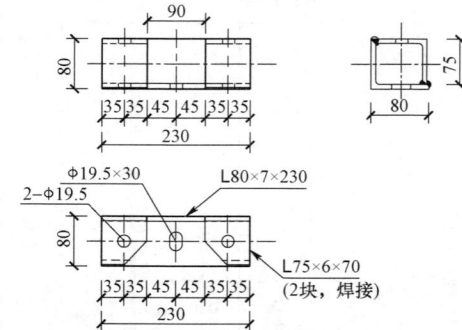

横担固定架 ② 详图（比例1:10）

注：1. 所有材料均须热镀锌防腐。

2. 所有材料材质均为Q345。

3. 根据选取的绝缘子固定螺栓的规格，确定安装孔径 *d*（M16 螺栓取 17.5，M18 螺栓取 19.5，M20 螺栓取 21.5）。

4. 横担准线根据 DL/T 5442—2010《输电线路铁塔制图和构造规定》表 8.2.1 角钢准距表中的技术参数，详见本典型设计第 6 章总说明 6.1.3.3。

5. 本图适用于窄基塔配套的单回路支接横担（或单回路支接隔离开关横担）。

TJ－HD－14C 支接横担加工图（窄基塔）

（四）高压杆头成套（水泥杆，单杆，其他组合）

序号031-ZJCS1-2（ZJFCS1-2），直线转角杆，单回三角排列，梢径190，单侧

| 序号 | 一级物料主表 | | | | | | 二级子表清单 | | | | | | | 总重(kg) |
	商品名称	规格型号	单位	商品图片	归类	国网配电网工程典型设计对应图号	物料名称	物料描述	单位	数量	单重(kg)	合重(kg)	物料归类	《成套化铁附件加工图通用设计》对应加工图号	
31	高压杆头成套铁附件	ZJCS1-2（ZJFCS1-2），直线转角杆，单回三角排列，梢径190，单侧	套	031.pdf	高压杆头	2016年版图6-2-2	高压线路角铁横担	Q235，角钢L80×8×1200，扁钢—60×6×257（φ205）	块	2	12.3	24.6	横担类	图6-40-1	88.5
							高压线路角铁横担	Q235，角钢L80×8×1600，扁钢—60×6×257（φ205）	块	2	16.15	32.3	横担类	图6-40-2	
							竖撑	ZS-950，Q235，角钢L56×5×950	块	2	4.24	8.5	支构架	图6-97-1	
							斜撑	ZX-1300，Q235，角钢L56×5×1300	块	2	5.5	11	支构架	图6-97	
							斜撑抱箍	ZB-220，Q235，扁钢—6×60×489，—6×60×80	块	2	1.85	3.7	抱箍类	图6-98	
							单头螺栓	M18×80，两平一弹一帽	件	2	0.4	0.8	螺栓类	TJ-GZ-06	
							双头螺栓	M18×320，两平两弹四帽	件	3	1.06	3.2	螺栓类	TJ-GZ-07	
							双头螺栓	M18×340，两平两弹四帽	件	4	1.1	4.4	螺栓类	TJ-GZ-07	

序号032-ZJCC1-2（ZJFCC1-2），直线转角杆，单回垂直排列，梢径190，单侧

| 序号 | 一级物料主表 | | | | | | 二级子表清单 | | | | | | | 总重(kg) |
	商品名称	规格型号	单位	商品图片	归类	国网配电网工程典型设计对应图号	物料名称	物料描述	单位	数量	单重(kg)	合重(kg)	物料归类	《成套化铁附件加工图通用设计》对应加工图号	
32	高压杆头成套铁附件	ZJCC1-2（ZJFCC1-2），直线转角杆，单回垂直排列，梢径190，单侧	套	032.pdf	高压杆头	2016年版图6-2-3	高压线路角铁横担	Q235，角钢L80×8×1200，扁钢—60×6×257（φ205）	块	6	12.3	73.8	横担类	图6-40-1	124.0
							竖撑	ZS-1850，Q235，角钢L56×5×1850	块	2	8.26	16.5	支构架	图6-97-1	
							斜撑	ZX-1100，Q235，角钢L56×5×1100	块	2	4.7	9.4	支构架	图6-97	
							斜撑抱箍	ZB-220，Q235，扁钢—6×60×489，—6×60×80	块	2	1.85	3.7	抱箍类	图6-98	
							单头螺栓	M18×80，两平一弹一帽	件	2	0.4	0.8	螺栓类	TJ-GZ-06	
							双头螺栓	M18×320，两平两弹四帽	件	6	1.06	6.4	螺栓类	TJ-GZ-07	
							双头螺栓	M18×340，两平两弹四帽	件	6	1.1	6.6	螺栓类	TJ-GZ-07	
							双头螺栓	M18×360，两平两弹四帽	件	6	1.14	6.8	螺栓类	TJ-GZ-07	

材　料　表

杆径（mm）	编号	材料名称	规格（mm）	单位	数量	质量（kg）		合计质量（kg）①+②	备注
						单件	小计		
	①	角钢	L80×8×1200	块	2	11.59	23.2		
190	②	扁钢	—60×6×243	块	2	0.69	1.4	24.6	
205	②	扁钢	—60×6×257	块	2	0.73	1.4	24.6	
215	②	扁钢	—60×6×275	块	2	0.78	1.6	24.8	
230	②	扁钢	—60×6×317	块	2	0.90	1.8	25.0	
245	②	扁钢	—60×6×331	块	2	0.93	1.8	25.0	
255	②	扁钢	—60×6×349	块	2	0.99	2.0	25.2	
260	②	扁钢	—60×6×375	块	2	1.06	2.2	25.4	
300	②	扁钢	—60×6×453	块	2	1.28	2.6	25.8	

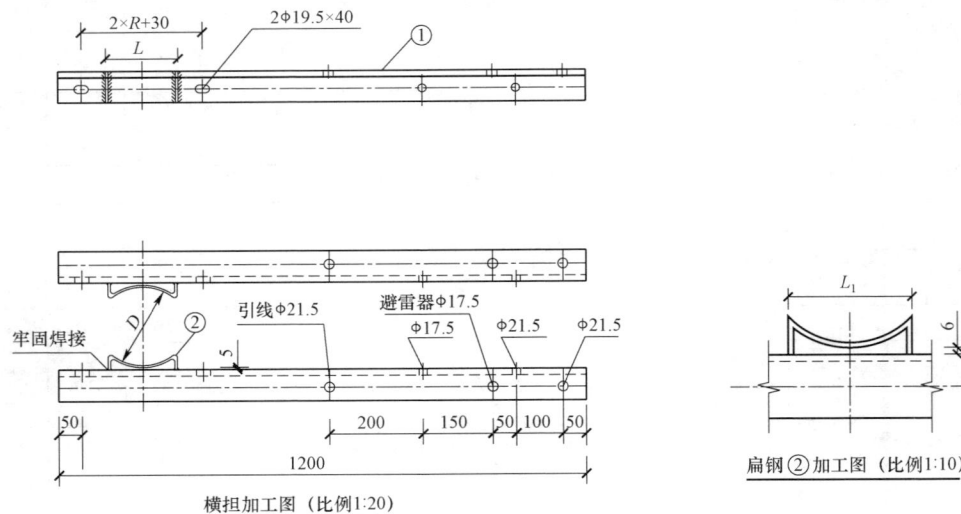

横担加工图（比例1:20）

扁钢②加工图（比例1:10）

注：1. 扁钢与角钢须四面焊接，且焊缝高度为6mm。

2. 所有材料均须热镀锌防腐。

3. 所有材料材质均为Q235。

4. 扁钢②与角钢间隙6mm。

5. 横担准线根据DL/T 5442—2010《输电线路铁塔制图和构造规定》表8.2.1角钢准距表中的技术参数，详见典型设计第6章总说明6.1.3.3。

图 6－40－1　HD2－12/8008 水泥单杆直线转角侧出横担加工图

材 料 表

杆径（mm）	编号	材料名称	规格（mm）	单位	数量	质量（kg） 单件	质量（kg） 小计	合计质量（kg） ①+②	备注
	①	角钢	L80×8×1600	块	2	15.46	30.9		
190	②	扁钢	—60×6×243	块	2	0.69	1.4	32.3	
205	②	扁钢	—60×6×257	块	2	0.73	1.4	32.3	
215	②	扁钢	—60×6×275	块	2	0.78	1.6	32.5	
230	②	扁钢	—60×6×317	块	2	0.90	1.8	32.7	
245	②	扁钢	—60×6×331	块	2	0.93	1.8	32.7	
255	②	扁钢	—60×6×349	块	2	0.99	2.0	32.9	
260	②	扁钢	—60×6×375	块	2	1.06	2.2	33.1	
300	②	扁钢	—60×6×453	块	2	1.28	2.6	33.5	

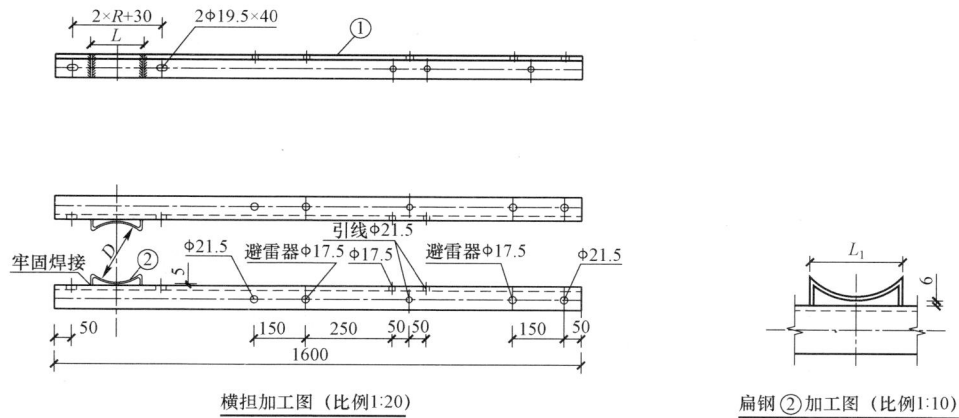

横担加工图（比例1:20）

扁钢②加工图（比例1:10）

注：1. 扁钢与角钢须四面焊接，且焊缝高度为 6mm。

2. 所有材料均须热镀锌防腐。

3. 所有材料材质均为 Q235。

4. 扁钢②与角钢间隙 6mm。

5. 横担准线根据 DL/T 5442—2010《输电线路铁塔制图和构造规定》表 8.2.1 角钢准距表中的技术参数，详见典型设计第 6 章总说明 6.1.3.3。

图 6−40−2　HD2−16/8008 水泥单杆直线转角侧出横担加工图

材 料 表

型号	编号	材料名称	规格（mm）	L_1（mm）	长度L（mm）	单位	数量	质量（kg）	备注
ZS-950	①	角钢	L56×5	450	950	块	1	4.24	适用于单回全侧三角排列
ZS-1850	①	扁钢	L56×5	900	1850	块	1	8.26	适用于双回全侧垂直排列

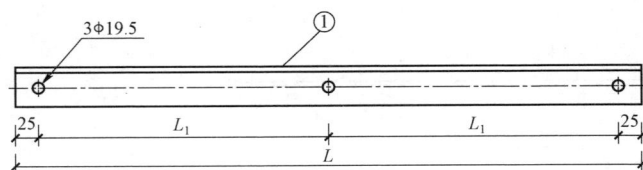

竖铁加工图（比例1:10）

注：1. 所有材料均须热镀锌防腐。

2. 所有材料材质均为 Q235。

图 6-97-1　直线横担竖撑加工图

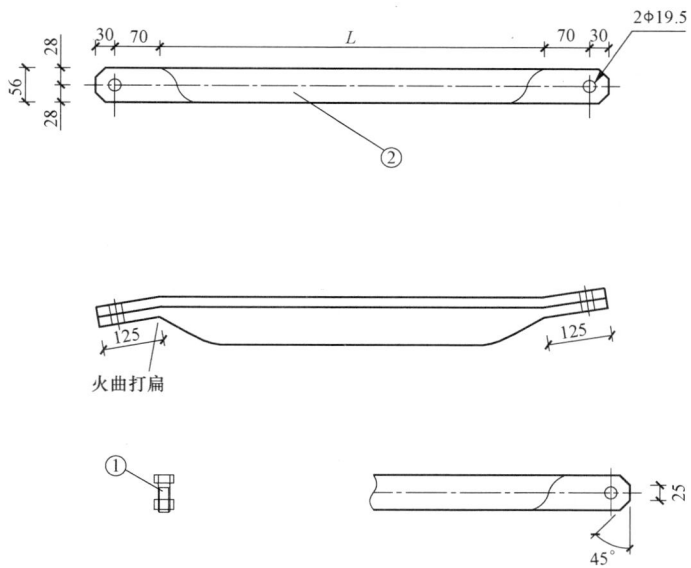

材 料 表

序号	编号	名称	型号	规格	长度（mm）	L（mm）	单位	数量	质量（kg）		合计质量（kg）①+②
									单件	小计	
1	①	螺栓		M18×50	50	50	个	1	0.27	0.3	
2	②	角钢	ZX-850	L56×5	850	650	根	1	3.60	3.6	3.9
3	②	角钢	ZX-1000	L56×5	1000	800	根	1	4.25	4.3	4.6
4	②	角钢	ZX-1100	L56×5	1100	900	根	1	4.68	4.7	5.0
5	②	角钢	ZX-1200	L56×5	1200	1000	根	1	5.10	5.1	5.4
6	②	角钢	ZX-1250	L56×5	1250	1050	根	1	5.31	5.3	5.6
7	②	角钢	ZX-1300	L56×5	1300	1100	根	1	5.53	5.5	5.8
8	②	角钢	ZX-1400	L56×5	1400	1200	根	1	5.95	6.0	6.3
9	②	角钢	ZX-1500	L56×5	1500	1300	根	1	6.38	6.4	6.7
10	②	角钢	ZX-1600	L56×5	1600	1400	根	1	6.80	6.8	7.1

比例（1:10）

注：1. 所有材料材质均为 Q235 型钢材并进行热镀锌防腐处理。

2. 螺栓①性能等级 6.8 级，单帽单垫，无扣长 12mm。

图 6-97 直线横担斜撑加工图

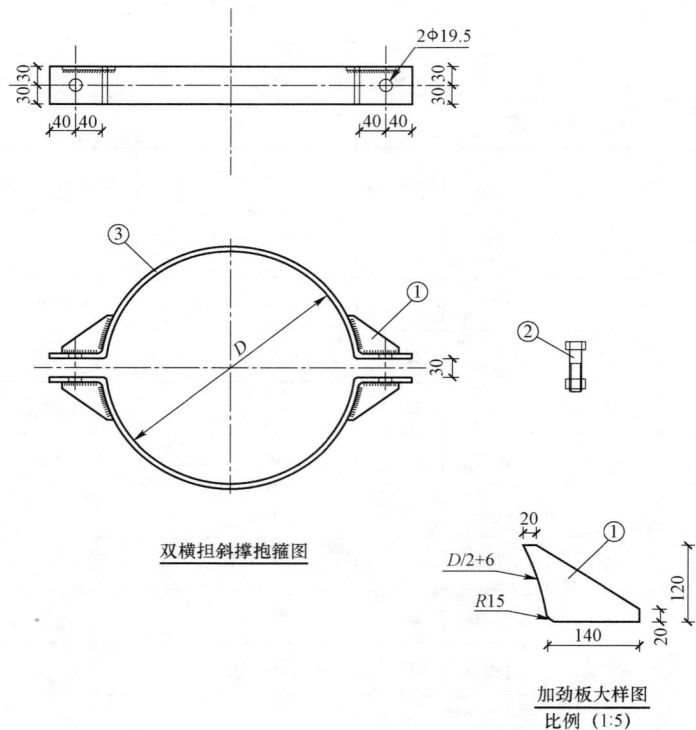

双横担斜撑抱箍图

加劲板大样图
比例（1:5）

材 料 表

序号	编号	名称	型号	D(mm)	规格	长度(mm)	单位	数量	质量（kg）单件	质量（kg）小计	合计质量（kg）①+②+③	备注
1	①	加劲板			—6×60	80	块	4	0.23	0.9		
2	②	螺栓			M18×80	80	个	2	0.34	0.7		单帽单垫，无扣长42mm
3	③	斜撑抱箍	ZB–200	200	—6×60	457	块	2	1.29	2.6	4.2	
4	③	斜撑抱箍	ZB–210	210	—6×60	472	块	2	1.34	2.7	4.3	
5	③	斜撑抱箍	ZB–220	220	—6×60	489	块	2	1.38	2.8	4.4	
6	③	斜撑抱箍	ZB–230	230	—6×60	504	块	2	1.43	2.9	4.5	
7	③	斜撑抱箍	ZB–240	240	—6×60	520	块	2	1.47	3.0	4.6	
8	③	斜撑抱箍	ZB–250	250	—6×60	536	块	2	1.52	3.0	4.6	
9	③	斜撑抱箍	ZB–260	260	—6×60	552	块	2	1.56	3.1	4.7	
10	③	斜撑抱箍	ZB–280	280	—6×60	583	块	2	1.65	3.3	4.9	
11	③	斜撑抱箍	ZB–300	300	—6×60	614	块	2	1.74	3.5	5.1	
12	③	斜撑抱箍	ZB–320	320	—6×60	646	块	2	1.83	3.7	5.3	
13	③	斜撑抱箍	ZB–340	340	—6×60	677	块	2	1.92	3.9	5.5	
14	③	斜撑抱箍	ZB–350	350	—6×60	693	块	2	1.96	3.9	5.5	
15	③	斜撑抱箍	ZB–360	360	—6×60	708	块	2	2.00	4.0	5.6	
16	③	斜撑抱箍	ZB–380	380	—6×60	740	块	2	2.09	4.2	5.8	
17	③	斜撑抱箍	ZB–400	400	—6×60	771	块	2	2.18	4.4	6.0	

注：1. 所有材料材质均为 Q235 型钢材并进行热镀锌防腐处理。

2. 螺栓的性能等级为 6.8 级。

3. 各构件焊接工艺、焊缝高度及长度应满足相关规程、规范要求。

图 6－98　直线横担斜撑抱箍加工图

序号 033-ZJ2-2、Z2-2（ZJF2-2、ZF2-2），直线转角杆，双回左右三角排列，梢径190，中间

序号	一级物料主表					二级子表清单								总重(kg)
	商品名称	规格型号	单位	商品图片	归类	国网配电网工程典型设计对应图号	物料名称	物料描述	单位	数量	单重(kg)	合重(kg)	物料归类	《成套化铁附件加工图通用设计》对应加工图号	
33	高压杆头成套铁附件	ZJ2-2、Z2-2（ZJF2-2、ZF2-2），直线转角杆，双回左右三角排列，梢径190，中间	套	033.pdf	高压杆头	2016版图6-7，2017版图6-6	高压线路角铁横担	Q235，角钢L80×8×1700，扁钢-60×6×257（Φ205）	块	2	17.15	34.3	横担类	图6-67，图6-68，图6-40	123.4
							高压线路角铁横担	Q235，角钢L80×8×3000，扁钢-60×6×257（Φ205）	块	2	29.7	59.4	横担类	图6-76	
							斜撑	ZX-850，Q235，角钢L56×5×850	块	4	3.6	14.4	支构架	图6-97	
							斜撑抱箍	ZB-220，Q235，扁钢-6×60×489，-6×60×80	块	2	1.85	3.7	抱箍类	图6-98	
							单头螺栓	M18×80，两平一弹一帽	件	2	0.4	0.8	螺栓类	TJ-GZ-06	
							双头螺栓	M18×320，两平两弹四帽	件	4	1.06	4.2	螺栓类	TJ-GZ-07	
							双头螺栓	M18×340，两平两弹四帽	件	6	1.1	6.6	螺栓类	TJ-GZ-07	

序号 034-NJ2-2、ZN2-2（NJF2-2、ZNF2-2），转角45°耐张杆，双回左右三角排列，梢径190，中间

序号	一级物料主表					二级子表清单								总重(kg)
	商品名称	规格型号	单位	商品图片	归类	国网配电网工程典型设计对应图号	物料名称	物料描述	单位	数量	单重(kg)	合重(kg)	物料归类	《成套化铁附件加工图通用设计》对应加工图号	
34	高压杆头成套铁附件	NJ2-2、ZN2-2（NJF2-2、ZNF2-2），转角45°耐张杆，双回左右三角排列，梢径190，中间	套	034.pdf	高压杆头	2016版图6-28，2017版图6-19	高压线路角铁横担	Q235，角钢L80×8×1700，扁钢—60×6×257（Φ205）	块	2	17.15	34.3	横担类	图6-127，图6-127-1	166.2
							高压线路角铁横担	Q235，角钢L80×8×3000，扁钢—70×6×238（Φ205）	块	2	29.76	119	横担类	图6-145，图6-146	
							斜铁	Q235，角钢L63×6×642	块	2	3.64	7.3	支构架	图6-127，图6-127-1	
							斜铁	Q235，角钢L63×6×664	块	4	3.8	15.2	支构架	图6-145，图6-146	
							联板	Q235，扁钢—80×8×570	块	6	2.86	17.2	支构架	图6-127，图6-127-1	
							垫块	Q235，扁钢—80×8×80	块	4	0.4	1.6	支构架	图6-145，图6-146	
							斜撑	ZX-1200，Q235，角钢L56×5×1200	块	4	5.1	20.4	支构架	图6-97	

| 序号 | 一级物料主表 | | | | | | 二级子表清单 | | | | | | | | 总重(kg) |
	商品名称	规格型号	单位	商品图片	归类	国网配电网工程典型设计对应图号	物料名称	物料描述	单位	数量	单重(kg)	合重(kg)	物料归类	《成套化铁附件加工图通用设计》对应加工图号	
34	高压杆头成套铁附件	NJ2-2、ZN2-2（NJF2-2、ZNF2-2），转角45°耐张杆，双回左右三角排列，梢径190，中间	套	034.pdf	高压杆头	2016版图6-28，2017版图6-19	斜撑抱箍	ZB-220，Q235，扁钢—6×60×489，—6×60×80	块	2	1.85	3.7	抱箍类	图6-98	166.2
							单头螺栓	M16×70，两平一弹一帽	件	4	0.32	1.3	螺栓类	TJ-GZ-06	
							双头螺栓	M20×320，两平两弹四帽	件	2	1.38	2.8	螺栓类	TJ-GZ-07	
							双头螺栓	M20×350，两平两弹四帽	件	2	1.45	2.9	螺栓类	TJ-GZ-07	

序号035-HD1-30/8008，三回直线（转角）杆，水平排列，下层横担，梢径260，中间

| 序号 | 一级物料主表 | | | | | | 二级子表清单 | | | | | | | | 总重(kg) |
	商品名称	规格型号	单位	商品图片	归类	国网配电网工程典型设计对应图号	物料名称	物料描述	单位	数量	单重(kg)	合重(kg)	物料归类	《成套化铁附件加工图通用设计》对应加工图号	
35	高压杆头成套铁附件	HD1-30/8008，三回直线（转角）杆，水平排列，下层横担，梢径260，中间	套	035.pdf	高压杆头	2016版图6-16，图6-40	高压线路角铁横担	Q235，角钢L80×8×3000，扁钢—60×6×375（φ260）	块	2	30.1	60.2	横担类	图6-76	92.9
							斜撑	ZX-1200，Q235，角钢L56×5×1200	块	4	5.1	20.4	支构架	图6-97	
							斜撑抱箍	ZB-280，Q235，扁钢—6×60×583，—6×60×80	块	2	2.1	4.2	抱箍类	图6-98	
							单头螺栓	M18×80，两平一弹一帽	件	2	0.4	0.8	螺栓类	TJ-GZ-06	
							双头螺栓	M18×400，两平两弹四帽	件	6	1.22	7.3	螺栓类	TJ-GZ-07	

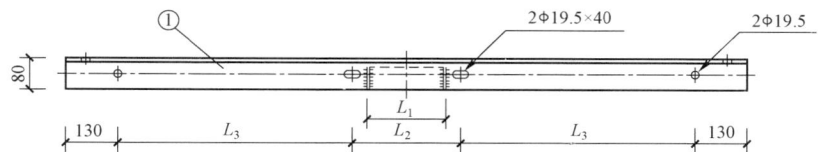

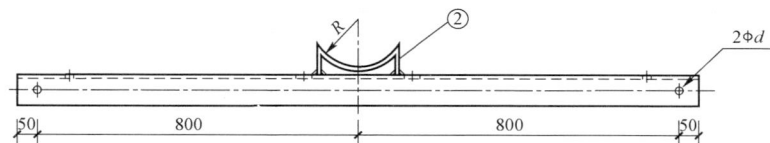

横担加工图（比例1:20）

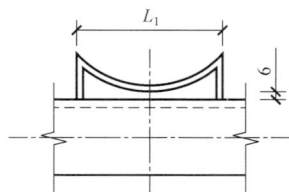

扁钢②加工图（比例1:10）

材 料 表

杆径（mm）	编号	材料名称	规格（mm）	单位	数量	质量（kg）单件	质量（kg）小计	合计质量（kg）①+②	备注
	①	角钢	L80×8×1700	块	1	16.42	16.4		
190	②	扁钢	—60×6×243	块	1	0.69	0.7	17.1	
205	②	扁钢	—60×6×257	块	1	0.73	0.7	17.1	
215	②	扁钢	—60×6×275	块	1	0.78	0.8	17.2	
230	②	扁钢	—60×6×317	块	1	0.90	0.9	17.3	
245	②	扁钢	—60×6×331	块	1	0.93	0.9	17.3	
255	②	扁钢	—60×6×349	块	1	0.99	1.0	17.4	
260	②	扁钢	—60×6×375	块	1	1.06	1.1	17.5	
270	②	扁钢	—60×6×394	块	1	1.11	1.1	17.5	
280	②	扁钢	—60×6×414	块	1	1.17	1.2	17.5	
285	②	扁钢	—60×6×407	块	1	1.15	1.2	17.6	
300	②	扁钢	—60×6×453	块	1	1.28	1.3	17.7	

注：1. 扁钢与角钢须四面焊接，且焊缝高度为 6mm。

    2. 所有材料均须热镀锌防腐。

    3. 所有材料材质均为 Q235。

    4. 扁钢②与角钢间隙 6mm。

    5. 根据选取的绝缘子固定螺栓的规格，本地区确定安装孔径 d 按 M20 螺栓取 Φ21.5mm。

    6. 横担准线根据 DL/T 5442—2010《输电线路铁塔制图和构造规定》表 8.2.1 角钢准距 表中的技术参数，详见本典型设计第 6 章总说明 6.1.3.3。

图 6－67　HD1－17/8008 水泥单杆直线横担加工图（1/2）

横担加工尺寸及零件选取表

水泥杆杆径（mm）	L_1 (mm)	L_2 (mm)	L_3 (mm)	R (mm)	杆头示意图	U型抱箍
190	150	230	605	95	图6-9上横担	U18-200
205	160	240	600	103	图6-2横担、图6-9中横担	U18-220
215	170	250	595	108	图6-9下横担	U18-230
230	190	270	585	115	图6-9上横担、图6-16上横担、图6-18上横担、图6-20横担1	U18-240
245	200	280	580	123	图6-2横担、图6-9中横担、图6-16中上横担、图6-20横担2	U18-260
255	210	290	575	128	图6-9下横担、图6-16中下横担、图6-20横担3	U18-270
260	220	300	570	130	图6-18中下横担	U18-270
270	230	310	565	135	图6-9上横担、图6-17上横担、图6-19上横担、图6-20横担4、图6-20横担1	U18-280
280	240	320	560	140	图6-20横担5	U18-290
285	240	320	560	143	图6-2横担、图6-9中横担、图6-17中上横担、图6-20横担2	U18-300
290	250	330	555	145	图6-20横担6	U18-300
295	250	330	555	148	图6-9下横担、图6-17中下横担、图6-20横担3	U18-310
300	260	340	550	150	图6-19中下横担	U18-310

图 6-68 HD1-17/8008 水泥单杆直线横担加工图（2/2）

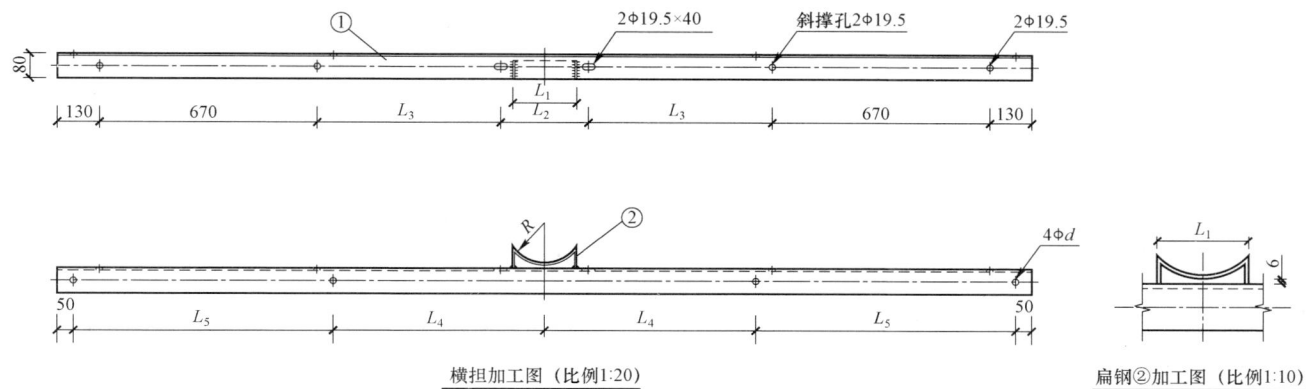

横担加工图（比例1:20）

扁钢②加工图（比例1:10）

材 料 表

杆径（mm）	编号	材料名称	规格（mm）	单位	数量	质量（kg）单件	质量（kg）小计	合计质量（kg）①+②	备注
	①	角钢	L80×8×3000	块	1	28.97	29.0		
205	②	扁钢	—60×6×257	块	1	0.73	0.7	29.7	
245	②	扁钢	—60×6×331	块	1	0.93	0.9	29.9	
260	②	扁钢	—60×6×375	块	1	1.06	1.1	30.1	
270	②	扁钢	—60×6×394	块	1	1.11	1.1	30.1	
285	②	扁钢	—60×6×407	块	1	1.15	1.2	30.2	
300	②	扁钢	—60×6×453	块	1	1.28	1.3	30.3	

注：1. 扁钢与角钢须四面焊接，且焊缝高度为6mm。

2. 所有材料均须热镀锌防腐。

3. 所有材料材质均为 Q235。

4. 扁钢②与角钢间隙 6mm。

5. 根据选取的绝缘子固定螺栓的规格，本地区确定安装孔径 d M20 螺栓取 Φ21.5mm。

6. 横担准线根据 DL/T 5442—2010《输电线路铁塔制图和构造规定》表 8.2.1 角钢准距表中的技术参数，详见本典型设计第 6 章总说明 6.1.3.3。

7. 本横担如用于直线转角横担，根据图 6-40 要求调整使用。

横担加工尺寸及零件选取表

水泥杆杆径（mm）	L_1（mm）	L_2（mm）	L_3（mm）	L_4（mm）	L_5（mm）	R（mm）	杆头示意图	U型抱箍	斜撑	斜撑抱箍
205	160	240	580	550	900	103	图6-7下横担	U18-220	ZX-1100	ZB-220
245	200	280	560	550	900	123	图6-7下横担	U18-260	ZX-1100	ZB-260
260	220	300	550	650	800	130	图6-7下横担	U18-270	ZX-1100	ZB-270

图 6-76 HD1-30/8008 水泥单杆直线横担加工图（1/2）

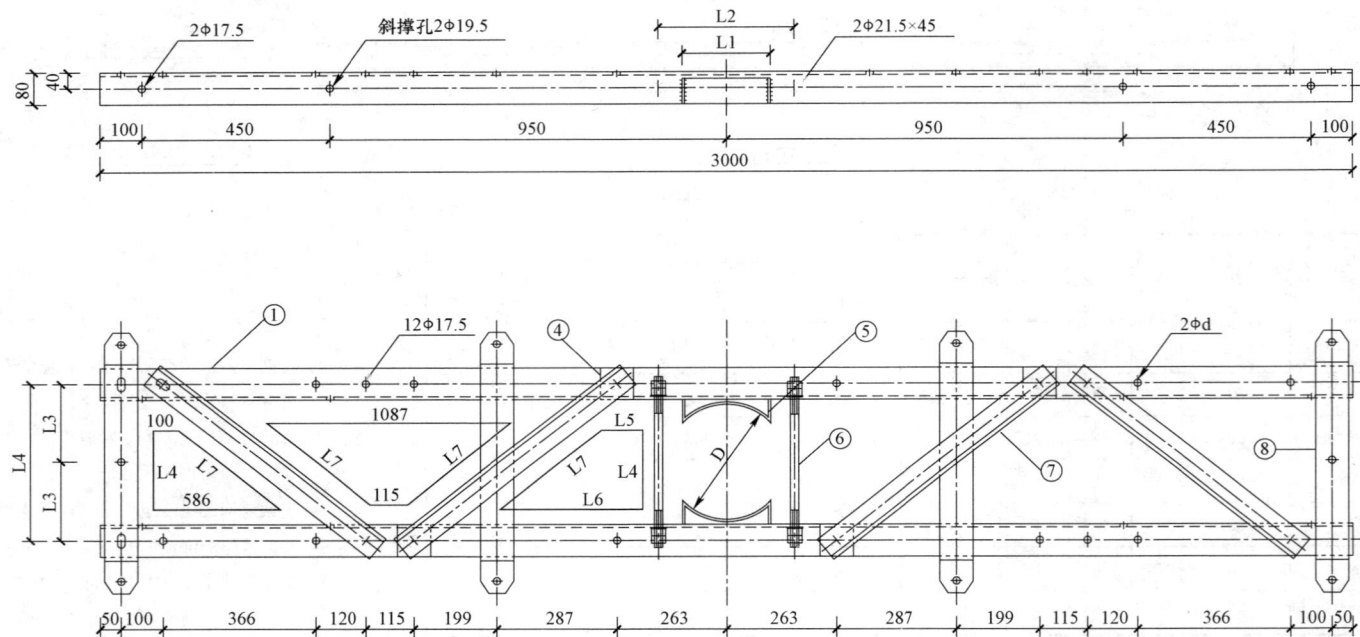

横担组装图（比例1:20）

图 6-145　HD3-30/8008 水泥单杆耐张横担加工图（1/6）

材 料 表

杆径 (mm)	编号	材料名称	规格 (mm)	单位	数量	质量 (kg)			备 注
						单件	小计	总重	
	①	角钢	L80×8×3000	块	2	28.97	57.9		
	②	螺栓	M16×55	个	4	0.16	0.7		单帽单垫，无扣长18mm
	③	螺栓	M16×45	个	12	0.15	1.8		单帽单垫，无扣长12mm
	④	扁钢	—80×8×80	块	4	0.40	1.6		
205	⑤	扁钢	—70×6×238	块	2	0.79	1.6	92.5	
	⑥	螺栓	M20×345	个	2	1.09	2.2		
	⑦	角钢	L63×6×664	块	4	3.80	15.2		
	⑧	扁钢	—80×8×570	块	4	2.86	11.5		
245	⑤	扁钢	—70×6×285	块	2	0.94	1.9	95.6	
	⑥	螺栓	M20×385	个	2	1.19	2.4		
	⑦	角钢	L63×6×745	块	4	4.26	17.1		
	⑧	扁钢	—80×8×606	块	4	3.05	12.2		

联板加工图（比例1:10）

斜铁加工图（比例1:10）

扁钢④加工图（比例1:10）　　垫块（比例1:10）

双头螺栓加工图（比例1:10）

选 型 表

杆径 (mm)	L_1 (mm)	L_2 (mm)	L_3 (mm)	L_4 (mm)	L_5 (mm)	L_6 (mm)	L_7 (mm)	D (mm)	H (mm)	杆头示意图	斜撑	斜撑抱箍
205	152	245	155	310	100	627	594	205	155	图6-28下横担	NX-1200	NB-300
245	182	285	173	346	100	607	675	245	195			NB-300

注：1. 扁钢④与角钢①须四面焊接，且焊缝高度为6mm。

2. 所有材料均须热镀锌防腐。

3. 所有材料材质均为Q235。

4. 扁钢④与角钢①间隙6mm。

5. 根据选取的绝缘子固定螺栓的规格，本地区确定安装孔径 d 按M20取 Φ21.5mm。

6. 横担准线根据"DL/T 5442—2010 输电线路铁塔制图和构造规定"表8.2.1角钢准距表中的技术参数，详见本典型设计第6章总说明6.1.3.3。

7. 螺栓的性能等级为6.8级。

图 6－146　HD3－30/8008 水泥单杆耐张横担加工图（2/6）

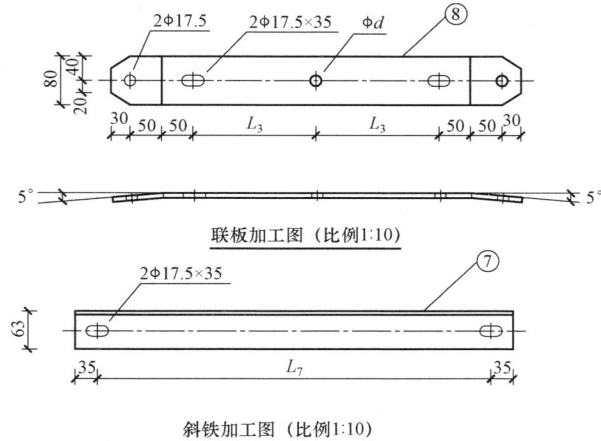

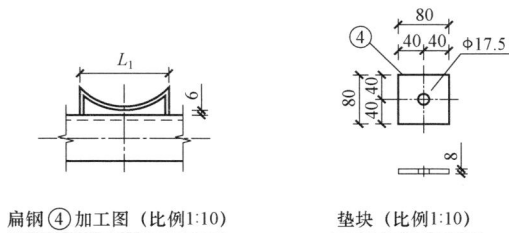

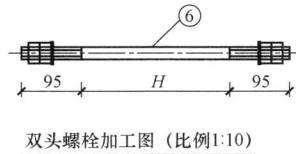

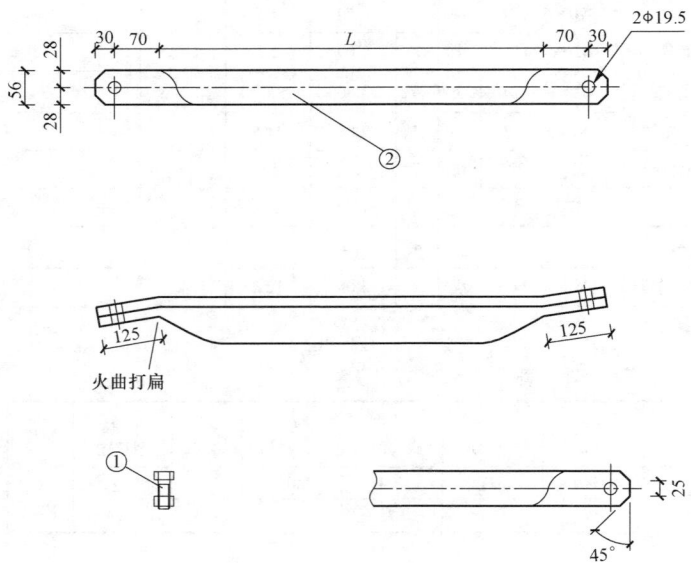

材 料 表

序号	编号	名称	型号	规格	长度 (mm)	L (mm)	单位	量	质量 (kg) 单件	质量 (kg) 小计	合计质量 (kg) ①+②
1	①	螺栓		M18×50	50	50	个	1	0.27	0.3	
2	②	角钢	ZX－850	L56×5	850	650	根	1	3.60	3.6	3.9
3	②	角钢	ZX－1000	L56×5	1000	800	根	1	4.25	4.3	4.6
4	②	角钢	ZX－1100	L56×5	1100	900	根	1	4.68	4.7	5.0
5	②	角钢	ZX－1200	L56×5	1200	1000	根	1	5.10	5.1	5.4
6	②	角钢	ZX－1250	L56×5	1250	1050	根	1	5.31	5.3	5.6
7	②	角钢	ZX－1300	L56×5	1300	1100	根	1	5.53	5.5	5.8
8	②	角钢	ZX－1400	L56×5	1400	1200	根	1	5.95	6.0	6.3
9	②	角钢	ZX－1500	L56×5	1500	1300	根	1	6.38	6.4	6.7
10	②	角钢	ZX－1600	L56×5	1600	1400	根	1	6.80	6.8	7.1

注：1. 所有材料材质均为 Q235 型钢材并进行热镀锌防腐处理。

2. 螺栓①性能等级 6.8 级，单帽单垫，无扣长 12mm。

比例 （1:10）

图 6－97　直线横担斜撑加工图

材 料 表

序号	编号	名称	型号	D (mm)	规格	长度 (mm)	单位	数量	质量 (kg) 单件	质量 (kg) 小计	合计质量 (kg) ①+②+③	备注
1	①	加劲板			—6×60	80	块	4	0.23	0.9		
2	②	螺栓			M18×80	80	个	2	0.34	0.7		单帽单垫，无扣长 42mm
3	③	斜撑抱箍	ZB－200	200	—6×60	457	块	2	1.29	2.6	4.2	
4	③	斜撑抱箍	ZB－210	210	—6×60	472	块	2	1.34	2.7	4.3	
5	③	斜撑抱箍	ZB－220	220	—6×60	489	块	2	1.38	2.8	4.4	
6	③	斜撑抱箍	ZB－230	230	—6×60	504	块	2	1.43	2.9	4.5	
7	③	斜撑抱箍	ZB－240	240	—6×60	520	块	2	1.47	3.0	4.6	
8	③	斜撑抱箍	ZB－250	250	—6×60	536	块	2	1.52	3.0	4.6	
9	③	斜撑抱箍	ZB－260	260	—6×60	552	块	2	1.56	3.1	4.7	
10	③	斜撑抱箍	ZB－280	280	—6×60	583	块	2	1.65	3.3	4.9	
11	③	斜撑抱箍	ZB－300	300	—6×60	614	块	2	1.74	3.5	5.1	
12	③	斜撑抱箍	ZB－320	320	—6×60	646	块	2	1.83	3.7	5.3	
13	③	斜撑抱箍	ZB－340	340	—6×60	677	块	2	1.92	3.9	5.5	
14	③	斜撑抱箍	ZB－350	350	—6×60	693	块	2	1.96	3.9	5.5	
15	③	斜撑抱箍	ZB－360	360	—6×60	708	块	2	2.00	4.0	5.6	
16	③	斜撑抱箍	ZB－380	380	—6×60	740	块	2	2.09	4.2	5.8	
17	③	斜撑抱箍	ZB－400	400	—6×60	771	块	2	2.18	4.4	6.0	

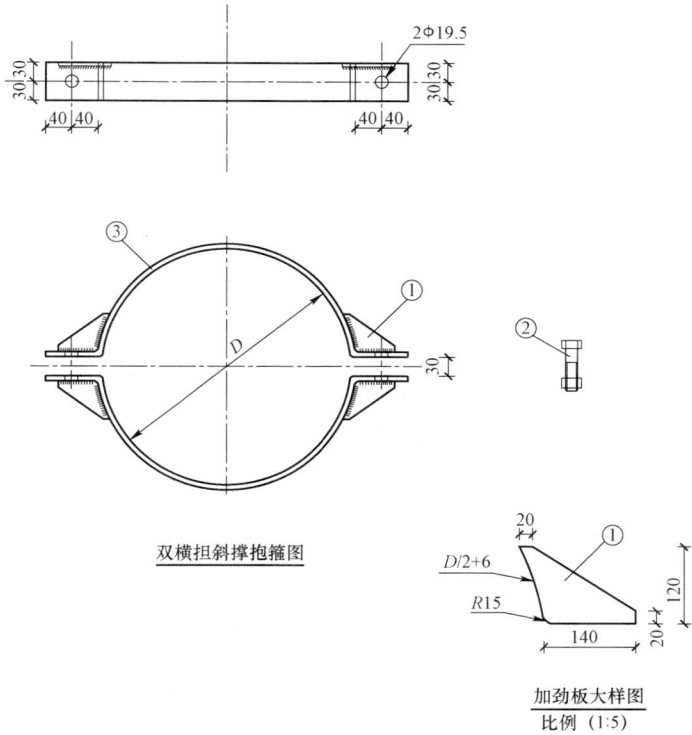

双横担斜撑抱箍图

加劲板大样图
比例（1:5）

注：1. 所有材料材质均为 Q235 型钢材并进行热镀锌防腐处理。

2. 螺栓的性能等级为 6.8 级。

3. 各构件焊接工艺、焊缝高度及长度应满足相关规程、规范要求。

图 6－98 直线横担斜撑抱箍加工图

低压杆头成套铁附件

（一）低压杆头成套（架空线路杆头）

序号 036－D4Z，直线杆，低压四线，梢径 150，中间

序号	一级物料主表						二级子表清单								总重（kg）
	商品名称	规格型号	单位	商品图片	归类	国网配电网工程典型设计对应图号	物料名称	物料描述	单位	数量	单重（kg）	合重（kg）	物料归类	《成套化铁附件加工图通用设计》对应加工图号	
36	低压杆头成套铁附件	D4Z，直线杆，低压四线，梢径150，中间	套	036.pdf	低压杆头	2018 年版图 17－2	低压线路角铁横担	HD16－A15，四线横担 Q235，L63×6×1600，垫 150	块	1	10.1	10.1	横担类	图 17－61	11.2
							U 型抱箍	U16－160，Q235，圆钢 φ16×571，螺母 M16：4 个	块	1	1.1	1.1	抱箍类	图 17－63	

序号 037－D4Z，直线杆，低压四线，梢径 190，中间

序号	一级物料主表						二级子表清单								总重（kg）
	商品名称	规格型号	单位	商品图片	归类	国网配电网工程典型设计对应图号	物料名称	物料描述	单位	数量	单重（kg）	合重（kg）	物料归类	《成套化铁附件加工图通用设计》对应加工图号	
37	低压杆头成套铁附件	D4Z，直线杆，低压四线，梢径190，中间	套	037.pdf	低压杆头	2018 年版图 17－2，图 17－3	低压线路角铁横担	HD16－A19，四线横担 Q235，L63×6×1600，垫 190	块	1	10.2	10.2	横担类	图 17－61	11.5
							U 型抱箍	U16－200，Q235，圆钢 φ16×674，螺母 M16：4 个	块	1	1.3	1.3	抱箍类	图 17－63	

序号038－D4Z，直线杆，低压四线，梢径230，中间

序号	一级物料主表						二级子表清单							总重(kg)
	商品名称	规格型号	单位	商品图片	归类	国网配电网工程典型设计对应图号	物料名称	物料描述	单位	数量	单重(kg)	合重(kg)	物料归类	《成套化铁附件加工图通用设计》对应加工图号	
38	低压杆头成套铁附件	D4Z，直线杆，低压四线，梢径230，中间	套	038.pdf	低压杆头	2016年版图6－50	低压线路角铁横担	HD16－A23，四线横担Q235，L63×6×1600，垫230	块	1	10.3	10.3	横担类	图17－61	11.7
							U型抱箍	U16－240,Q235,圆钢φ16×777,螺母M16：4个	块	1	1.4	1.4	抱箍类	图17－63	

序号039－D4Z，直线杆，低压四线，梢径260，中间

序号	一级物料主表						二级子表清单							总重(kg)
	商品名称	规格型号	单位	商品图片	归类	国网配电网工程典型设计对应图号	物料名称	物料描述	单位	数量	单重(kg)	合重(kg)	物料归类	《成套化铁附件加工图通用设计》对应加工图号	
39	低压杆头成套铁附件	D4Z，直线杆，低压四线，梢径260，中间	套	039.pdf	低压杆头	2016年版图6－50	低压线路角铁横担	HD16－A26，四线横担Q235，L63×6×1600，垫260	块	1	11.2	11.2	横担类	图17－61	12.7
							U型抱箍	U16－260,Q235,圆钢φ16×828,螺母M16：4个	块	1	1.5	1.5	抱箍类	图17－63	

序号040－D4ZJ，直线转角杆，低压四线，梢径150，中间

序号	一级物料主表						二级子表清单							总重(kg)
	商品名称	规格型号	单位	商品图片	归类	国网配电网工程典型设计对应图号	物料名称	物料描述	单位	数量	单重(kg)	合重(kg)	物料归类	《成套化铁附件加工图通用设计》对应加工图号	
40	低压杆头成套铁附件	D4ZJ，直线转角杆，低压四线，梢径150，中间	套	040.pdf	低压杆头	2018年版图17－4	低压线路角铁横担	HD16－A15，四线横担Q235，L63×6×1600，垫150	块	2	10.1	20.2	横担类	图17－61	24.1
							双头螺栓	M18×280，两平两弹四帽	件	4	0.98	3.9	螺栓类	TJ－GZ－07	

序号 041－D4ZJ，直线转角杆，低压四线，梢径 190，中间

序号	一级物料主表						二级子表清单							总重(kg)
	商品名称	规格型号	单位	商品图片	归类	国网配电网工程典型设计对应图号	物料名称	物料描述	单位	数量	单重(kg)	合重(kg)	物料归类	《成套化铁附件加工图通用设计》对应加工图号	
41	低压杆头成套铁附件	D4ZJ，直线转角杆，低压四线，梢径190，中间	套	041.pdf	低压杆头	2018年版图17-5，图17-6	低压线路角铁横担	HD16－A19，四线横担 Q235，L63×6×1600，垫 190	块	2	10.2	20.4	横担类	图 17－61	24.6
							双头螺栓	M18×320，两平两弹四帽	件	4	1.06	4.2	螺栓类	TJ－GZ－07	

序号 042－D4ZJ，直线转角杆，低压四线，梢径 230，中间

序号	一级物料主表						二级子表清单							总重(kg)
	商品名称	规格型号	单位	商品图片	归类	国网配电网工程典型设计对应图号	物料名称	物料描述	单位	数量	单重(kg)	合重(kg)	物料归类	《成套化铁附件加工图通用设计》对应加工图号	
42	低压杆头成套铁附件	D4ZJ，直线转角杆，低压四线，梢径230，中间	套	042.pdf	低压杆头	2016年版图6-51	低压线路角铁横担	HD16－A23，四线横担 Q235，L63×6×1600，垫 230	块	2	10.3	20.6	横担类	图 17－61	25.2
							双头螺栓	M18×360，两平两弹四帽	件	4	1.14	4.6	螺栓类	TJ－GZ－07	

序号 043－D4ZJ，直线转角杆，低压四线，梢径 260，中间

序号	一级物料主表						二级子表清单							总重(kg)
	商品名称	规格型号	单位	商品图片	归类	国网配电网工程典型设计对应图号	物料名称	物料描述	单位	数量	单重(kg)	合重(kg)	物料归类	《成套化铁附件加工图通用设计》对应加工图号	
43	低压杆头成套铁附件	D4ZJ，直线转角杆，低压四线，梢径260，中间	套	043.pdf	低压杆头	2016年版图6-51	低压线路角铁横担	HD16－A26，四线横担 Q235，L63×6×1600，垫 260	块	2	11.2	22.4	横担类	图 17－61	27.3
							双头螺栓	M18×400，两平两弹四帽	件	4	1.22	4.9	螺栓类	TJ－GZ－07	

序号 044－D4NJ1（D4D，D4T4），转角 45°耐张杆，低压四线，梢径 150，中间

序号	一级物料主表						二级子表清单								总重（kg）
	商品名称	规格型号	单位	商品图片	归类	国网配电网工程典型设计对应图号	物料名称	物料描述	单位	数量	单重（kg）	合重（kg）	物料归类	《成套化铁附件加工图通用设计》对应加工图号	
44	低压杆头成套铁附件	D4NJ1（D4D，D4T4），转角 45°耐张杆，低压四线，梢径 150，中间	套	044.pdf	低压杆头	2018 年版图 17－7，图 17－16	低压线路角铁横担	HD16－D15，四线横担 Q235，L80×8×1600，垫 150	块	2	16.35	32.7	横担类	图 17－61	48.4
							联板	联－53，Q235，扁钢—75×8×530	块	4	2.5	10.0	支构架	TJ－GZ－01	
							单头螺栓	M16×40，两平一弹一帽	件	8	0.22	1.8	螺栓类	TJ－GZ－06	
							双头螺栓	M18×280，两平两弹四帽	件	4	0.98	3.9	螺栓类	TJ－GZ－07	

序号 045－D4NJ1（D4D，D4T4），转角 45°耐张杆，低压四线，梢径 190，中间

序号	一级物料主表						二级子表清单								总重（kg）
	商品名称	规格型号	单位	商品图片	归类	国网配电网工程典型设计对应图号	物料名称	物料描述	单位	数量	单重（kg）	合重（kg）	物料归类	《成套化铁附件加工图通用设计》对应加工图号	
45	低压杆头成套铁附件	D4NJ1（D4D，D4T4），转角 45°耐张杆，低压四线，梢径 190，中间	套	045.pdf	低压杆头	2018 年版图 17－8，图 17－9，图 17－12，图 17－13，图 17－17，图 17－18	低压线路角铁横担	HD16－D19，四线横担 Q235，L80×8×1600，垫 190	块	2	16.45	32.9	横担类	图 17－61	49.7
							联板	联－57，Q235，扁钢—75×8×570	块	4	2.7	10.8	支构架	TJ－GZ－01	
							单头螺栓	M16×40，两平一弹一帽	件	8	0.22	1.8	螺栓类	TJ－GZ－06	
							双头螺栓	M18×320，两平两弹四帽	件	4	1.06	4.2	螺栓类	TJ－GZ－07	

序号 046－D4NJ1（D4D，D4T4），转角 45°耐张杆，低压四线，梢径 230，中间

序号	一级物料主表						二级子表清单								总重（kg）
	商品名称	规格型号	单位	商品图片	归类	国网配电网工程典型设计对应图号	物料名称	物料描述	单位	数量	单重（kg）	合重（kg）	物料归类	《成套化铁附件加工图通用设计》对应加工图号	
46	低压杆头成套铁附件	D4NJ1（D4D，D4T4），转角 45°耐张杆，低压四线，梢径 230，中间	套	046.pdf	低压杆头	2016 年版图 6－52	低压线路角铁横担	HD16－D23，四线横担 Q235，L80×8×1600，垫 230	块	2	16.55	33.1	横担类	图 17－61	51.1
							联板	联－61，Q235，扁钢—75×8×610	块	4	2.90	11.6	支构架	TJ－GZ－01	
							单头螺栓	M16×40，两平一弹一帽	件	8	0.22	1.8	螺栓类	TJ－GZ－06	
							双头螺栓	M18×360，两平两弹四帽	件	4	1.14	4.6	螺栓类	TJ－GZ－07	

序号 047-D4NJ1（D4D，D4T4），转角 45°耐张杆，低压四线，梢径 260，中间

序号	一级物料主表						二级子表清单								总重 (kg)
	商品名称	规格型号	单位	商品图片	归类	国网配电网工程典型设计对应图号	物料名称	物料描述	单位	数量	单重 (kg)	合重 (kg)	物料归类	《成套化铁附件加工图通用设计》对应加工图号	
47	低压杆头成套铁附件	D4NJ1（D4D，D4T4），转角 45°耐张杆，低压四线，梢径 260，中间	套	047.pdf	低压杆头	2016 年版图 6-52	低压线路角铁横担	HD16-D26，四线横担 Q235，L80×8×1600，垫 260	块	2	17.45	34.9	横担类	图 17-61	53.6
							联板	联-64，Q235，扁钢—75×8×640	块	4	3.0	12.0	支构架	TJ-GZ-01	
							单头螺栓	M16×40，两平一弹一帽	件	8	0.22	1.8	螺栓类	TJ-GZ-06	
							双头螺栓	M18×400，两平两弹四帽	件	4	1.22	4.9	螺栓类	TJ-GZ-07	

序号 048-D4NJ2，转角 90°耐张杆，低压四线，梢径 150，中间

序号	一级物料主表						二级子表清单								总重 (kg)
	商品名称	规格型号	单位	商品图片	归类	国网配电网工程典型设计对应图号	物料名称	物料描述	单位	数量	单重 (kg)	合重 (kg)	物料归类	《成套化铁附件加工图通用设计》对应加工图号	
48	低压杆头成套铁附件	D4NJ2，转角 90°耐张杆，低压四线，梢径 150，中间	套	048.pdf	低压杆头	2018 年版图 17-10	低压线路角铁横担	HD16-D15，四线横担 Q235，L80×8×1600，垫 150	块	4	16.35	65.4	横担类	图 17-61	96.7
							联板	联-53，Q235，扁钢—75×8×530	块	8	2.5	20.0	支构架	TJ-GZ-01	
							单头螺栓	M16×40，两平一弹一帽	件	16	0.22	3.5	螺栓类	TJ-GZ-06	
							双头螺栓	M18×280，两平两弹四帽	件	8	0.98	7.8	螺栓类	TJ-GZ-07	

序号 049-D4NJ2，转角 90°耐张杆，低压四线，梢径 190，中间

序号	一级物料主表						二级子表清单								总重 (kg)
	商品名称	规格型号	单位	商品图片	归类	国网配电网工程典型设计对应图号	物料名称	物料描述	单位	数量	单重 (kg)	合重 (kg)	物料归类	《成套化铁附件加工图通用设计》对应加工图号	
49	低压杆头成套铁附件	D4NJ2，转角 90°耐张杆，低压四线，梢径 190，中间	套	049.pdf	低压杆头	2018 年版图 17-10，图 17-11	低压线路角铁横担	HD16-D19，四线横担 Q235，L80×8×1600，垫 190	块	4	16.45	65.8	横担类	图 17-61	99.4
							联板	联-57，Q235，扁钢—75×8×570	块	8	2.7	21.6	支构架	TJ-GZ-01	
							单头螺栓	M16×40，两平一弹一帽	件	16	0.22	3.5	螺栓类	TJ-GZ-06	
							双头螺栓	M18×320，两平两弹四帽	件	8	1.06	8.5	螺栓类	TJ-GZ-07	

序号 050-D4NJ2，转角 90° 耐张杆，低压四线，梢径 230，中间

序号	一级物料主表						二级子表清单							总重 (kg)
	商品名称	规格型号	单位	商品图片	归类	国网配电网工程典型设计对应图号	物料名称	物料描述	单位	数量	单重 (kg)	合重 (kg)	物料归类	《成套化铁附件加工图通用设计》对应加工图号	
50	低压杆头成套铁附件	D4NJ2，转角 90° 耐张杆，低压四线，梢径 230，中间	套	050.pdf	低压杆头	2016 年版图 6-53	低压线路角铁横担	HD16-D23，四线横担 Q235，L80×8×1600，垫 230	块	4	16.55	66.2	横担类	图 17-61	102.0
							联板	联-61，Q235，扁钢—75×8×610	块	8	2.9	23.2	支构架	TJ-GZ-01	
							单头螺栓	M16×40，两平一弹一帽	件	16	0.22	3.5	螺栓类	TJ-GZ-06	
							双头螺栓	M18×360，两平两弹四帽	件	8	1.14	9.1	螺栓类	TJ-GZ-07	

序号 051-D4NJ2，转角 90° 耐张杆，低压四线，梢径 260，中间

序号	一级物料主表						二级子表清单							总重 (kg)
	商品名称	规格型号	单位	商品图片	归类	国网配电网工程典型设计对应图号	物料名称	物料描述	单位	数量	单重 (kg)	合重 (kg)	物料归类	《成套化铁附件加工图通用设计》对应加工图号	
51	低压杆头成套铁附件	D4NJ2，转角 90° 耐张杆，低压四线，梢径 260，中间	套	051.pdf	低压杆头	2016 年版图 6-53	低压线路角铁横担	HD16-D26，四线横担 Q235，L80×8×1600，垫 260	块	4	17.45	69.8	横担类	图 17-61	107.1
							联板	联-64，Q235，扁钢—75×8×640	块	8	3.0	24.0	支构架	TJ-GZ-01	
							单头螺栓	M16×40，两平一弹一帽	件	16	0.22	3.5	螺栓类	TJ-GZ-06	
							双头螺栓	M18×400，两平两弹四帽	件	8	1.22	9.8	螺栓类	TJ-GZ-07	

序号 052-D4ZJ（B），D4Z（B），直线转角杆，低压四线，梢径 190，中间

序号	一级物料主表						二级子表清单							总重 (kg)
	商品名称	规格型号	单位	商品图片	归类	国网配电网工程典型设计对应图号	物料名称	物料描述	单位	数量	单重 (kg)	合重 (kg)	物料归类	《成套化铁附件加工图通用设计》对应加工图号	
52	低压杆头成套铁附件	D4ZJ（B），D4Z（B），直线转角杆，低压四线，梢径 190，中间	套	052.pdf	低压杆头	2018 年版图 17-6-2	低压线路角铁横担	HD21-E19，四线横担 Q235，L90×8×2100，垫 190（一 90×4×292），联板孔 φ21.5，其余 φ19.5	块	2	23.81	47.6	横担类	图 17-61-2	52.5
							双头螺栓	M18×400，两平两弹四帽	件	4	1.22	4.9	螺栓类	TJ-GZ-07	

序号 053-D4NJ1（B），D4D（B），D4T4（B），转角 45°耐张杆，低压四线，梢径 190，中间

序号	一级物料主表						二级子表清单								总重（kg）
	商品名称	规格型号	单位	商品图片	归类	国网配电网工程典型设计对应图号	物料名称	物料描述	单位	数量	单重（kg）	合重（kg）	物料归类	《成套化铁附件加工图通用设计》对应加工图号	
53	低压杆头成套铁附件	D4NJ1（B），D4D（B），D4T4（B）转角 45°耐张杆，低压四线，梢径 190，中间	套	053.pdf	低压杆头	2018 年版图 17-9-1，图 17-18-1，图 17-13-1，图 17-11-1	低压线路角铁横担	HD21-E19，四线横担 Q235，L90×8×2100，垫 190（一90×4×292），联板孔 Φ21.5，其余 Φ19.5	块	2	23.81	47.6	横担类	图 17-61-3	78.4
							联板	Q235，扁钢—75×8×575，—3×60×60	块	4	3.04	12.2	支构架	图 17-61-3	
							单头螺栓	M18×80，两平一弹一帽	件	2	0.4	0.8	螺栓类	TJ-GZ-06	
							双头螺栓	M18×400，两平两弹四帽	件	4	1.22	4.9	螺栓类	TJ-GZ-07	
							斜撑	ZX-1100，Q235，角钢 L56×5×1100	块	2	4.7	9.4	支构架	图 6-97	
							斜撑抱箍	ZB-200，Q235，扁钢 —6×60×457，—6×60×80	块	2	1.75	3.5	抱箍类	图 6-98	

注：D4NJ2（B）-12-M 转角 90°耐张杆，低压四线，梢径 190（低压百米档距使用），由于该杆头为差异化，使用量相对较少，为减少铁附件数量，不再单独增加物料，设计选用时为上表数量乘以 2。

序号 054-D4ZJC，直线转角杆，低压四线，梢径 150，单侧

序号	一级物料主表						二级子表清单								总重（kg）
	商品名称	规格型号	单位	商品图片	归类	国网配电网工程典型设计对应图号	物料名称	物料描述	单位	数量	单重（kg）	合重（kg）	物料归类	《成套化铁附件加工图通用设计》对应加工图号	
54	低压杆头成套铁附件	D4ZJC，直线转角杆，低压四线，梢径 150，单侧	套	054.pdf	低压杆头	2018 年版图 17-5-1	低压线路角铁横担	HD18-A15-C，四线全侧横担 Q235，L63×6×1800，垫 150	块	2	11.2	22.4	横担类	图 17-61-1	41.2
							斜撑	ZX-1300，Q235，角钢 L56×5×1300	块	2	5.5	11	支构架	图 6-97	
							斜撑抱箍	ZB-160，Q235，扁钢 —6×60×390，—6×60×80	块	2	1.55	3.1	抱箍类	图 6-98	
							单头螺栓	M18×80，两平一弹一帽	件	2	0.4	0.8	螺栓类	TJ-GZ-06	
							双头螺栓	M18×280，两平两弹四帽	件	4	0.98	3.9	螺栓类	TJ-GZ-07	

序号 055-D4ZJC，直线转角杆，低压四线，梢径190，单侧

序号	一级物料主表						二级子表清单							总重（kg）
	商品名称	规格型号	单位	商品图片	归类	国网配电网工程典型设计对应图号	物料名称	物料描述	单位	数量	单重（kg）	合重（kg）	物料归类	《成套化铁附件加工图通用设计》对应加工图号	
55	低压杆头成套铁附件	D4ZJC，直线转角杆，低压四线，梢径190，单侧	套	055.pdf	低压杆头	2018年版图17-5-1，图17-6-1	低压线路角铁横担	HD18-A19-C，四线全侧横担Q235，L63×6×1800，垫190	块	2	11.3	22.6	横担类	图17-61-1	42.1
							斜撑	ZX-1300，Q235，角钢L56×5×1300	块	2	5.5	11	支构架	图6-97	
							斜撑抱箍	ZB-200，Q235，扁钢—6×60×457，—6×60×80	块	2	1.75	3.5	抱箍类	图6-98	
							单头螺栓	M18×80，两平一弹一帽	件	2	0.4	0.8	螺栓类	TJ-GZ-06	
							双头螺栓	M18×320，两平两弹四帽	件	4	1.06	4.2	螺栓类	TJ-GZ-07	

四线横担（二）材料及适用表

型号	物料号	角钢		垫铁		总质量 (kg)	R (mm)	L (mm)	适用主杆直径 (mm)
		规格 (mm)	质量 (kg)	规格	质量(kg)				
HD16－A15	500034561	L63×6×1600	9.15	垫150	0.90	10.05	80	190	150～175
HD16－A19	500017576	L63×6×1600	9.15	垫190	1.00	10.15	100	230	190～215
HD16－A23	500034568	L63×6×1600	9.15	垫230	1.00	10.25	110	250	220～245
HD16－A26	500082057	L63×6×1600	9.15	垫260	1.00	11.15	130	310	260～285
HD16－D15	500017437	L80×8×1600	15.45	垫150	1.00	16.35	80	190	150～175
HD16－D19	500081911	L80×8×1600	15.45	垫190	1.00	16.45	100	230	190～215
HD16－D23	500081912	L80×8×1600	15.45	垫230	1.00	16.55	110	250	220～245
HD16－D26	500082081	L80×8×1600	15.45	垫260	1.00	17.45	130	310	260～285

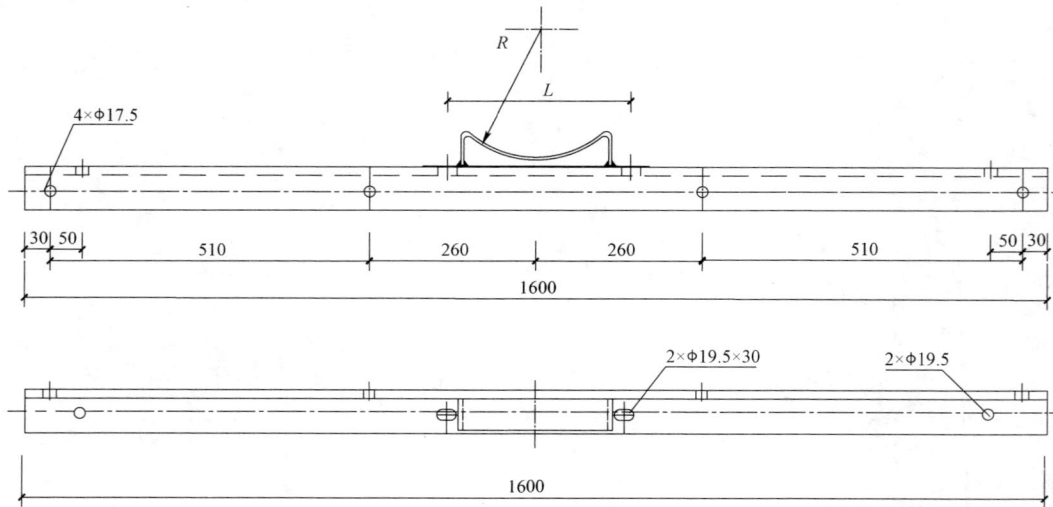

说明：1. 铁件均需热镀锌，材料表中的角钢材料为 Q235。

2. 如同一根杆中使用双加侧横担加工孔时应镜像加工。

3. 图中 R 的尺寸是根据铁件安装在距砼杆顶的不同高度和电杆梢径来决定的。

4. 垫铁使用一50×5 扁钢制造。

图 17－61 四线横担加工示意图（二）

四线横担（四）材料及适用表

型号	物料号	角钢		垫铁		总质量（kg）	R（mm）	L（mm）	适用主杆直径（mm）
		规格（mm）	质量（kg）	规格	质量（kg）				
HD18－A15－C	500017409	L63×6×1800	10.30	垫150	0.90	11.2	80	190	150～175
HD18－A19－C	500017329	L63×6×1800	10.30	垫190	1.00	11.3	100	230	190～215

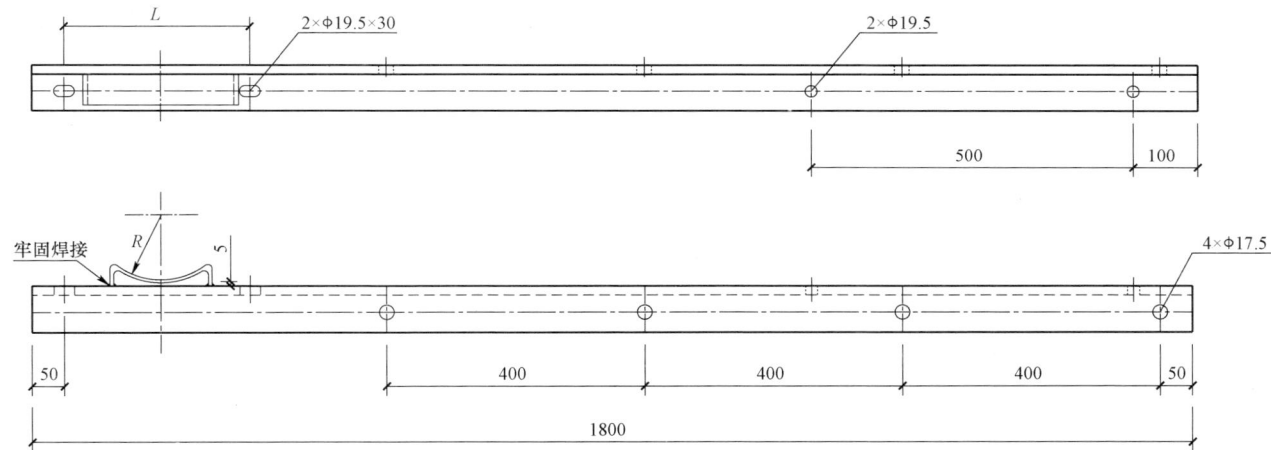

说明：1. 本图为低压四线侧出横担。

2. 铁件均需热镀锌，材料表中的角钢材料为 Q235。

3. 如同一根杆中使用，双加侧工横孔担时应镜像加工。

4. 图中 R 的尺寸是根据铁件安装在距混凝土杆顶的不同高度和电杆梢径来决定的。

5. 垫铁使用一50×5扁钢制造。

图 17－61－1 四线全侧横担加工示意图（四）

穿心螺栓

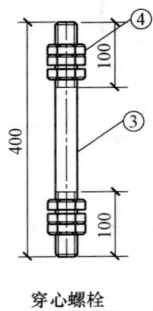

四线横担（五）材料及适用表

型号	尺寸 (mm)			编号	规格	长度 (mm)	数量	质量 (kg)		质重 (kg)	适用主杆直径 (mm)
	R	L_2	L_3					单件	小计		
HD21-E19-ZJ	96	350	650	①	L90×8	2100	2	22.98	46.0	51.8	190～215
				②	—4×75	292	2	0.69	1.4		
				③	Φ18	400	4	0.80	3.2		
				④	M18		24	0.05	1.2		

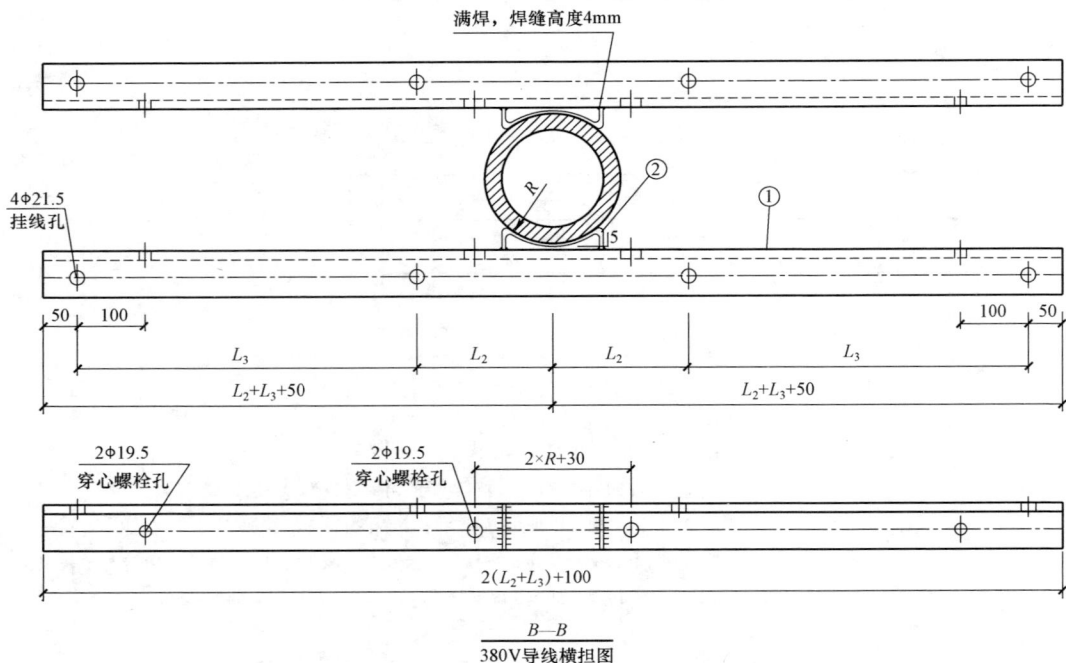

满焊，焊缝高度4mm

4Φ21.5
挂线孔

50 100 L_3 L_2 L_2 L_3 100 50

L_2+L_3+50 L_2+L_3+50

2Φ19.5
穿心螺栓孔

2Φ19.5
穿心螺栓孔   2×R+30

$2(L_2+L_3)+100$

B—B
380V导线横担图

说明：1. 本图适用于百米档距直线、直线转角杆横担。

2. 材料表中 K 型抱箍②计算长度为 2R+100（mm）。

3. 材质未注明的均为 Q235。

4. 螺栓等级为 6.8 级。

5. 铁件均需热镀锌。

6. 焊条规格为 E43。

图 17-61-2　四线横担加工示意图（五）（直线转角，HD21-E19-ZJ）

四线横担（六）材料及适用表

横担编号	尺寸（mm）			编号	规格	长度（mm）	数量	质量（kg）		总质重（kg）	适用主杆直径（mm）
	R	L_2	L_3					单件	小计		
HD21－E19－NJ	96	350	650	①	L90×8	2100	2	22.98	46.0	67.4	190～215
				②	—4×90	292	2	0.83	1.7		
				③	—8×75	575	4	2.72	10.9		
				④	Φ18	400	4	0.80	3.2		
				⑤	M18		24	0.05	1.2		
				⑥	M20×55（带双帽）		8	0.39	3.1		
				⑦	—3×60	60	16	0.08	1.3		

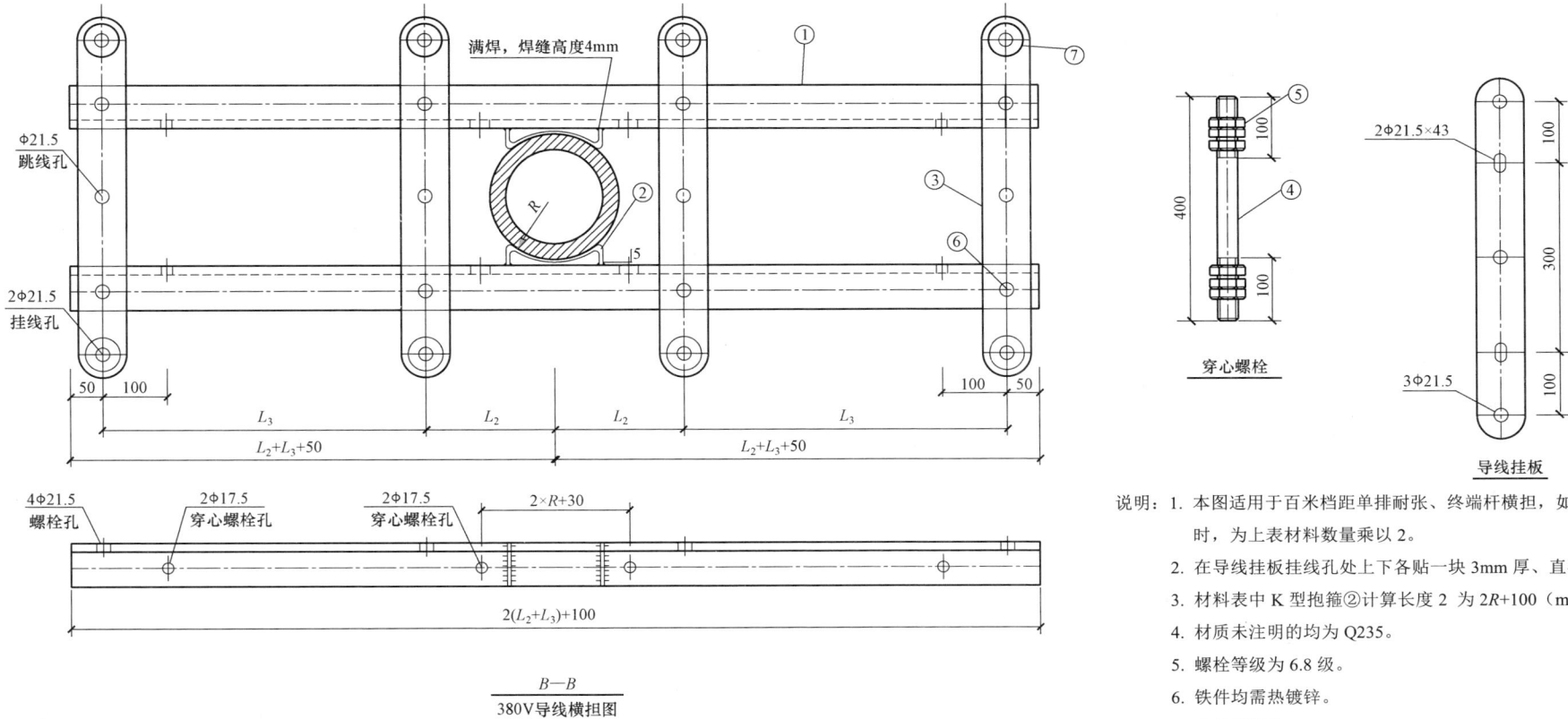

满焊，焊缝高度4mm

Φ21.5 跳线孔

2Φ21.5 挂线孔

4Φ21.5 螺栓孔

2Φ17.5 穿心螺栓孔

2Φ17.5 穿心螺栓孔

$2×R+30$

L_3　L_2　L_2　L_3

L_2+L_3+50　L_2+L_3+50

$2(L_2+L_3)+100$

B—B
380V导线横担图

穿心螺栓

2Φ21.5×43

3Φ21.5

导线挂板

说明： 1. 本图适用于百米档距单排耐张、终端杆横担，如为双杆耐张横担时，为上表材料数量乘以 2。

2. 在导线挂板挂线孔处上下各贴一块 3mm 厚、直径 60mm 的板⑦。

3. 材料表中 K 型抱箍②计算长度 2 为 2R+100（mm）。

4. 材质未注明的均为 Q235。

5. 螺栓等级为 6.8 级。

6. 铁件均需热镀锌。

7. 焊条规格为 E43。

图 17－16－3 四线横担加工示意图（六）（耐张转角，HD21－E19－NJ）

横担U形抱箍适用表

型号	R (mm)	适用主杆直径 (mm)
U16-160	80	155~165
U16-200	100	195~205
U16-240	120	235~245
U16-260	130	255~265
U16-280	140	275~285
U16-300	150	295~305
U16-320	160	315~325
U16-340	170	335~345
U16-360	180	355~365
U16-380	190	375~385

横担U形抱箍材料表

型号	物料编码	R (mm)	编号	名称	规格	数量	质量 (kg) 单重	总重
U16-160	500054501	80	①	圆钢	φ16×571	1	0.9	1.05
			②	螺母	M16	4	0.03	
			③	垫片	16	2	0.013	
U16-200	500052527	100	①	圆钢	φ16×674	1	1.1	1.25
U16-240	500052508	120	①	圆钢	φ16×777	1	1.22	1.37
U16-260	500052506	130	①	圆钢	φ16×828	1	1.31	1.46
U16-280	500052619	140	①	圆钢	φ16×880	1	1.39	1.54
U16-300	500052514	150	①	圆钢	φ16×931	1	1.47	1.62
U16-320	500052580	160	①	圆钢	φ16×983	1	1.55	1.70
U16-340	500054499	170	①	圆钢	φ16×1034	1	1.63	1.78
U16-360	500052674	180	①	圆钢	φ16×1085	1	1.71	1.86
U16-380	500055190	190	①	圆钢	φ16×1137	1	1.80	1.95

注：每副 U 型抱箍配螺母 4 个，平垫平 2 个。

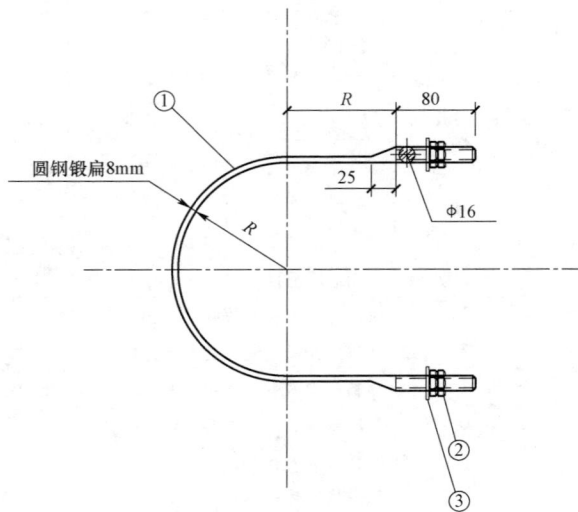

圆钢锻扁8mm
R　80
25
φ16
R
①
②
③

说明：1. 铁件均需热镀锌。

2. U 型抱箍材料表中的型号为基本型号，特殊表示为 U16-φ（ 直径）， 总重参考基本型号。

3. 材料表中的角钢材料为 Q235。

图 17-63　横担 U 型抱箍加工示意图

构 件 明 细 表

联板编号	尺寸（mm）			适用主杆直径（mm）	序号	规格	数量	质量（kg）		总质量（kg）
	L_1	R	L					单件	小计	
联－53	250	80	530	φ140～165	1	—75×8	1	2.50	2.5	
联－57	290	100	570	φ190～215	2	—75×8	1	2.69	2.7	
联－61	330	120	610	φ210～255	3	—75×8	1	2.87	2.9	
联－64	360	135	640	φ260～285	4	—75×8	1	3.01	3.0	
联－67	390	150	670	φ300～225	4	—75×8	1	3.16	3.2	

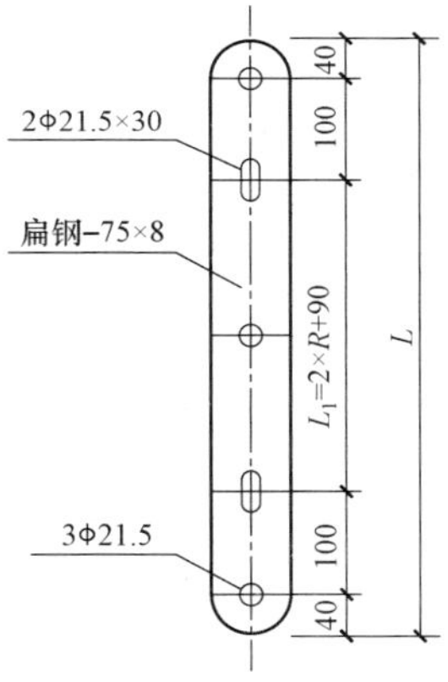

2φ21.5×30

扁钢—75×8

$L_1=2×R+90$

3φ21.5

联板1

说明：1. 铁件均需热镀锌。

2. 图中 R 的尺寸是根据铁件安装在距砼杆顶的不同高度和电杆梢径来决定的。

3. 材料表中的角钢材料为 Q235。

TJ－GZ－01　联板制造图

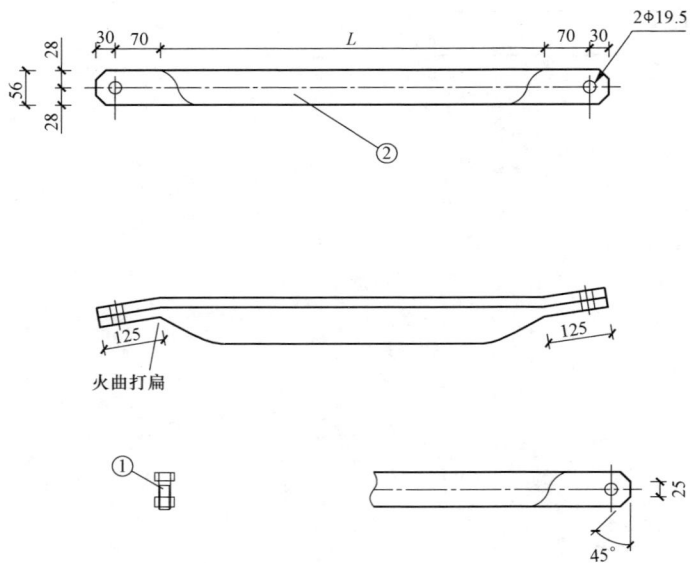

比例（1:10）

材　料　表

序号	编号	名称	型号	规格	长度（mm）	L（mm）	单位	数量	质量（kg）		合计质量（kg）①+②
									单件	小计	
1	①	螺栓		M18×50	50	50	个	1	0.27	0.3	
2	②	角钢	ZX－850	L56×5	850	650	根	1	3.60	3.6	3.9
3	②	角钢	ZX－1000	L56×5	1000	800	根	1	4.25	4.3	4.6
4	②	角钢	ZX－1100	L56×5	1100	900	根	1	4.68	4.7	5.0
5	②	角钢	ZX－1200	L56×5	1200	1000	根	1	5.10	5.1	5.4
6	②	角钢	ZX－1250	L56×5	1250	1050	根	1	5.31	5.3	5.6
7	②	角钢	ZX－1300	L56×5	1300	1100	根	1	5.53	5.5	5.8
8	②	角钢	ZX－1400	L56×5	1400	1200	根	1	5.95	6.0	6.3
9	②	角钢	ZX－1500	L56×5	1500	1300	根	1	6.38	6.4	6.7
10	②	角钢	ZX－1600	L56×5	1600	1400	根	1	6.80	6.8	7.1

注：1. 所有材料材质均为 Q235 型钢材并进行热镀锌防腐处理。

　　2. 螺栓①性能等级 6.8 级，单帽单垫，无扣长 12mm。

图 6－97　直线横担斜撑加工图

材 料 表

序号	编号	名称	型号	D (mm)	规格	长度 (mm)	单位	数量	质量（kg）单件	质量（kg）小计	合计质量（kg）①+②+③	备注
1	①	加劲板			—6×60	80	块	4	0.23	0.9		
2	②	螺栓			M18×80	80	个	2	0.34	0.7		单帽单垫，无扣长42mm
3	③	斜撑抱箍	ZB-200	200	—6×60	457	块	2	1.29	2.6	4.2	
4	③	斜撑抱箍	ZB-210	210	—6×60	472	块	2	1.34	2.7	4.3	
5	③	斜撑抱箍	ZB-220	220	—6×60	489	块	2	1.38	2.8	4.4	
6	③	斜撑抱箍	ZB-230	230	—6×60	504	块	2	1.43	2.9	4.5	
7	③	斜撑抱箍	ZB-240	240	—6×60	520	块	2	1.47	3.0	4.6	
8	③	斜撑抱箍	ZB-250	250	—6×60	536	块	2	1.52	3.0	4.6	
9	③	斜撑抱箍	ZB-260	260	—6×60	552	块	2	1.56	3.1	4.7	
10	③	斜撑抱箍	ZB-280	280	—6×60	583	块	2	1.65	3.3	4.9	
11	③	斜撑抱箍	ZB-300	300	—6×60	614	块	2	1.74	3.5	5.1	
12	③	斜撑抱箍	ZB-320	320	—6×60	646	块	2	1.83	3.7	5.3	
13	③	斜撑抱箍	ZB-340	340	—6×60	677	块	2	1.92	3.9	5.5	
14	③	斜撑抱箍	ZB-350	350	—6×60	693	块	2	1.96	3.9	5.5	
15	③	斜撑抱箍	ZB-360	360	—6×60	708	块	2	2.00	4.0	5.6	
16	③	斜撑抱箍	ZB-380	380	—6×60	740	块	2	2.09	4.2	5.8	
17	③	斜撑抱箍	ZB-400	400	—6×60	771	块	2	2.18	4.4	6.0	

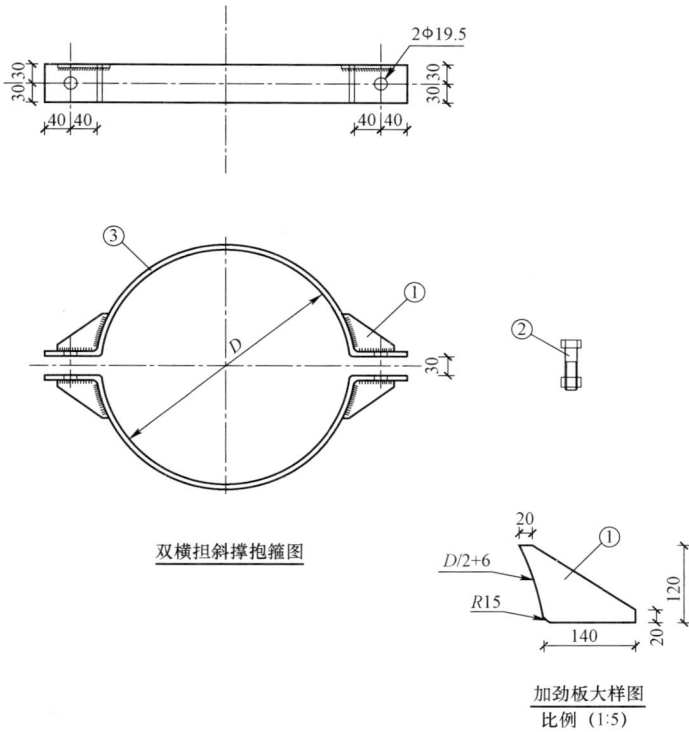

双横担斜撑抱箍图

加劲板大样图
比例（1:5）

注：1. 所有材料材质均为 Q235 型钢材并进行热镀锌防腐处理。

2. 螺栓的性能等级为 6.8 级。

3. 各构件焊接工艺、焊缝高度及长度应满足相关规程、规范要求。

图 6-98 直线横担斜撑抱箍加工图

（二）低压杆头成套（接户线杆头）

序号 056−D4E，接户杆，低压四线，梢径 150，中间

序号	一级物料主表						二级子表清单							总重(kg)
	商品名称	规格型号	单位	商品图片	归类	国网配电网工程典型设计对应图号	物料名称	物料描述	单位	数量	单重(kg)	合重(kg)	物料归类	《成套化铁附件加工图通用设计》对应加工图号	
56	低压杆头成套铁附件	D4E，接户杆，低压四线，梢径150，中间	套	056.pdf	低压杆头	2018年版图19−1	低压线路角铁横担	HD12−A15，四线横担 Q235，L63×6×1200，垫 150	块	1	7.77	7.8	横担类	图 17−60−1	10.5
							单头螺栓	M16×120，两平一弹一帽	件	4	0.39	1.6	螺栓类	TJ−GZ−06	
							U 型抱箍	U16−160，Q235，圆钢φ16×571，螺母 M16：4 个	块	1	1.1	1.1	抱箍类	图 17−63	

序号 057−D4E，接户杆，低压四线，梢径 190，中间

序号	一级物料主表						二级子表清单							总重(kg)
	商品名称	规格型号	单位	商品图片	归类	国网配电网工程典型设计对应图号	物料名称	物料描述	单位	数量	单重(kg)	合重(kg)	物料归类	《成套化铁附件加工图通用设计》对应加工图号	
57	低压杆头成套铁附件	D4E，接户杆，低压四线，梢径190，中间	套	057.pdf	低压杆头	2018年版图19−1	低压线路角铁横担	HD12−A19，四线横担 Q235，L63×6×1200，垫 190	块	1	7.87	7.9	横担类	图 17−60−1	10.8
							单头螺栓	M16×120，两平一弹一帽	件	4	0.39	1.6	螺栓类	TJ−GZ−06	
							U 型抱箍	U16−200，Q235，圆钢φ16×674，螺母 M16：4 个	块	1	1.3	1.3	抱箍类	图 17−63	

序号 058−D4E，接户杆，低压四线，梢径 230，中间

序号	一级物料主表						二级子表清单							总重(kg)
	商品名称	规格型号	单位	商品图片	归类	国网配电网工程典型设计对应图号	物料名称	物料描述	单位	数量	单重(kg)	合重(kg)	物料归类	《成套化铁附件加工图通用设计》对应加工图号	
58	低压杆头成套铁附件	D4E，接户杆，低压四线，梢径230，中间	套	058.pdf	低压杆头	2018年版图19−1	低压线路角铁横担	HD12−A23，四线横担 Q235，L63×6×1200，垫 230	块	1	7.97	8	横担类	图 17−60−1	11
							单头螺栓	M16×120，两平一弹一帽	件	4	0.39	1.6	螺栓类	TJ−GZ−06	
							U 型抱箍	U16−240，Q235，圆钢φ16×777，螺母 M16：4 个	块	1	1.4	1.4	抱箍类	图 17−63	

序号059-D4E，接户杆，低压四线，梢径260，中间

序号	一级物料主表						二级子表清单							总重（kg）
	商品名称	规格型号	单位	商品图片	归类	国网配电网工程典型设计对应图号	物料名称	物料描述	单位	数量	单重（kg）	合重（kg）	物料归类	《成套化铁附件加工图通用设计》对应加工图号	
59	低压杆头成套铁附件	D4E，接户杆，低压四线，梢径260，中间	套	059.pdf	低压杆头	2018年版图19-1	低压线路角铁横担	HD12-A26，四线横担Q235，L63×6×1200，垫260	块	1	8.87	8.9	横担类	图17-60-1	12
							单头螺栓	M16×120，两平一弹一帽	件	4	0.39	1.6	螺栓类	TJ-GZ-06	
							U型抱箍	U16-260，Q235，圆钢Φ16×828，螺母M16：4个	块	1	1.5	1.5	抱箍类	图17-63	

序号060-D2E，接户杆，低压二线，梢径150，中间

序号	一级物料主表						二级子表清单							总重（kg）
	商品名称	规格型号	单位	商品图片	归类	国网配电网工程典型设计对应图号	物料名称	物料描述	单位	数量	单重（kg）	合重（kg）	物料归类	《成套化铁附件加工图通用设计》对应加工图号	
60	低压杆头成套铁附件	D2E，接户杆，低压二线，梢径150，中间	套	060.pdf	低压杆头	2018年版图19-2	低压线路角铁横担	HD07-B15，二线横担Q235，L63×6×700，垫150	块	1	4.9	4.9	横担类	图17-62	7.6
							单头螺栓	M16×120，两平一弹一帽	件	4	0.39	1.6	螺栓类	TJ-GZ-06	
							U型抱箍	U16-160，Q235，圆钢Φ16×571，螺母M16：4个	块	1	1.1	1.1	抱箍类	图17-63	

序号061-D2E，接户杆，低压二线，梢径190，中间

序号	一级物料主表						二级子表清单							总重（kg）
	商品名称	规格型号	单位	商品图片	归类	国网配电网工程典型设计对应图号	物料名称	物料描述	单位	数量	单重（kg）	合重（kg）	物料归类	《成套化铁附件加工图通用设计》对应加工图号	
61	低压杆头成套铁附件	D2E，接户杆，低压二线，梢径190，中间	套	061.pdf	低压杆头	2018年版图19-2	低压线路角铁横担	HD07-B19，二线横担Q235，L63×6×700，垫190	块	1	4.9	4.9	横担类	图17-62	7.8
							单头螺栓	M16×120，两平一弹一帽	件	4	0.39	1.6	螺栓类	TJ-GZ-06	
							U型抱箍	U16-200，Q235，圆钢Φ16×674，螺母M16：4个	块	1	1.3	1.3	抱箍类	图17-63	

序号 062－D2E，接户杆，低压二线，梢径 230，中间

序号	一级物料主表						二级子表清单							总重（kg）
	商品名称	规格型号	单位	商品图片	归类	国网配电网工程典型设计对应图号	物料名称	物料描述	单位	数量	单重（kg）	合重（kg）	物料归类	《成套化铁附件加工图通用设计》对应加工图号	
62	低压杆头成套铁附件	D2E，接户杆，低压二线，梢径230，中间	套	062.pdf	低压杆头	2018年版图19－2	低压线路角铁横担	HD07－B23，二线横担Q235，L63×6×700，垫230	块	1	5	5	横担类	图17－62	8
							单头螺栓	M16×120，两平一弹一帽	件	4	0.39	1.6	螺栓类	TJ－GZ－06	
							U型抱箍	U16－240，Q235，圆钢φ16×777，螺母M16：4个	块	1	1.4	1.4	抱箍类	图17－63	

序号 063－D2E，接户杆，低压二线，梢径 260，中间

序号	一级物料主表						二级子表清单							总重（kg）
	商品名称	规格型号	单位	商品图片	归类	国网配电网工程典型设计对应图号	物料名称	物料描述	单位	数量	单重（kg）	合重（kg）	物料归类	《成套化铁附件加工图通用设计》对应加工图号	
63	低压杆头成套铁附件	D2E，接户杆，低压二线，梢径260，中间	套	063.pdf	低压杆头	2018年版图19－2	低压线路角铁横担	HD07－B26，二线横担Q235，L63×6×700，垫260	块	1	5	5	横担类	图17－62	8.1
							单头螺栓	M16×120，两平一弹一帽	件	4	0.39	1.6	螺栓类	TJ－GZ－06	
							U型抱箍	U16－260，Q235，圆钢φ16×828，螺母M16：4个	块	1	1.5	1.5	抱箍类	图17－63	

四线横担（三）材料及适用表

型号	物料编码	角钢		垫铁		总质量 (kg)	R (mm)	L (mm)	适用主杆直径 (mm)
		规格 (mm)	质量 (kg)	规格	质量 (kg)				
HD12－A15	500034554	L63×6×1200	6.87	垫150	0.90	7.77	80	190	150～175
HD12－A19	500034587	L63×6×1200	6.87	垫190	1.00	7.87	100	230	190～215
HD12－A23	500034634	L63×6×1200	6.87	垫230	1.10	7.97	110	250	220～245
HD12－A26	500034642	L63×6×1200	6.87	垫260	2.00	8.87	135	310	260～285

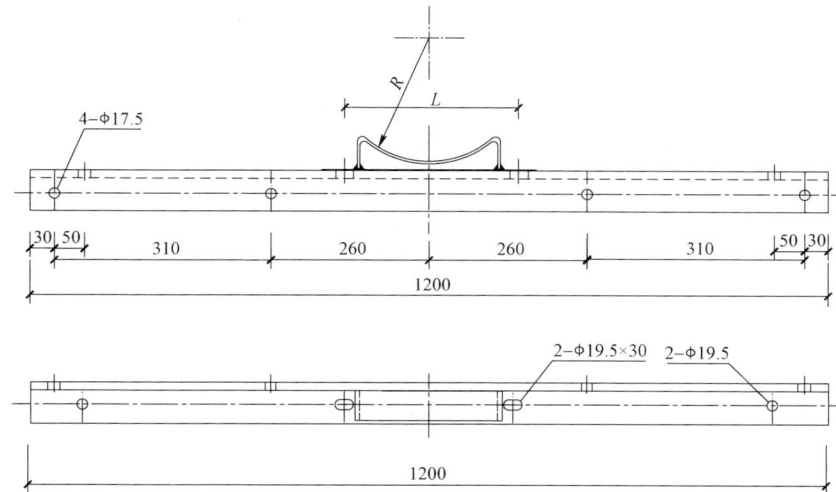

说明： 1. 本图横担适用于档距不大于 25m 的架空接户线。

2. 铁附件均需热镀锌，材料表中的角钢材料为 Q235。

3. 如同一根杆中使用双侧横担，加工孔时应镜像加工。

4. 图中 R 的尺寸是根据铁附件安装在距水泥杆顶的不同高度 和电杆梢径来决定的。

5. 垫铁使用—50×5 扁钢制造。

图 17－60－1　四线横担加工示意图（三）

两线横担材料及适用表

型号	物料号	角钢		垫铁		总质量 (kg)	R (mm)	L (mm)	适用主杆直径 (mm)
		规格（mm）	质量（kg）	规格	质量(kg)				
HD07-B15	500034564	L63×6×700	4.00	垫150	0.90	4.90	80	190	150～175
HD07-B19	500034573	L63×6×700	4.00	垫190	1.00	5.00	100	230	190～215
HD07-B23	500034574	L63×6×700	4.00	垫230	1.10	5.10	110	250	220～245
HD07-B26	500061621	L63×6×700	4.00	垫260	2.00	6.00	135	310	260～285

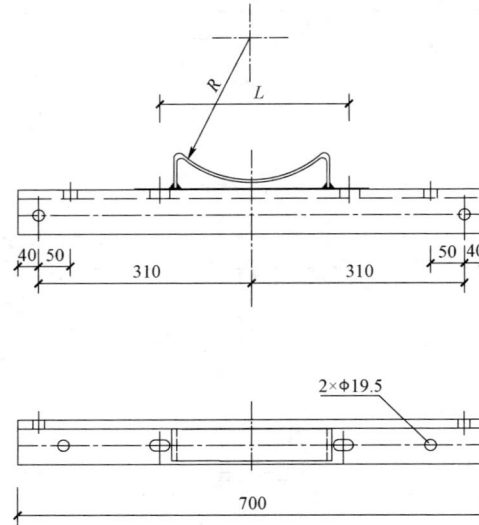

说明：1. 铁件均需热镀锌，材料表中的角钢材料为 Q235。

2. 如同一根杆中使用双侧横担，加工孔时应镜像加工。

3. 图中 R 的尺寸是根据铁件安装在距混凝土杆顶的不同高度 和电杆梢径来决定的。

4. 垫铁使用一50×5 扁钢制造。

图 17-62 两线横担加工示意图

横担U形抱箍适用表

型号	R (mm)	适用主杆直径 (mm)
U16-160	80	155~165
U16-200	100	195~205
U16-240	120	235~245
U16-260	130	255~265
U16-280	140	275~285
U16-300	150	295~305
U16-320	160	315~325
U16-340	170	335~345
U16-360	180	355~365
U16-380	190	375~385

横担U形抱箍材料表

型号	物料编码	R (mm)	编号	名称	规格	数量	质量 (kg) 单件	总重
U16-160	500054501	80	①	圆钢	Φ16×571	1	0.9	
			②	螺母	M16	4	0.03	1.05
			③	垫片	16	2	0.013	
U16-200	500052527	100	①	圆钢	Φ16×674	1	1.1	1.25
U16-240	500052508	120	①	圆钢	Φ16×777	1	1.22	1.37
U16-260	500052506	130	①	圆钢	Φ16×828	1	1.31	1.46
U16-280	500052619	140	①	圆钢	Φ16×880	1	1.39	1.54
U16-300	500052514	150	①	圆钢	Φ16×931	1	1.47	1.62
U16-320	500052580	160	①	圆钢	Φ16×983	1	1.55	1.70
U16-340	500054499	170	①	圆钢	Φ16×1034	1	1.63	1.78
U16-360	500052674	180	①	圆钢	Φ16×1085	1	1.71	1.86
U16-380	500055190	190	①	圆钢	Φ16×1137	1	1.80	1.95

注：每副U型抱箍配螺母4个，平垫平2个。

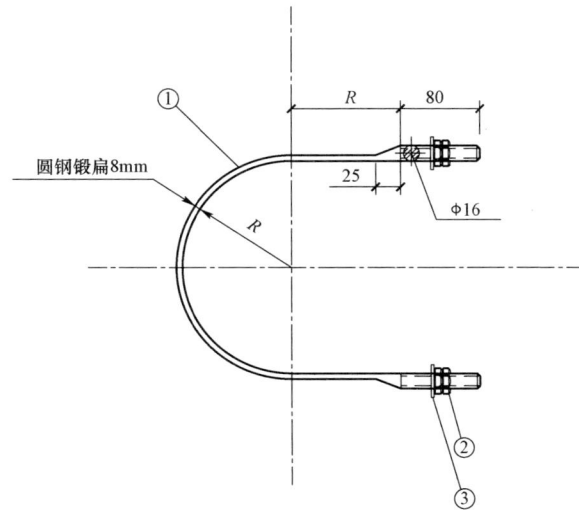

圆钢锻扁8mm

说明：1. 铁件均需热镀锌。

2. U型抱箍材料表中的型号为基本型号，特殊表示为 U16—Φ直径），总重参考基本型号。

3. 材料表中的角钢材料为 Q235。

图 17-63 横担 U 型抱箍加工示意图

三

电缆固定支架成套铁附件

（一）电缆固定支架成套（高、低压电缆上杆）

序号 064－LJBT－15/19，低压电缆上杆，变台配电箱引出，梢径 190，杆高 15m，单路出线

序号	一级物料主表						二级子表清单							总重（kg）
	商品名称	规格型号	单位	商品图片	归类	国网配电网工程典型设计对应图号	物料名称	物料描述	单位	数量	单重（kg）	合重（kg）	物料归类	《成套化铁附件加工图通用设计》对应加工图号	
64	电缆固定支架成套铁附件	LJBT－15/19，低压电缆上杆，变台配电箱引出，梢径190，杆高15m，单路出线	套	064.pdf	电缆上杆	2016年版变台图6－13	杆上电缆固定架	DLJ5－165，Q235，角钢 L50×5×165，L50×5×420；扁钢—50×5×200	副	5	2.6	13	支构架	图6－70，TJ－ZJ－02	52.5
							电缆卡抱	KBG4－64，Q235，扁钢—40×4×259	块	5	0.33	1.7	抱箍类	图6－55，TJ－BG－01	
							横担抱箍	HBG6－320，Q235，扁钢—60×6×638，—120×5×145，—60×6×410	块	1	4.34	4.3	抱箍类	图6－58，TJ－BG－04	
							抱箍	BG6－320，Q235，扁钢—60×6×638，—50×5×100	块	1	2.21	2.2	抱箍类	图6－56，TJ－BG－02	
							横担抱箍	HBG6－300，Q235，扁钢—60×6×608，—120×5×135，—60×6×410	块	1	4.15	4.2	抱箍类	图6－58，TJ－BG－04	
							抱箍	BG6－300，Q235，扁钢—60×6×608，—50×5×100	块	1	2.12	2.1	抱箍类	图6－56，TJ－BG－02	
							横担抱箍	HBG6－280，Q235，扁钢—60×6×576，—120×5×125，—60×6×410	块	1	3.97	4	抱箍类	图6－58，TJ－BG－04	
							抱箍	BG6－280，Q235，扁钢—60×6×576，—50×5×100	块	1	2.03	2	抱箍类	图6－56，TJ－BG－02	
							横担抱箍	HBG6－260，Q235，扁钢—60×6×545，—120×5×115，—60×6×410	块	1	3.78	3.8	抱箍类	图6－58，TJ－BG－04	

序号	一级物料主表						二级子表清单							总重(kg)
	商品名称	规格型号	单位	商品图片	归类	国网配电网工程典型设计对应图号	物料名称	物料描述	单位	数量	单重(kg)	合重(kg)	物料归类	《成套化铁附件加工图通用设计》对应加工图号	
64	电缆固定支架成套铁附件	LJBT－15/19，低压电缆上杆，变台配电箱引出，梢径190，杆高15m，单路出线	套	064.pdf	电缆上杆	2016年版变台图6－13	抱箍	BG6－260，Q235，扁钢—60×6×545，—50×5×100	块	1	1.94	1.9	抱箍类	图6－56，TJ－BG－02	
							横担抱箍	HBG6－240，Q235，扁钢—60×6×514，—120×5×105，—60×6×410	块	1	3.6	3.6	抱箍类	图6－58，TJ－BG－04	
							抱箍	BG6－240，Q235，扁钢—60×6×514，—50×5×100	块	1	1.85	1.9	抱箍类	图6－56，TJ－BG－02	
							单头螺栓	M16×50，两平一弹一帽	件	20	0.24	4.8	螺栓类	TJ－GZ－06	
							单头螺栓	M16×80，两平一弹一帽	件	10	0.3	3	螺栓类	TJ－GZ－06	

序号065－LJBT－12/19，低压电缆上杆，变台配电箱引出，梢径190，杆高12m，单路出线

序号	一级物料主表						二级子表清单							总重(kg)
	商品名称	规格型号	单位	商品图片	归类	国网配电网工程典型设计对应图号	物料名称	物料描述	单位	数量	单重(kg)	合重(kg)	物料归类	《成套化铁附件加工图通用设计》对应加工图号	
65	电缆固定支架成套铁附件	LJBT－12/19，低压电缆上杆，变台配电箱引出，梢径190，杆高12m，单路出线	套	065.pdf	电缆上杆	2016年版变台图6－15	杆上电缆固定架	DLJ5－165，Q235，角钢L50×5×165，L50×5×420；扁钢—50×5×200	副	4	2.6	10.4	支构架	图6－70，TJ－ZJ－02	41.4
							电缆卡抱	KBG4－64，Q235，扁钢—40×4×259	块	4	0.33	1.3	抱箍类	图6－55，TJ－BG－01	
							横担抱箍	HBG6－300，Q235，扁钢—60×6×608，—120×5×135，—60×6×410	块	1	4.15	4.2	抱箍类	图6－58，TJ－BG－04	
							抱箍	BG6－300，Q235，扁钢—60×6×608，—50×5×100	块	1	2.12	2.1	抱箍类	图6－56，TJ－BG－02	
							横担抱箍	HBG6－280，Q235，扁钢—60×6×576，—120×5×125，—60×6×410	块	1	3.97	4	抱箍类	图6－58，TJ－BG－04	
							抱箍	BG6－280，Q235，扁钢—60×6×576，—50×5×100	块	1	2.03	2	抱箍类	图6－56，TJ－BG－02	
							横担抱箍	HBG6－260，Q235，扁钢—60×6×545，—120×5×115，—60×6×410	块	1	3.78	3.8	抱箍类	图6－58，TJ－BG－04	
							抱箍	BG6－260，Q235，扁钢—60×6×545，—50×5×100	块	1	1.94	1.9	抱箍类	图6－56，TJ－BG－02	
							横担抱箍	HBG6－240，Q235，扁钢—60×6×514，—120×5×105，—60×6×410	块	1	3.6	3.6	抱箍类	图6－58，TJ－BG－04	
							抱箍	BG6－240，Q235，扁钢—60×6×514，—50×5×100	块	1	1.85	1.9	抱箍类	图6－56，TJ－BG－02	
							单头螺栓	M16×50，两平一弹一帽	件	16	0.24	3.8	螺栓类	TJ－GZ－06	
							单头螺栓	M16×80，两平一弹一帽	件	8	0.3	2.4	螺栓类	TJ－GZ－06	

序号 066－LJD1－10/15，低压电缆上杆，梢径 150，杆高 10m，单路出线

序号	一级物料主表						二级子表清单							总重（kg）
	商品名称	规格型号	单位	商品图片	归类	国网配电网工程典型设计对应图号	物料名称	物料描述	单位	数量	单重（kg）	合重（kg）	物料归类	《成套化铁附件加工图通用设计》对应加工图号	
66	电缆固定支架成套铁附件	LJD1－10/15，低压电缆上杆，梢径150，杆高10m，单路出线	套	066.pdf	电缆上杆	2016年版图16－15	杆上电缆固定架	DLJ5－165，Q235，角钢 L50×5×165，L50×5×420；扁钢—50×5×200	副	5	2.6	13.0	支构架	图6－70，TJ－ZJ－02	77.5
							电缆卡抱	KBG4－64，Q235，扁钢—40×4×259	块	3	0.33	1.0	抱箍类	图6－55，TJ－BG－01	
							杆上电缆保护管	DLHG－114B，镀锌钢管 φ114×3.2×3000，扁钢—5×50×50，—6×60×30	根	1	28.00	28.0	支构架	图6－63－1（TJ－HG－02）	
							横担抱箍	HBG6－160，Q235，扁钢—60×6×390，—120×5×65，—60×6×410	块	1	3.06	3.1	抱箍类	图6－58，TJ－BG－04	
							抱箍	BG6－160，Q235，扁钢—60×6×390，—50×5×100	块	1	1.5	1.5	抱箍类	图6－56，TJ－BG－02	
							横担抱箍	HBG6－200，Q235，扁钢—60×6×457，—120×5×85，—60×6×410	块	2	3.25	6.5	抱箍类	图6－58，TJ－BG－04	
							抱箍	BG6－200，Q235，扁钢—60×6×457，—50×5×100	块	2	1.69	3.4	抱箍类	图6－56，TJ－BG－02	
							横担抱箍	HBG6－240，Q235，扁钢—60×6×514，—120×5×105，—60×6×410	块	1	3.6	3.6	抱箍类	图6－58，TJ－BG－04	
							抱箍	BG6－240，Q235，扁钢—60×6×514，—50×5×100	块	1	1.85	1.9	抱箍类	图6－56，TJ－BG－02	
							横担抱箍	HBG6－260，Q235，扁钢—60×6×545，—120×5×115，—60×6×410	块	1	3.78	3.8	抱箍类	图6－58，TJ－BG－04	
							抱箍	BG6－260，Q235，扁钢—60×6×545，—50×5×100	块	1	1.94	1.9	抱箍类	图6－56，TJ－BG－02	
							单头螺栓	M16×40，两平一弹一帽	件	20	0.22	4.4	螺栓类	TJ－GZ－06	
							单头螺栓	M16×50，两平一弹一帽	件	10	0.24	2.4	螺栓类	TJ－GZ－06	
							单头螺栓	M16×80，两平一弹一帽	件	10	0.3	3	螺栓类	TJ－GZ－06	

序号 067－LJD1－10/19，低压电缆上杆，梢径 190，杆高 10m，单路出线

序号	一级物料主表						二级子表清单							总重（kg）
	商品名称	规格型号	单位	商品图片	归类	国网配电网工程典型设计对应图号	物料名称	物料描述	单位	数量	单重（kg）	合重（kg）	物料归类	《成套化铁附件加工图通用设计》对应加工图号	
67	电缆固定支架成套铁附件	LJD1－10/19，低压电缆上杆，梢径190，杆高10m，单路出线	套	067.pdf	电缆上杆	2018年版图17－19	杆上电缆固定架	DLJ5－165，Q235，角钢 L50×5×165，L50×5×420；扁钢—50×5×200	副	5	2.6	13.0	支构架	图6－70，TJ－ZJ－02	80.0
							电缆卡抱	KBG4－64，Q235，扁钢—40×4×259	块	3	0.33	1	抱箍类	图6－55，TJ－BG－01	
							杆上电缆保护管	DLHG－114B，镀锌钢管 Φ114×3.2×3000，扁钢—5×50×50，—6×60×30	根	1	28	28	支构架	图6－63－1（TJ－HG－02）	
							横担抱箍	HBG6－200，Q235，扁钢—60×6×457，—120×5×85，—60×6×410	块	1	3.25	3.3	抱箍类	图6－58，TJ－BG－04	
							抱箍	BG6－200，Q235，扁钢—60×6×457，—50×5×100	块	1	1.69	1.7	抱箍类	图6－56，TJ－BG－02	
							横担抱箍	HBG6－220，Q235，扁钢—60×6×484，—120×5×95，—60×6×410	块	1	3.42	3.4	抱箍类	图6－58，TJ－BG－04	
							抱箍	BG6－220，Q235，扁钢—60×6×484，—50×5×100	块	1	1.77	1.8	抱箍类	图6－56，TJ－BG－02	
							横担抱箍	HBG6－260，Q235，扁钢—60×6×545，—120×5×115，—60×6×410	块	1	3.78	3.8	抱箍类	图6－58，TJ－BG－04	
							抱箍	BG6－260，Q235，扁钢—60×6×545，—50×5×100	块	1	1.94	1.9	抱箍类	图6－56，TJ－BG－02	
							横担抱箍	HBG6－280，Q235，扁钢—60×6×576，—120×5×125，—60×6×410	块	1	3.97	4	抱箍类	图6－58，TJ－BG－04	
							抱箍	BG6－280，Q235，扁钢—60×6×576，—50×5×100	块	1	2.03	2	抱箍类	图6－56，TJ－BG－02	
							横担抱箍	HBG6－300，Q235，扁钢—60×6×608，—120×5×135，—60×6×410	块	1	4.15	4.2	抱箍类	图6－58，TJ－BG－04	
							抱箍	BG6－300，Q235，扁钢—60×6×608，—50×5×100	块	1	2.12	2.1	抱箍类	图6－56，TJ－BG－02	
							单头螺栓	M16×40，两平一弹一帽	件	20	0.22	4.4	螺栓类	TJ－GZ－06	
							单头螺栓	M16×50，两平一弹一帽	件	10	0.24	2.4	螺栓类	TJ－GZ－06	
							单头螺栓	M16×80，两平一弹一帽	件	10	0.3	3	螺栓类	TJ－GZ－06	

序号068－LJD1－12/19，低压电缆上杆，梢径190，杆高12m，单路出线

序号	一级物料主表						二级子表清单							总重（kg）
	商品名称	规格型号	单位	商品图片	归类	国网配电网工程典型设计对应图号	物料名称	物料描述	单位	数量	单重（kg）	合重（kg）	物料归类	《成套化铁附件加工图通用设计》对应加工图号	
68	电缆固定支架成套铁附件	LJD1－12/19，低压电缆上杆，梢径190，杆高12m，单路出线	套	068.pdf	电缆上杆	2018年版图17－19	杆上电缆固定架	DLJ5－165，Q235，角钢L50×5×165，L50×5×420；扁钢—50×5×200	副	6	2.6	15.6	支构架	图6－70，TJ－ZJ－02	90.9
							电缆卡抱	KBG4－64，Q235，扁钢—40×4×259	块	4	0.33	1.3	抱箍类	图6－55，TJ－BG－01	
							杆上电缆保护管	DLHG－114B，镀锌钢管φ114×3.2×3000，扁钢—5×50×50，—6×60×30	根	1	28	28	支构架	图6－63－1（TJ－HG－02）	
							横担抱箍	HBG6－200，Q235，扁钢—60×6×457，—120×5×85，—60×6×410	块	1	3.25	3.3	抱箍类	图6－58，TJ－BG－04	
							抱箍	BG6－200，Q235，扁钢—60×6×457，—50×5×100	块	1	1.69	1.7	抱箍类	图6－56，TJ－BG－02	
							横担抱箍	HBG6－220，Q235，扁钢—60×6×484，—120×5×95，—60×6×410	块	1	3.42	3.4	抱箍类	图6－58，TJ－BG－04	
							抱箍	BG6－220，Q235，扁钢—60×6×484，—50×5×100	块	1	1.77	1.8	抱箍类	图6－56，TJ－BG－02	
							横担抱箍	HBG6－260，Q235，扁钢—60×6×545，—120×5×115，—60×6×410	块	1	3.78	3.8	抱箍类	图6－58，TJ－BG－04	
							抱箍	BG6－260，Q235，扁钢—60×6×545，—50×5×100	块	1	1.94	1.9	抱箍类	图6－56，TJ－BG－02	
							横担抱箍	HBG6－280，Q235，扁钢—60×6×576，—120×5×125，—60×6×410	块	1	3.97	4	抱箍类	图6－58，TJ－BG－04	
							抱箍	BG6－280，Q235，扁钢—60×6×576，—50×5×100	块	1	2.03	2	抱箍类	图6－56，TJ－BG－02	
							横担抱箍	HBG6－300，Q235，扁钢—60×6×608，—120×5×135，—60×6×410	块	1	4.15	4.2	抱箍类	图6－58，TJ－BG－04	
							抱箍	BG6－300，Q235，扁钢—60×6×608，—50×5×100	块	1	2.12	2.1	抱箍类	图6－56，TJ－BG－02	
							横担抱箍	HBG6－320，Q235，扁钢—60×6×638，—120×5×145，—60×6×410	块	1	4.34	4.3	抱箍类	图6－58，TJ－BG－04	
							抱箍	BG6－320，Q235，扁钢—60×6×638，—50×5×100	块	1	2.21	2.2	抱箍类	图6－56，TJ－BG－02	
							单头螺栓	M16×40，两平一弹一帽	件	22	0.22	4.8	螺栓类	TJ－GZ－06	
							单头螺栓	M16×50，两平一弹一帽	件	12	0.24	2.9	螺栓类	TJ－GZ－06	
							单头螺栓	M16×80，两平一弹一帽	件	12	0.3	3.6	螺栓类	TJ－GZ－06	

序号 069－LJD1－15/19T，低压电缆上杆，梢径 190，杆高 15m，高低压同杆，单路出线

序号	一级物料主表						二级子表清单							总重(kg)
	商品名称	规格型号	单位	商品图片	归类	国网配电网工程典型设计对应图号	物料名称	物料描述	单位	数量	单重(kg)	合重(kg)	物料归类	《成套化铁附件加工图通用设计》对应加工图号	
69	电缆固定支架成套铁附件	LJD1－15/19T，低压电缆上杆，梢径190，杆高15m，高低压同杆，单路出线	套	069.pdf	电缆上杆	2018年版图17－19	杆上电缆固定架	DLJ5－165，Q235，角钢 L50×5×165，L50×5×420；扁钢—50×5×200	副	5	2.6	13.0	支构架	图6－70，TJ－ZJ－02	83.1
							电缆卡抱	KBG4－64，Q235，扁钢—40×4×259	块	3	0.33	1	抱箍类	图6－55，TJ－BG－01	
							杆上电缆保护管	DLHG－114B，镀锌钢管 Φ114×3.2×3000，扁钢—5×50×50，—6×60×30	根	1	28	28	支构架	图6－63－1（TJ－HG－02）	
							横担抱箍	HBG6－260，Q235，扁钢—60×6×545，—120×5×115，—60×6×410	块	1	3.78	3.8	抱箍类	图6－58，TJ－BG－04	
							抱箍	BG6－260，Q235，扁钢—60×6×545，—50×5×100	块	1	1.94	1.9	抱箍类	图6－56，TJ－BG－02	
							横担抱箍	HBG6－280，Q235，扁钢—60×6×576，—120×5×125，—60×6×410	块	1	3.97	4	抱箍类	图6－58，TJ－BG－04	
							抱箍	BG6－280，Q235，扁钢—60×6×576，—50×5×100	块	1	2.03	2	抱箍类	图6－56，TJ－BG－02	
							横担抱箍	HBG6－300，Q235，扁钢—60×6×608，—120×5×135，—60×6×410	块	1	4.15	4.2	抱箍类	图6－58，TJ－BG－04	
							抱箍	BG6－300，Q235，扁钢—60×6×608，—50×5×100	块	1	2.12	2.1	抱箍类	图6－56，TJ－BG－02	
							横担抱箍	HBG6－320，Q235，扁钢—60×6×638，—120×5×145，—60×6×410	块	1	4.34	4.3	抱箍类	图6－58，TJ－BG－04	
							抱箍	BG6－320，Q235，扁钢—60×6×638，—50×5×100	块	1	2.21	2.2	抱箍类	图6－56，TJ－BG－02	
							横担抱箍	HBG6－340，Q235，扁钢—60×6×670，—120×5×155，—60×6×410	块	1	4.52	4.5	抱箍类	图6－58，TJ－BG－04	
							抱箍	BG6－340，Q235，扁钢—60×6×670，—50×5×100	块	1	2.3	2.3	抱箍类	图6－56，TJ－BG－02	
							单头螺栓	M16×40，两平一弹一帽	件	20	0.22	4.4	螺栓类	TJ－GZ－06	
							单头螺栓	M16×50，两平一弹一帽	件	10	0.24	2.4	螺栓类	TJ－GZ－06	
							单头螺栓	M16×80，两平一弹一帽	件	10	0.3	3	螺栓类	TJ－GZ－06	

序号 070－LJD1－15/23T，低压电缆上杆，梢径 230，杆高 15m，高低压同杆，单路出线

序号	一级物料主表						二级子表清单							总重（kg）
	商品名称	规格型号	单位	商品图片	归类	国网配电网工程典型设计对应图号	物料名称	物料描述	单位	数量	单重（kg）	合重（kg）	物料归类	《成套化铁附件加工图通用设计》对应加工图号	
70	电缆固定支架成套铁附件	LJD1－15/23T，低压电缆上杆，梢径 230，杆高 15m，高低压同杆，单路出线	套	070.pdf	电缆上杆	2018 年版图 17－19	杆上电缆固定架	DLJ5－165，Q235，角钢 L50×5×165，L50×5×420；扁钢—50×5×200	副	5	2.6	13.0	支构架	图 6－70，TJ－ZJ－02	85.9
							电缆卡抱	KBG4－64，Q235，扁钢—40×4×259	块	3	0.33	1	抱箍类	图 6－55，TJ－BG－01	
							杆上电缆保护管	DLHG－114B，镀锌钢管 Φ114×3.2×3000，扁钢—5×50×50，—6×60×30	根	1	28	28	支构架	图 6－63－1（TJ－HG－02）	
							横担抱箍	HBG6－300，Q235，扁钢—60×6×608，—120×5×135，—60×6×410	块	1	4.15	4.2	抱箍类	图 6－58，TJ－BG－04	
							抱箍	BG6－300，Q235，扁钢—60×6×608，—50×5×100	块	1	2.12	2.1	抱箍类	图 6－56，TJ－BG－02	
							横担抱箍	HBG6－320，Q235，扁钢—60×6×638，—120×5×145，—60×6×410	块	1	4.34	4.3	抱箍类	图 6－58，TJ－BG－04	
							抱箍	BG6－320，Q235，扁钢—60×6×638，—50×5×100	块	1	2.21	2.2	抱箍类	图 6－56，TJ－BG－02	
							横担抱箍	HBG6－340，Q235，扁钢—60×6×670，—120×5×155，—60×6×410	块	1	4.52	4.5	抱箍类	图 6－58，TJ－BG－04	
							抱箍	BG6－340，Q235，扁钢—60×6×670，—50×5×100	块	1	2.3	2.3	抱箍类	图 6－56，TJ－BG－02	
							横担抱箍	HBG6－360，Q235，扁钢—60×6×701，—120×5×165，—60×6×410	块	1	4.69	4.7	抱箍类	图 6－58，TJ－BG－04	
							抱箍	BG6－360，Q235，扁钢—60×6×701，—50×5×100	块	1	2.38	2.4	抱箍类	图 6－56，TJ－BG－02	
							横担抱箍	HBG6－380，Q235，扁钢—60×6×733，—120×5×175，—60×6×410	块	1	4.88	4.9	抱箍类	图 6－58，TJ－BG－04	
							抱箍	BG6－380，Q235，扁钢—60×6×733，—50×5×100	块	1	2.47	2.5	抱箍类	图 6－56，TJ－BG－02	
							单头螺栓	M16×40，两平一弹一帽	件	20	0.22	4.4	螺栓类	TJ－GZ－06	
							单头螺栓	M16×50，两平一弹一帽	件	10	0.24	2.4	螺栓类	TJ－GZ－06	
							单头螺栓	M16×80，两平一弹一帽	件	10	0.3	3	螺栓类	TJ－GZ－06	

序号 071－LJD2－10/15，低压电缆上杆，梢径 150，杆高 10m，双路出线

序号	一级物料主表						二级子表清单							总重（kg）
	商品名称	规格型号	单位	商品图片	归类	国网配电网工程典型设计对应图号	物料名称	物料描述	单位	数量	单重（kg）	合重（kg）	物料归类	《成套化铁附件加工图通用设计》对应加工图号	
71	电缆固定支架成套铁附件	LJD2－10/15，低压电缆上杆，梢径150，杆高10m，双路出线	套	071.pdf	电缆上杆	2018年版图17－19－1	杆上电缆固定架	DLJ5－165，Q235，角钢 L50×5×165，L50×5×420；扁钢—50×5×200	副	10	2.6	26.0	支构架	图6－70，TJ－ZJ－02	134.5
							电缆卡抱	KBG4－64，Q235，扁钢—40×4×259	块	6	0.33	2	抱箍类	图6－55，TJ－BG－01	
							杆上电缆保护管	DLHG－114B，镀锌钢管 φ114×3.2×3000，扁钢—5×50×50，—6×60×30	根	2	28	56	支构架	图6－63－1（TJ－HG－02）	
							横担抱箍	HBG6－160，Q235，扁钢—60×6×390，—120×5×65，—60×6×410	块	2	3.06	6.1	抱箍类	图6－58，TJ－BG－04	
							横担抱箍	HBG6－200，Q235，扁钢—60×6×457，—120×5×85，—60×6×410	块	4	3.25	13	抱箍类	图6－58，TJ－BG－04	
							横担抱箍	HBG6－240，Q235，扁钢—60×6×514，—120×5×105，—60×6×410	块	2	3.6	7.2	抱箍类	图6－58，TJ－BG－04	
							横担抱箍	HBG6－260，Q235，扁钢—60×6×545，—120×5×115，—60×6×410	块	2	3.78	7.6	抱箍类	图6－58，TJ－BG－04	
							单头螺栓	M16×40，两平一弹一帽	件	40	0.22	8.8	螺栓类	TJ－GZ－06	
							单头螺栓	M16×50，两平一弹一帽	件	20	0.24	4.8	螺栓类	TJ－GZ－06	
							单头螺栓	M16×80，两平一弹一帽	件	10	0.3	3	螺栓类	TJ－GZ－06	

序号 072－LJD2－10/19，低压电缆上杆，梢径 190，杆高 10m，双路出线

序号	一级物料主表						二级子表清单							总重（kg）
	商品名称	规格型号	单位	商品图片	归类	国网配电网工程典型设计对应图号	物料名称	物料描述	单位	数量	单重（kg）	合重（kg）	物料归类	《成套化铁附件加工图通用设计》对应加工图号	
72	电缆固定支架成套铁附件	LJD2－10/19，低压电缆上杆，梢径190，杆高10m，双路出线	套	072.pdf	电缆上杆	2018年版图17－19－1	杆上电缆固定架	DLJ5－165，Q235，角钢 L50×5×165，L50×5×420；扁钢—50×5×200	副	10	2.6	26.0	支构架	图6－70，TJ－ZJ－02	137.7

序号	一级物料主表						二级子表清单							总重(kg)
	商品名称	规格型号	单位	商品图片	归类	国网配电网工程典型设计对应图号	物料名称	物料描述	单位	数量	单重(kg)	合重(kg)	物料归类	《成套化铁附件加工图通用设计》对应加工图号	
72	电缆固定支架成套铁附件	LJD2-10/19,低压电缆上杆,梢径190,杆高10m,双路出线	套	072.pdf	电缆上杆	2018年版图17-19-1	电缆卡抱	KBG4-64,Q235,扁钢—40×4×259	块	6	0.33	2	抱箍类	图6-55,TJ-BG-01	137.7
							杆上电缆保护管	DLHG-114B,镀锌钢管 φ114×3.2×3000,扁钢—5×50×50,—6×60×30	根	2	28	56	支构架	图6-63-1(TJ-HG-02)	
							横担抱箍	HBG6-200,Q235,扁钢—60×6×457,—120×5×85,—60×6×410	块	2	3.25	6.5	抱箍类	图6-58,TJ-BG-04	
							横担抱箍	HBG6-220,Q235,扁钢—60×6×484,—120×5×95,—60×6×410	块	2	3.42	6.8	抱箍类	图6-58,TJ-BG-04	
							横担抱箍	HBG6-260,Q235,扁钢—60×6×545,—120×5×115,—60×6×410	块	2	3.78	7.6	抱箍类	图6-58,TJ-BG-04	
							横担抱箍	HBG6-280,Q235,扁钢—60×6×576,—120×5×125,—60×6×410	块	2	3.97	7.9	抱箍类	图6-58,TJ-BG-04	
							横担抱箍	HBG6-300,Q235,扁钢—60×6×608,—120×5×135,—60×6×410	块	2	4.15	8.3	抱箍类	图6-58,TJ-BG-04	
							单头螺栓	M16×40,两平一弹一帽	件	40	0.22	8.8	螺栓类	TJ-GZ-06	
							单头螺栓	M16×50,两平一弹一帽	件	20	0.24	4.8	螺栓类	TJ-GZ-06	
							单头螺栓	M16×80,两平一弹一帽	件	10	0.3	3	螺栓类	TJ-GZ-06	

序号073-LJD2-12/19,低压电缆上杆,梢径190,杆高12m,双路出线

序号	一级物料主表						二级子表清单							总重(kg)
	商品名称	规格型号	单位	商品图片	归类	国网配电网工程典型设计对应图号	物料名称	物料描述	单位	数量	单重(kg)	合重(kg)	物料归类	《成套化铁附件加工图通用设计》对应加工图号	
73	电缆固定支架成套铁附件	LJD2-12/19,低压电缆上杆,梢径190,杆高12m,双路出线	套	073.pdf	电缆上杆	2018年版图17-19-1	杆上电缆固定架	DLJ5-165,Q235,角钢 L50×5×165,L50×5×420;扁钢—50×5×200	副	12	2.6	31.2	支构架	图6-70,TJ-ZJ-02	154.7
							电缆卡抱	KBG4-64,Q235,扁钢—40×4×259	块	8	0.33	2.6	抱箍类	图6-55,TJ-BG-01	

序号	一级物料主表						二级子表清单								总重(kg)
	商品名称	规格型号	单位	商品图片	归类	国网配电网工程典型设计对应图号	物料名称	物料描述	单位	数量	单重(kg)	合重(kg)	物料归类	《成套化铁附件加工图通用设计》对应加工图号	
73	电缆固定支架成套铁附件	LJD2-12/19，低压电缆上杆，梢径190，杆高12m，双路出线	套	073.pdf	电缆上杆	2018年版图17-19-1	杆上电缆保护管	DLHG-114B，镀锌钢管 φ114×3.2×3000，扁钢—5×50×50，—6×60×30	根	2	28	56	支构架	图6-63-1（TJ-HG-02）	154.7
							横担抱箍	HBG6-200，Q235，扁钢—60×6×457，—120×5×85，—60×6×410	块	2	3.25	6.5	抱箍类	图6-58，TJ-BG-04	
							横担抱箍	HBG6-220，Q235，扁钢—60×6×484，—120×5×95，—60×6×410	块	2	3.42	6.8	抱箍类	图6-58，TJ-BG-04	
							横担抱箍	HBG6-260，Q235，扁钢—60×6×545，—120×5×115，—60×6×410	块	2	3.78	7.6	抱箍类	图6-58，TJ-BG-04	
							横担抱箍	HBG6-280，Q235，扁钢—60×6×576，—120×5×125，—60×6×410	块	2	3.97	7.9	抱箍类	图6-58，TJ-BG-04	
							横担抱箍	HBG6-300，Q235，扁钢—60×6×608，—120×5×135，—60×6×410	块	2	4.15	8.3	抱箍类	图6-58，TJ-BG-04	
							横担抱箍	HBG6-320，Q235，扁钢—60×6×638，—120×5×145，—60×6×410	块	2	4.34	8.7	抱箍类	图6-58，TJ-BG-04	
							单头螺栓	M16×40，两平一弹一帽	件	44	0.22	9.7	螺栓类	TJ-GZ-06	
							单头螺栓	M16×50，两平一弹一帽	件	24	0.24	5.8	螺栓类	TJ-GZ-06	
							单头螺栓	M16×80，两平一弹一帽	件	12	0.3	3.6	螺栓类	TJ-GZ-06	

序号074-LJD2-15/19T，低压电缆上杆，梢径190，杆高15m，高低压同杆，双路出线

序号	一级物料主表						二级子表清单								总重(kg)
	商品名称	规格型号	单位	商品图片	归类	国网配电网工程典型设计对应图号	物料名称	物料描述	单位	数量	单重(kg)	合重(kg)	物料归类	《成套化铁附件加工图通用设计》对应加工图号	
74	电缆固定支架成套铁附件	LJD2-15/19T，低压电缆上杆，梢径190，杆高15m，高低压同杆，双路出线	套	074.pdf	电缆上杆	2018年版图17-19-1	杆上电缆固定架	DLJ5-165，Q235，角钢 L50×5×165，L50×5×420；扁钢—50×5×200	副	10	2.6	26.0	支构架	图6-70，TJ-ZJ-02	142.1
							电缆卡抱	KBG4-64，Q235，扁钢—40×4×259	块	6	0.33	2	抱箍类	图6-55，TJ-BG-01	
							杆上电缆保护管	DLHG-114B，镀锌钢管 φ114×3.2×3000，扁钢—5×50×50，—6×60×30	根	2	28	56	支构架	图6-63-1（TJ-HG-02）	

序号	一级物料主表						二级子表清单							总重(kg)
	商品名称	规格型号	单位	商品图片	归类	国网配电网工程典型设计对应图号	物料名称	物料描述	单位	数量	单重(kg)	合重(kg)	物料归类	《成套化铁附件加工图通用设计》对应加工图号	
74	电缆固定支架成套铁附件	LJD2－15/19T，低压电缆上杆，梢径190，杆高15m，高低压同杆，双路出线	套	074.pdf	电缆上杆	2018年版图17－19－1	横担抱箍	HBG6－260，Q235，扁钢—60×6×545，—120×5×115，—60×6×410	块	2	3.78	7.6	抱箍类	图6－58，TJ－BG－04	147.4
							横担抱箍	HBG6－280，Q235，扁钢—60×6×576，—120×5×125，—60×6×410	块	2	3.97	7.9	抱箍类	图6－58，TJ－BG－04	
							横担抱箍	HBG6－300，Q235，扁钢—60×6×608，—120×5×135，—60×6×410	块	2	4.15	8.3	抱箍类	图6－58，TJ－BG－04	
							横担抱箍	HBG6－320，Q235，扁钢—60×6×638，—120×5×145，—60×6×410	块	2	4.34	8.7	抱箍类	图6－58，TJ－BG－04	
							横担抱箍	HBG6－340，Q235，扁钢—60×6×670，—120×5×155，—60×6×410	块	2	4.52	9	抱箍类	图6－58，TJ－BG－04	
							单头螺栓	M16×40，两平一弹一帽	件	40	0.22	8.8	螺栓类	TJ－GZ－06	
							单头螺栓	M16×50，两平一弹一帽	件	20	0.24	4.8	螺栓类	TJ－GZ－06	
							单头螺栓	M16×80，两平一弹一帽	件	10	0.3	3	螺栓类	TJ－GZ－06	

序号 075－LJD2－15/23T，低压电缆上杆，梢径 230，杆高 15m，高低压同杆，双路出线

序号	一级物料主表						二级子表清单							总重(kg)
	商品名称	规格型号	单位	商品图片	归类	国网配电网工程典型设计对应图号	物料名称	物料描述	单位	数量	单重(kg)	合重(kg)	物料归类	《成套化铁附件加工图通用设计》对应加工图号	
75	电缆固定支架成套铁附件	LJD2－15/23T，低压电缆上杆，梢径230，杆高15m，高低压同杆，双路出线	套	075.pdf	电缆上杆	2018年版图17－19－1	杆上电缆固定架	DLJ5－165，Q235，角钢 L50×5×165，L50×5×420；扁钢—50×5×200	副	10	2.6	26.0	支构架	图6－70，TJ－ZJ－02	145.8
							电缆卡抱	KBG4－64，Q235，扁钢—40×4×259	块	6	0.33	2	抱箍类	图6－55，TJ－BG－01	
							杆上电缆保护管	DLHG－114B，镀锌钢管 Φ114×3.2×3000，扁钢—5×50×50，—6×60×30	根	2	28	56	支构架	图6－63－1（TJ－HG－02）	
							横担抱箍	HBG6－300，Q235，扁钢—60×6×608，—120×5×135，—60×6×410	块	2	4.15	8.3	抱箍类	图6－58，TJ－BG－04	

序号	一级物料主表						二级子表清单							总重（kg）
	商品名称	规格型号	单位	商品图片	归类	国网配电网工程典型设计对应图号	物料名称	物料描述	单位	数量	单重（kg）	合重（kg）	物料归类	《成套化铁附件加工图通用设计》对应加工图号	
75	电缆固定支架成套铁附件	LJD2－15/23T，低压电缆上杆，梢径230，杆高15m，高低压同杆，双路出线	套	075.pdf	电缆上杆	2018年版图17－19－1	横担抱箍	HBG6－320，Q235，扁钢—60×6×638，—120×5×145，—60×6×410	块	2	4.34	8.7	抱箍类	图6－58，TJ－BG－04	145.8
							横担抱箍	HBG6－340，Q235，扁钢—60×6×670，—120×5×155，—60×6×410	块	2	4.52	9	抱箍类	图6－58，TJ－BG－04	
							横担抱箍	HBG6－360，Q235，扁钢—60×6×701，—120×5×165，—60×6×410	块	2	4.69	9.4	抱箍类	图6－58，TJ－BG－04	
							横担抱箍	HBG6－380，Q235，扁钢—60×6×733，—120×5×175，—60×6×410	块	2	4.88	9.8	抱箍类	图6－58，TJ－BG－04	
							单头螺栓	M16×40，两平一弹一帽	件	40	0.22	8.8	螺栓类	TJ－GZ－06	
							单头螺栓	M16×50，两平一弹一帽	件	20	0.24	4.8	螺栓类	TJ－GZ－06	
							单头螺栓	M16×80，两平一弹一帽	件	10	0.3	3	螺栓类	TJ－GZ－06	

序号076－LJG1－12/19，高压电缆上杆，梢径190，杆高12m，柱上（分界）断路器，单路出线

序号	一级物料主表						二级子表清单							总重（kg）
	商品名称	规格型号	单位	商品图片	归类	国网配电网工程典型设计对应图号	物料名称	物料描述	单位	数量	单重（kg）	合重（kg）	物料归类	《成套化铁附件加工图通用设计》对应加工图号	
76	电缆固定支架成套铁附件	LJG1－12/19，高压电缆上杆，梢径190，杆高12m，柱上（分界）断路器，单路出线	套	076.pdf	电缆上杆	2016年版AZ－XT－04，AZ－XT－06	杆上电缆固定架	DLJ5－165，Q235，角钢L50×5×165，L50×5×420；扁钢—50×5×200	副	2	2.6	5.2	支构架	图6－70，TJ－ZJ－02	86.6
							杆上电缆固定架	DLJ6－400A，Q235，角钢L63×6×400，L63×6×420；扁钢—60×6×200	副	1	5.26	5.3	支构架	图6－74，TJ－ZJ－06	
							电缆卡抱	KBG4－90，Q235，扁钢—40×4×302	块	3	0.38	1.1	抱箍类	图6－55，TJ－BG－01	
							杆上电缆保护管	DLHG－168B，镀锌钢管Φ168×4.0×3000，扁钢—5×50×50，—6×60×30	根	1	49.48	49.5	支构架	图6－63－1（TJ－HG－02）	
							横担抱箍	HBG6－280，Q235，扁钢—60×6×576，—120×5×125，—60×6×410	块	1	3.97	4	抱箍类	图6－58，TJ－BG－04	
							抱箍	BG6－280，Q235，扁钢—60×6×576，—50×5×100	块	1	2.03	2	抱箍类	图6－56，TJ－BG－02	

| 序号 | 一级物料主表 | | | | | | 二级子表清单 | | | | | | | 总重(kg) |
	商品名称	规格型号	单位	商品图片	归类	国网配电网工程典型设计对应图号	物料名称	物料描述	单位	数量	单重(kg)	合重(kg)	物料归类	《成套化铁附件加工图通用设计》对应加工图号	
76	电缆固定支架成套铁附件	LJG1-12/19,高压电缆上杆,梢径190,杆高12m,柱上（分界）断路器,单路出线	套	076.pdf	电缆上杆	2016年版AZ-XT-04,AZ-XT-06	横担抱箍	HBG6-300,Q235,扁钢—60×6×608,—120×5×135,—60×6×410	块	1	4.15	4.2	抱箍类	图6-58,TJ-BG-04	86.6
							抱箍	BG6-300,Q235,扁钢—60×6×608,—50×5×100	块	1	2.12	2.1	抱箍类	图6-56,TJ-BG-02	
							横担抱箍	HBG6-320,Q235,扁钢—60×6×638,—120×5×145,—60×6×410	块	1	4.34	4.3	抱箍类	图6-58,TJ-BG-04	
							抱箍	BG6-320,Q235,扁钢—60×6×638,—50×5×100	块	1	2.21	2.2	抱箍类	图6-56,TJ-BG-02	
							单头螺栓	M16×40,两平一弹一帽	件	16	0.22	3.5	螺栓类	TJ-GZ-06	
							单头螺栓	M16×50,两平一弹一帽	件	6	0.24	1.4	螺栓类	TJ-GZ-06	
							单头螺栓	M16×80,两平一弹一帽	件	6	0.3	1.8	螺栓类	TJ-GZ-06	

序号 077-LJG1-15/19,高压电缆上杆,梢径190,杆高15m,柱上（分界）断路器,单路出线

| 序号 | 一级物料主表 | | | | | | 二级子表清单 | | | | | | | 总重(kg) |
	商品名称	规格型号	单位	商品图片	归类	国网配电网工程典型设计对应图号	物料名称	物料描述	单位	数量	单重(kg)	合重(kg)	物料归类	《成套化铁附件加工图通用设计》对应加工图号	
77	电缆固定支架成套铁附件	LJG1-15/19,高压电缆上杆,梢径190,杆高15m,柱上（分界）断路器,单路出线	套	077.pdf	电缆上杆	2016年版AZ-XT-04,AZ-XT-06	杆上电缆固定架	DLJ5-165,Q235,角钢 L50×5×165,L50×5×420；扁钢—50×5×200	副	4	2.6	10.4	支构架	图6-70,TJ-ZJ-02	107.4
							杆上电缆固定架	DLJ6-400A,Q235,角钢 L63×6×400,L63×6×420；扁钢—60×6×200	副	1	5.26	5.3	支构架	图6-74,TJ-ZJ-06	
							电缆卡抱	KBG4-90,Q235,扁钢—40×4×302	块	3	0.38	1.1	抱箍类	图6-55,TJ-BG-01	
							杆上电缆保护管	DLHG-168B,镀锌钢管 Φ168×4.0×3000,扁钢—5×50×50,—6×60×30	根	1	49.48	49.5	支构架	图6-63-1（TJ-HG-02）	
							横担抱箍	HBG6-260,Q235,扁钢—60×6×545,—120×5×115,—60×6×410	块	1	3.78	3.8	抱箍类	图6-58,TJ-BG-04	
							抱箍	BG6-260,Q235,扁钢—60×6×545,—50×5×100	块	1	1.94	1.9	抱箍类	图6-56,TJ-BG-02	

序号	一级物料主表						二级子表清单							总重(kg)
	商品名称	规格型号	单位	商品图片	归类	国网配电网工程典型设计对应图号	物料名称	物料描述	单位	数量	单重(kg)	合重(kg)	物料归类	《成套化铁附件加工图通用设计》对应加工图号	
77	电缆固定支架成套铁附件	LJG1－15/19，高压电缆上杆，梢径190，杆高15m，柱上（分界）断路器，单路出线	套	077.pdf	电缆上杆	2016年版AZ－XT－04，AZ－XT－06	横担抱箍	HBG6－280，Q235，扁钢—60×6×576，—120×5×125，—60×6×410	块	1	3.97	4	抱箍类	图6－58，TJ－BG－04	107.4
							抱箍	BG6－280，Q235，扁钢—60×6×576，—50×5×100	块	1	2.03	2	抱箍类	图6－56，TJ－BG－02	
							横担抱箍	HBG6－300，Q235，扁钢—60×6×608，—120×5×135，—60×6×410	块	1	4.15	4.2	抱箍类	图6－58，TJ－BG－04	
							抱箍	BG6－300，Q235，扁钢—60×6×608，—50×5×100	块	1	2.12	2.1	抱箍类	图6－56，TJ－BG－02	
							横担抱箍	HBG6－320，Q235，扁钢—60×6×638，—120×5×145，—60×6×410	块	1	4.34	4.3	抱箍类	图6－58，TJ－BG－04	
							抱箍	BG6－320，Q235，扁钢—60×6×638，—50×5×100	块	1	2.21	2.2	抱箍类	图6－56，TJ－BG－02	
							横担抱箍	HBG6－340，Q235，扁钢—60×6×670，—120×5×155，—60×6×410	块	1	4.52	4.5	抱箍类	图6－58，TJ－BG－04	
							抱箍	BG6－340，Q235，扁钢—60×6×670，—50×5×100	块	1	2.3	2.3	抱箍类	图6－56，TJ－BG－02	
							单头螺栓	M16×40，两平一弹一帽	件	20	0.22	4.4	螺栓类	TJ－GZ－06	
							单头螺栓	M16×50，两平一弹一帽	件	10	0.24	2.4	螺栓类	TJ－GZ－06	
							单头螺栓	M16×80，两平一弹一帽	件	10	0.3	3	螺栓类	TJ－GZ－06	

序号 078－LJG1－15/23，高压电缆上杆，梢径230，杆高15m，柱上（分界）断路器，单路出线

序号	一级物料主表						二级子表清单							总重(kg)
	商品名称	规格型号	单位	商品图片	归类	国网配电网工程典型设计对应图号	物料名称	物料描述	单位	数量	单重(kg)	合重(kg)	物料归类	《成套化铁附件加工图通用设计》对应加工图号	
78	电缆固定支架成套铁附件	LJG1－15/23，高压电缆上杆，梢径230，杆高15m，柱上（分界）断路器，单路出线	套	078.pdf	电缆上杆	2016年版AZ－XT－04，AZ－XT－06	杆上电缆固定架	DLJ5－165，Q235，角钢L50×5×165，L50×5×420；扁钢—50×5×200	副	4	2.6	10.4	支构架	图6－70，TJ－ZJ－02	110.2
							杆上电缆固定架	DLJ6－400A，Q235，角钢L63×6×400，L63×6×420；扁钢—60×6×200	副	1	5.26	5.3	支构架	图6－74，TJ－ZJ－06	
							电缆卡抱	KBG4－90，Q235，扁钢—40×4×302	块	3	0.38	1.1	抱箍类	图6－55，TJ－BG－01	

序号	一级物料主表						二级子表清单							总重（kg）
	商品名称	规格型号	单位	商品图片	归类	国网配电网工程典型设计对应图号	物料名称	物料描述	单位	数量	单重（kg）	合重（kg）	物料归类	《成套化铁附件加工图通用设计》对应加工图号	
78	电缆固定支架成套铁附件	LJG1－15/23，高压电缆上杆，梢径230，杆高15m，柱上（分界）断路器，单路出线	套	078.pdf	电缆上杆	2016年版AZ－XT－04，AZ－XT－06	杆上电缆保护管	DLHG－168B，镀锌钢管 Φ168×4.0×3000，扁钢—5×50×50，—6×60×30	根	1	49.48	49.5	支构架	图6－63－1（TJ－HG－02）	110.2
							横担抱箍	HBG6－300，Q235，扁钢—60×6×608，—120×5×135，—60×6×410	块	1	4.15	4.2	抱箍类	图6－58，TJ－BG－04	
							抱箍	BG6－300，Q235，扁钢—60×6×608，—50×5×100	块	1	2.12	2.1	抱箍类	图6－56，TJ－BG－02	
							横担抱箍	HBG6－320，Q235，扁钢—60×6×638，—120×5×145，—60×6×410	块	1	4.34	4.3	抱箍类	图6－58，TJ－BG－04	
							抱箍	BG6－320，Q235，扁钢—60×6×638，—50×5×100	块	1	2.21	2.2	抱箍类	图6－56，TJ－BG－02	
							横担抱箍	HBG6－340，Q235，扁钢—60×6×670，—120×5×155，—60×6×410	块	1	4.52	4.5	抱箍类	图6－58，TJ－BG－04	
							抱箍	BG6－340，Q235，扁钢—60×6×670，—50×5×100	块	1	2.3	2.3	抱箍类	图6－56，TJ－BG－02	
							横担抱箍	HBG6－360，Q235，扁钢—60×6×701，—120×5×165，—60×6×410	块	1	4.69	4.7	抱箍类	图6－58，TJ－BG－04	
							抱箍	BG6－360，Q235，扁钢—60×6×701，—50×5×100	块	1	2.38	2.4	抱箍类	图6－56，TJ－BG－02	
							横担抱箍	HBG6－380，Q235，扁钢—60×6×733，—120×5×175，—60×6×410	块	1	4.88	4.9	抱箍类	图6－58，TJ－BG－04	
							抱箍	BG6－380，Q235，扁钢—60×6×733，—50×5×100	块	1	2.47	2.5	抱箍类	图6－56，TJ－BG－02	
							单头螺栓	M16×40，两平一弹一帽	件	20	0.22	4.4	螺栓类	TJ－GZ－06	
							单头螺栓	M16×50，两平一弹一帽	件	10	0.24	2.4	螺栓类	TJ－GZ－06	
							单头螺栓	M16×80，两平一弹一帽	件	10	0.3	3	螺栓类	TJ－GZ－06	

序号 079－LJG1－15/30，高压电缆上杆，梢径 300，杆高 15m，柱上（分界）断路器，单路出线

序号	一级物料主表						二级子表清单							总重 (kg)
	商品名称	规格型号	单位	商品图片	归类	国网配电网工程典型设计对应图号	物料名称	物料描述	单位	数量	单重(kg)	合重(kg)	物料归类	《成套化铁附件加工图通用设计》对应加工图号	
79	电缆固定支架成套铁附件	LJG1－15/30，高压电缆上杆，梢径300，杆高15m，柱上（分界）断路器，单路出线	套	079.pdf	电缆上杆	2016 年版 AZ－XT－04，AZ－XT－06	杆上电缆固定架	DLJ5－165，Q235，角钢 L50×5×165，L50×5×420；扁钢—50×5×200	副	4	2.6	10.4	支构架	图 6－70，TJ－ZJ－02	107.5
							杆上电缆固定架	DLJ6－400A，Q235，角钢 L63×6×400，L63×6×420；扁钢—60×6×200	副	1	5.26	5.3	支构架	图 6－74，TJ－ZJ－06	
							电缆卡抱	KBG4－90，Q235，扁钢—40×4×302	块	3	0.38	1.1	抱箍类	图 6－55，TJ－BG－01	
							杆上电缆保护管	DLHG－168B，镀锌钢管 Φ168×4.0×3000，扁钢—5×50×50，—6×60×30	根	1	49.48	49.5	支构架	图 6－63－1（TJ－HG－02）	
							横担抱箍	HBG6－300，Q235，扁钢—60×6×608，—120×5×135，—60×6×410	块	5	4.15	20.8	抱箍类	图 6－58，TJ－BG－04	
							抱箍	BG6－300，Q235，扁钢—60×6×608，—50×5×100	块	5	2.12	10.6	抱箍类	图 6－56，TJ－BG－02	
							单头螺栓	M16×40，两平一弹一帽	件	20	0.22	4.4	螺栓类	TJ－GZ－06	
							单头螺栓	M16×50，两平一弹一帽	件	10	0.24	2.4	螺栓类	TJ－GZ－06	
							单头螺栓	M16×80，两平一弹一帽	件	10	0.3	3	螺栓类	TJ－GZ－06	

序号 080－LJG2－12/19，高压电缆上杆，梢径 190，杆高 12m，柱上隔离（熔断器）开关，单路出线

序号	一级物料主表						二级子表清单							总重 (kg)
	商品名称	规格型号	单位	商品图片	归类	国网配电网工程典型设计对应图号	物料名称	物料描述	单位	数量	单重(kg)	合重(kg)	物料归类	《成套化铁附件加工图通用设计》对应加工图号	
80	电缆固定支架成套铁附件	LJG2－12/19，高压电缆上杆，梢径190，杆高12m，柱上隔离（熔断器）开关，单路出线	套	080.pdf	电缆上杆	2016 年版 AZ－XT－04，AZ－XT－06	杆上电缆固定架	DLJ5－165，Q235，角钢 L50×5×165，L50×5×420；扁钢—50×5×200	副	3	2.6	7.8	支构架	图 6－70，TJ－ZJ－02	96.2
							杆上电缆固定架	DLJ6－400A，Q235，角钢 L63×6×400，L63×6×420；扁钢—60×6×200	副	1	5.26	5.3	支构架	图 6－74，TJ－ZJ－06	
							电缆卡抱	KBG4－90，Q235，扁钢—40×4×302	块	2	0.38	0.8	抱箍类	图 6－55，TJ－BG－01	

续表

序号	一级物料主表						二级子表清单							总重(kg)
	商品名称	规格型号	单位	商品图片	归类	国网配电网工程典型设计对应图号	物料名称	物料描述	单位	数量	单重(kg)	合重(kg)	物料归类	《成套化铁附件加工图通用设计》对应加工图号	
80	电缆固定支架成套铁附件	LJG2－12/19，高压电缆上杆，梢径190，杆高12m，柱上隔离（熔断器）开关，单路出线	套	080.pdf	电缆上杆	2016 年版 AZ－XT－04，AZ－XT－06	杆上电缆保护管	DLHG－168B，镀锌钢管 φ168×4.0×3000，扁钢—5×50×50，—6×60×30	根	1	49.48	49.5	支构架	图 6－63－1（TJ－HG－02）	96.2
							横担抱箍	HBG6－260，Q235，扁钢—60×6×545，—120×5×115，—60×6×410	块	1	3.78	3.8	抱箍类	图 6－58，TJ－BG－04	
							抱箍	BG6－260，Q235，扁钢—60×6×545，—50×5×100	块	1	1.94	1.9	抱箍类	图 6－56，TJ－BG－02	
							横担抱箍	HBG6－280，Q235，扁钢—60×6×576，—120×5×125，—60×6×410	块	1	3.97	4	抱箍类	图 6－58，TJ－BG－04	
							抱箍	BG6－280，Q235，扁钢—60×6×576，—50×5×100	块	1	2.03	2	抱箍类	图 6－56，TJ－BG－02	
							横担抱箍	HBG6－300，Q235，扁钢—60×6×608，—120×5×135，—60×6×410	块	1	4.15	4.2	抱箍类	图 6－58，TJ－BG－04	
							抱箍	BG6－300，Q235，扁钢—60×6×608，—50×5×100	块	1	2.12	2.1	抱箍类	图 6－56，TJ－BG－02	
							横担抱箍	HBG6－320，Q235，扁钢—60×6×638，—120×5×145，—60×6×410	块	1	4.34	4.3	抱箍类	图 6－58，TJ－BG－04	
							抱箍	BG6－320，Q235，扁钢—60×6×638，—50×5×100	块	1	2.21	2.2	抱箍类	图 6－56，TJ－BG－02	
							单头螺栓	M16×40，两平一弹一帽	件	18	0.22	4	螺栓类	TJ－GZ－06	
							单头螺栓	M16×50，两平一弹一帽	件	8	0.24	1.9	螺栓类	TJ－GZ－06	
							单头螺栓	M16×80，两平一弹一帽	件	8	0.3	2.4	螺栓类	TJ－GZ－06	

序号 081－LJG2－15/19，高压电缆上杆，梢径 190，杆高 15m，柱上隔离（熔断器）开关，单路出线

序号	一级物料主表						二级子表清单							总重(kg)
	商品名称	规格型号	单位	商品图片	归类	国网配电网工程典型设计对应图号	物料名称	物料描述	单位	数量	单重(kg)	合重(kg)	物料归类	《成套化铁附件加工图通用设计》对应加工图号	
81	电缆固定支架成套铁附件	LJG2－15/19，高压电缆上杆，梢径190，杆高15m，柱上隔离（熔断器）开关，单路出线	套	081.pdf	电缆上杆	2016 年版 AZ－XT－04，AZ－XT－06	杆上电缆固定架	DLJ5－165，Q235，角钢 L50×5×165，L50×5×420；扁钢—50×5×200	副	5	2.6	13	支构架	图 6－70，TJ－ZJ－02	117.7
							杆上电缆固定架	DLJ6－400A，Q235，角钢 L63×6×400，L63×6×420；扁钢—60×6×200	副	1	5.26	5.3	支构架	图 6－74，TJ－ZJ－06	

| 序号 | 一级物料主表 | | | | | | 二级子表清单 | | | | | | | 总重（kg） |
	商品名称	规格型号	单位	商品图片	归类	国网配电网工程典型设计对应图号	物料名称	物料描述	单位	数量	单重（kg）	合重（kg）	物料归类	《成套化铁附件加工图通用设计》对应加工图号	
81	电缆固定支架成套铁附件	LJG2－15/19，高压电缆上杆，梢径190，杆高15m，柱上隔离（熔断器）开关，单路出线	套	081.pdf	电缆上杆	2016年版AZ－XT－04，AZ－XT－06	电缆卡抱	KBG4－90，Q235，扁钢—40×4×302	块	4	0.38	1.5	抱箍类	图6－55，TJ－BG－01	117.7
							杆上电缆保护管	DLHG－168B，镀锌钢管Φ168×4.0×3000，扁钢—5×50×50，—6×60×30	根	1	49.48	49.5	支构架	图6－63－1（TJ－HG－02）	
							横担抱箍	HBG6－260，Q235，扁钢—60×6×545，—120×5×115，—60×6×410	块	2	3.78	7.6	抱箍类	图6－58，TJ－BG－04	
							抱箍	BG6－260，Q235，扁钢—60×6×545，—50×5×100	块	2	1.94	3.9	抱箍类	图6－56，TJ－BG－02	
							横担抱箍	HBG6－280，Q235，扁钢—60×6×576，—120×5×125，—60×6×410	块	1	3.97	4	抱箍类	图6－58，TJ－BG－04	
							抱箍	BG6－280，Q235，扁钢—60×6×576，—50×5×100	块	1	2.03	2	抱箍类	图6－56，TJ－BG－02	
							横担抱箍	HBG6－300，Q235，扁钢—60×6×608，—120×5×135，—60×6×410	块	1	4.15	4.2	抱箍类	图6－58，TJ－BG－04	
							抱箍	BG6－300，Q235，扁钢—60×6×608，—50×5×100	块	1	2.12	2.1	抱箍类	图6－56，TJ－BG－02	
							横担抱箍	HBG6－320，Q235，扁钢—60×6×638，—120×5×145，—60×6×410	块	1	4.34	4.3	抱箍类	图6－58，TJ－BG－04	
							抱箍	BG6－320，Q235，扁钢—60×6×638，—50×5×100	块	1	2.21	2.2	抱箍类	图6－56，TJ－BG－02	
							横担抱箍	HBG6－340，Q235，扁钢—60×6×670，—120×5×155，—60×6×410	块	1	4.52	4.5	抱箍类	图6－58，TJ－BG－04	
							抱箍	BG6－340，Q235，扁钢—60×6×670，—50×5×100	块	1	2.3	2.3	抱箍类	图6－56，TJ－BG－02	
							单头螺栓	M16×40，两平一弹一帽	件	22	0.22	4.8	螺栓类	TJ－GZ－06	
							单头螺栓	M16×50，两平一弹一帽	件	12	0.24	2.9	螺栓类	TJ－GZ－06	
							单头螺栓	M16×80，两平一弹一帽	件	12	0.3	3.6	螺栓类	TJ－GZ－06	

序号 082－LJG2－15/23，高压电缆上杆，梢径 230，杆高 15m，柱上隔离（熔断器）开关，单路出线

序号	一级物料主表						二级子表清单							总重（kg）
	商品名称	规格型号	单位	商品图片	归类	国网配电网工程典型设计对应图号	物料名称	物料描述	单位	数量	单重（kg）	合重（kg）	物料归类	《成套化铁附件加工图通用设计》对应加工图号	
82	电缆固定支架成套铁附件	LJG2－15/23，高压电缆上杆，梢径230，杆高15m，柱上隔离（熔断器）开关，单路出线	套	082.pdf	电缆上杆	2016年版 AZ－XT－04，AZ－XT－06	杆上电缆固定架	DLJ5－165，Q235，角钢 L50×5×165，L50×5×420，扁钢—50×5×200	副	5	2.6	13	支构架	图6－70，TJ－ZJ－02	120.7
							杆上电缆固定架	DLJ6－400A，Q235，角钢 L63×6×400，L63×6×420；扁钢—60×6×200	副	1	5.26	5.3	支构架	图6－74，TJ－ZJ－06	
							电缆卡抱	KBG4－90，Q235，扁钢—40×4×302	块	4	0.38	1.5	抱箍类	图6－55，TJ－BG－01	
							杆上电缆保护管	DLHG－168B，镀锌钢管 Φ168×4.0×3000，扁钢—5×50×50，—6×60×30	根	1	49.48	49.5	支构架	图6－63－1（TJ－HG－02）	
							横担抱箍	HBG6－280，Q235，扁钢—60×6×576，—120×5×125，—60×6×410	块	1	3.97	4	抱箍类	图6－58，TJ－BG－04	
							抱箍	BG6－280，Q235，扁钢—60×6×576，—50×5×100	块	1	2.03	2	抱箍类	图6－56，TJ－BG－02	
							横担抱箍	HBG6－300，Q235，扁钢—60×6×608，—120×5×135，—60×6×410	块	1	4.15	4.2	抱箍类	图6－58，TJ－BG－04	
							抱箍	BG6－300，Q235，扁钢—60×6×608，—50×5×100	块	1	2.12	2.1	抱箍类	图6－56，TJ－BG－02	
							横担抱箍	HBG6－320，Q235，扁钢—60×6×638，—120×5×145，—60×6×410	块	1	4.34	4.3	抱箍类	图6－58，TJ－BG－04	
							抱箍	BG6－320，Q235，扁钢—60×6×638，—50×5×100	块	1	2.21	2.2	抱箍类	图6－56，TJ－BG－02	
							横担抱箍	HBG6－340，Q235，扁钢—60×6×670，—120×5×155，—60×6×410	块	1	4.52	4.5	抱箍类	图6－58，TJ－BG－04	
							抱箍	BG6－340，Q235，扁钢—60×6×670，—50×5×100	块	1	2.3	2.3	抱箍类	图6－56，TJ－BG－02	
							横担抱箍	HBG6－360，Q235，扁钢—60×6×701，—120×5×165，—60×6×410	块	1	4.69	4.7	抱箍类	图6－58，TJ－BG－04	
							抱箍	BG6－360，Q235，扁钢—60×6×701，—50×5×100	块	1	2.38	2.4	抱箍类	图6－56，TJ－BG－02	
							横担抱箍	HBG6－380，Q235，扁钢—60×6×733，—120×5×175，—60×6×410	块	1	4.88	4.9	抱箍类	图6－58，TJ－BG－04	
							抱箍	BG6－380，Q235，扁钢—60×6×733，—50×5×100	块	1	2.47	2.5	抱箍类	图6－56，TJ－BG－02	
							单头螺栓	M16×40，两平一弹一帽	件	22	0.22	4.8	螺栓类	TJ－GZ－06	
							单头螺栓	M16×50，两平一弹一帽	件	12	0.24	2.9	螺栓类	TJ－GZ－06	
							单头螺栓	M16×80，两平一弹一帽	件	12	0.3	3.6	螺栓类	TJ－GZ－06	

序号 083-LJG2-15/30，高压电缆上杆，梢径 300，杆高 15m，柱上隔离（熔断器）开关，单路出线

序号	一级物料主表						二级子表清单							总重 (kg)
	商品名称	规格型号	单位	商品图片	归类	国网配电网工程典型设计对应图号	物料名称	物料描述	单位	数量	单重(kg)	合重(kg)	物料归类	《成套化铁附件加工图通用设计》对应加工图号	
83	电缆固定支架成套铁附件	LJG2-15/30,高压电缆上杆,梢径300,杆高15m,柱上隔离（熔断器）开关,单路出线	套	083.pdf	电缆上杆	2016年版 AZ-XT-04, AZ-XT-06	杆上电缆固定架	DLJ5-165，Q235，角钢 L50×5×165，L50×5×420；扁钢—50×5×200	副	5	2.6	13	支构架	图6-70，TJ-ZJ-02	118.2
							杆上电缆固定架	DLJ6-400A，Q235，角钢 L63×6×400，L63×6×420；扁钢—60×6×200	副	1	5.26	5.3	支构架	图6-74，TJ-ZJ-06	
							电缆卡抱	KBG4-90，Q235，扁钢—40×4×302	块	4	0.38	1.5	抱箍类	图6-55，TJ-BG-01	
							杆上电缆保护管	DLHG-168B，镀锌钢管 Φ168×4.0×3000，扁钢—5×50×50，—6×60×30	副	1	49.48	49.5	支构架	图6-63-1（TJ-HG-02）	
							横担抱箍	HBG6-300，Q235，扁钢—60×6×608，—120×5×135，—60×6×410	块	6	4.15	24.9	抱箍类	图6-58，TJ-BG-04	
							抱箍	BG6-300，Q235，扁钢—60×6×608，—50×5×100	块	6	2.12	12.7	抱箍类	图6-56，TJ-BG-02	
							单头螺栓	M16×40，两平一弹一帽	件	22	0.22	4.8	螺栓类	TJ-GZ-06	
							单头螺栓	M16×50，两平一弹一帽	件	12	0.24	2.9	螺栓类	TJ-GZ-06	
							单头螺栓	M16×80，两平一弹一帽	件	12	0.3	3.6	螺栓类	TJ-GZ-06	

序号 084-LJG1-ZJT13，高压电缆上杆，窄基塔高 13m，柱上（分界）断路器，单路出线

序号	一级物料主表						二级子表清单							总重 (kg)
	商品名称	规格型号	单位	商品图片	归类	国网配电网工程典型设计对应图号	物料名称	物料描述	单位	数量	单重(kg)	合重(kg)	物料归类	《成套化铁附件加工图通用设计》对应加工图号	
84	电缆固定支架成套铁附件	LJG1-ZJT13，高压电缆上杆,窄基塔高13m,柱上（分界）断路器,单路出线	套	084.pdf	电缆上杆	2016年版 AZ-XT-05	杆上电缆固定架	DLJ6-400A，Q235，角钢 L63×6×400，L63×6×420；扁钢—60×6×200	副	4	5.26	21	支构架	图6-74，TJ-ZJ-06	102.7
							窄基塔电缆固定支架夹铁	JT4-205，Q235，角钢 L40×4×410	副	8	2.6	20.8	支构架	TJ-GJ-01	
							电缆卡抱	KBG4-90，Q235，扁钢—40×4×302	块	2	0.38	0.8	抱箍类	图6-55，TJ-BG-01	
							杆上电缆保护管	DLHG-168B，镀锌钢管 Φ168×4.0×3000，扁钢—5×50×50，—6×60×30	根	1	49.48	49.5	支构架	图6-63-1（TJ-HG-02）	
							单头螺栓	M16×40，两平一弹一帽	件	22	0.22	4.8	螺栓类	TJ-GZ-06	
							单头螺栓	M16×50，两平一弹一帽	件	24	0.24	5.8	螺栓类	TJ-GZ-06	

序号 085-LJG1-ZJT15，高压电缆上杆，窄基塔高 15m，柱上（分界）断路器，单路出线

序号	一级物料主表						二级子表清单							总重(kg)
	商品名称	规格型号	单位	商品图片	归类	国网配电网工程典型设计对应图号	物料名称	物料描述	单位	数量	单重(kg)	合重(kg)	物料归类	《成套化铁附件加工图通用设计》对应加工图号	
85	电缆固定支架成套铁附件	LJG1-ZJT15，高压电缆上杆，窄基塔高15m，柱上（分界）断路器，单路出线	套	085.pdf	电缆上杆	2016年版AZ-XT-05	杆上电缆固定架	DLJ6-400A，Q235，角钢 L63×6×400，L63×6×420；扁钢—60×6×200	副	5	5.26	26.3	支构架	图 6-74，TJ-ZJ-06	115.4
							窄基塔电缆固定支架夹铁	JT4-205，Q235，角钢 L40×4×410	副	10	2.6	26	支构架	TJ-GJ-01	
							电缆卡抱	KBG4-90，Q235，扁钢—40×4×302	块	3	0.38	1.1	抱箍类	图 6-55，TJ-BG-01	
							杆上电缆保护管	DLHG-168B，镀锌钢管 Φ168×4.0×3000，扁钢—5×50×50，—6×60×30	根	1	49.48	49.5	支构架	图 6-63-1（TJ-HG-02）	
							单头螺栓	M16×40，两平一弹一帽	件	24	0.22	5.3	螺栓类	TJ-GZ-06	
							单头螺栓	M16×50，两平一弹一帽	件	30	0.24	7.2	螺栓类	TJ-GZ-06	

序号 086-LJG2-ZJT13，高压电缆上杆，窄基塔高 13m，柱上隔离（熔断器）开关，单路出线

序号	一级物料主表						二级子表清单							总重(kg)
	商品名称	规格型号	单位	商品图片	归类	国网配电网工程典型设计对应图号	物料名称	物料描述	单位	数量	单重(kg)	合重(kg)	物料归类	《成套化铁附件加工图通用设计》对应加工图号	
86	电缆固定支架成套铁附件	LJG2-ZJT13 电缆上塔成套铁附件，窄基塔高13m，柱上隔离（熔断器）开关，单路出线	套	086.pdf	电缆上杆	2016年版AZ-XT-05	杆上电缆固定架	DLJ6-400A，Q235，角钢 L63×6×400，L63×6×420；扁钢—60×6×200	副	5	5.26	26.3	支构架	图 6-74，TJ-ZJ-06	115.4
							窄基塔电缆固定支架夹铁	JT4-205，Q235，角钢 L40×4×410	副	10	2.6	26	支构架	TJ-GJ-01	
							电缆卡抱	KBG4-90，Q235，扁钢—40×4×302	块	3	0.38	1.1	抱箍类	图 6-55，TJ-BG-01	
							杆上电缆保护管	DLHG-168B，镀锌钢管 Φ168×4.0×3000，扁钢—5×50×50，—6×60×30	根	1	49.48	49.5	支构架	图 6-63-1（TJ-HG-02）	
							单头螺栓	M16×40，两平一弹一帽	件	24	0.22	5.3	螺栓类	TJ-GZ-06	
							单头螺栓	M16×50，两平一弹一帽	件	30	0.24	7.2	螺栓类	TJ-GZ-06	

序号 087－LJG2－ZJT15，高压电缆上杆，窄基塔高 15m，柱上隔离（熔断器）开关，单路出线

序号	一级物料主表						二级子表清单							总重（kg）
	商品名称	规格型号	单位	商品图片	归类	国网配电网工程典型设计对应图号	物料名称	物料描述	单位	数量	单重（kg）	合重（kg）	物料归类	《成套化铁附件加工图通用设计》对应加工图号	
87	电缆固定支架成套铁附件	LJG2－ZJT15，高压电缆上杆，窄基塔高 15m，柱上隔离（熔断器）开关，单路出线	套	087.pdf	电缆上杆	2016 年版 AZ－XT－05	杆上电缆固定架	DLJ6－400A，Q235，角钢 L63×6×400，L63×6×420；扁钢—60×6×200	副	6	5.26	31.6	支构架	图 6－74，TJ－ZJ－06	128.1
							窄基塔电缆固定支架夹铁	JT4－205，Q235，角钢 L40×4×410	副	12	2.6	31.2	支构架	TJ－GJ－01	
							电缆卡抱	KBG4－90，Q235，扁钢—40×4×302	块	4	0.38	1.5	抱箍类	图 6－55，TJ－BG－01	
							杆上电缆保护管	DLHG－168B，镀锌钢管 Φ168×4.0×3000，扁钢—5×50×50，—6×60×30	根	1	49.48	49.5	支构架	图 6－63－1（TJ－HG－02）	
							单头螺栓	M16×40，两平一弹一帽	件	26	0.22	5.7	螺栓类	TJ－GZ－06	
							单头螺栓	M16×50，两平一弹一帽	件	36	0.24	8.6	螺栓类	TJ－GZ－06	

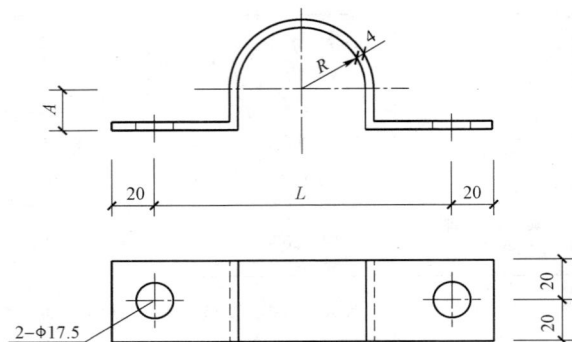

选 用 表

物料编码	型号	R (mm)	A	规格	L	长度 (mm)	单位 (块)	质量(kg)	ZCYJV22-0.6/1kV		ZCYJV22-8.7/15kV	钢管	适用范围
									四芯 (mm²)	五芯 (mm²)	三芯 (mm²)		
500019063	KBG4-40	20	10	—40×4		223	1	0.28	25~50	25~50			
500018853	KBG4-50	25	15	—40×4		239	1	0.31	70~120	70~95			
500018854	KBG4-64	32	21	—40×4	140	259	1	0.33	150~185	120~150			
500018855	KBG4-70	35	25	—40×4		270	1	0.34	240	185	70~120		上杆电缆用
500018856	KBG4-80	40	30	—40×4		286	1	0.36		240	150~185		
500035114	KBG4-90	45	35	—40×4		302	1	0.38			240~300		
500018852	KBG4-110	55	45	—40×4		423	1	0.53			400	φ100	钢管卡抱 上杆电缆保护管用
500035115	KBG4-160	80	70	—40×4	230	502	1	0.63				φ150	
500069002	KBG4-200	100	90	—40×4		565	1	0.71				φ200	

注：每块电缆卡抱配单头螺栓 M16×40 各 2 件。

图 6-55　电缆卡抱制造图（KBG4）（TJ-BG-01）

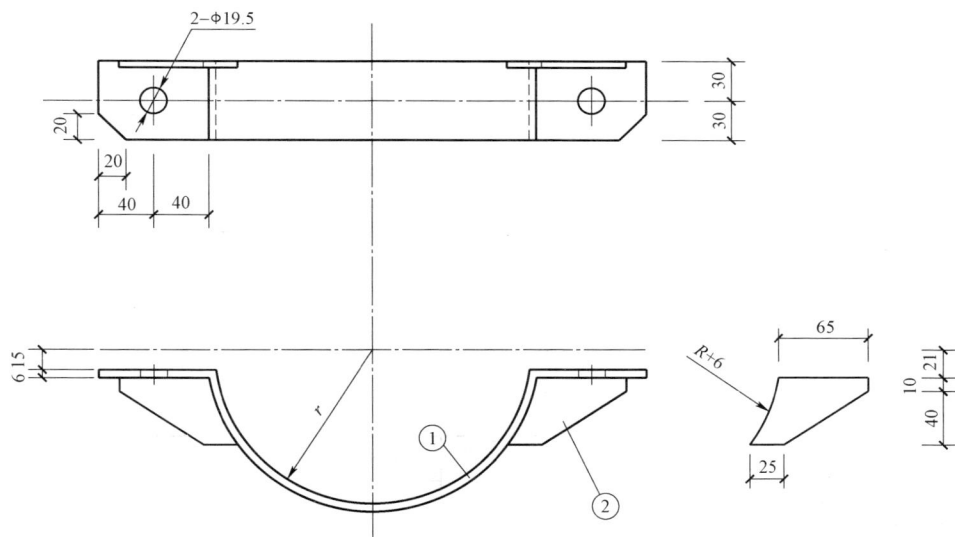

选 用 表

物料编码	型号	r (mm)	下料长度(mm)	质量（kg）	单位（块）	总质量（kg）
500019003	BG6－160	80	390	1.10	1	1.50
500018830	BG6－200	100	457	1.29	1	1.69
500059292	BG6－210	105	470	1.33	1	1.73
500018864	BG6－220	110	484	1.37	1	1.77
500018831	BG6－240	120	514	1.45	1	1.85
500019005	BG6－260	130	545	1.54	1	1.94
500019006	BG6－280	140	576	1.63	1	2.03
500018832	BG6－300	150	608	1.72	1	2.12
500019007	BG6－320	160	638	1.81	1	2.21
500018833	BG6－340	170	670	1.90	1	2.30
500018834	BG6－360	180	701	1.98	1	2.38
500018835	BG6－380	190	733	2.07	1	2.47
500018836	BG6－400	200	764	2.16	1	2.56
500018837	BG6－420	210	796	2.25	1	2.65
500019008	BG6－440	220	827	2.34	1	2.74
500019009	BG6－460	230	859	2.43	1	2.83
500019010	BG6－480	240	890	2.52	1	2.92
500019011	BG6－500	250	921	2.61	1	3.01

材 料 表

编号	名称	规格	单位	数量	质量（kg）	备注
①	扁钢	—60×6×L	块	1	见选用表	
②	加劲板	—50×5×100	块	2	0.4	

图 6－56　半圆抱箍制造图（BG6）（TJ－BG－02）

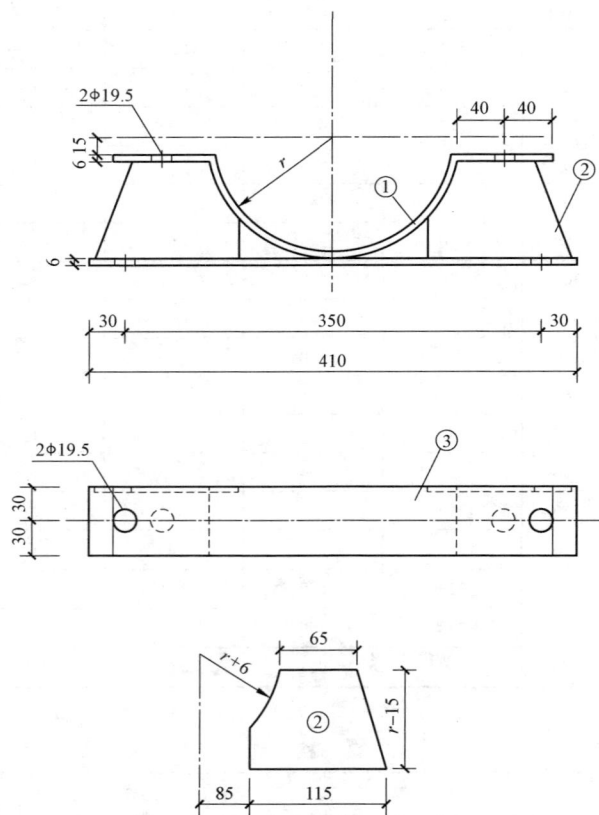

选 用 表

物料编码	型号	r (mm)	下料长度 (mm)	质量 (kg)	单位 (块)	总重 (kg)
500018890	HBG6－160	80	390	1.10	1	3.06
500018891	HBG6－200	100	457	1.29	1	3.25
500126943	HBG6－210	105	470	1.33	1	3.34
500019098	HBG6－220	110	484	1.37	1	3.42
500018892	HBG6－240	120	514	1.45	1	3.60
500019099	HBG6－260	130	545	1.54	1	3.78
500018893	HBG6－280	140	576	1.63	1	3.97
500019100	HBG6－300	150	608	1.72	1	4.15
500019101	HBG6－320	160	638	1.81	1	4.34
500019102	HBG6－340	170	670	1.90	1	4.52
500019103	HBG6－360	180	701	1.98	1	4.69
500019104	HBG6－380	190	733	2.07	1	4.88
500019105	HBG6－400	200	764	2.16	1	5.06
500019106	HBG6－420	210	796	2.25	1	5.25

材 料 表

编号	名称	规格	单位	数量	质量 (kg)	备注
①	扁钢	—60×6×L	块	1	见选用表	
②	加劲板	—120×5×（r－15）	块	2		
③	扁钢	—60×6×410	块	1	1.16	

图 6－58　半圆横担抱箍制造图（HBG6）（TJ－BG－04）

·112· 国网福建省电力有限公司配电网工程通用设计　成套化铁附件加工图

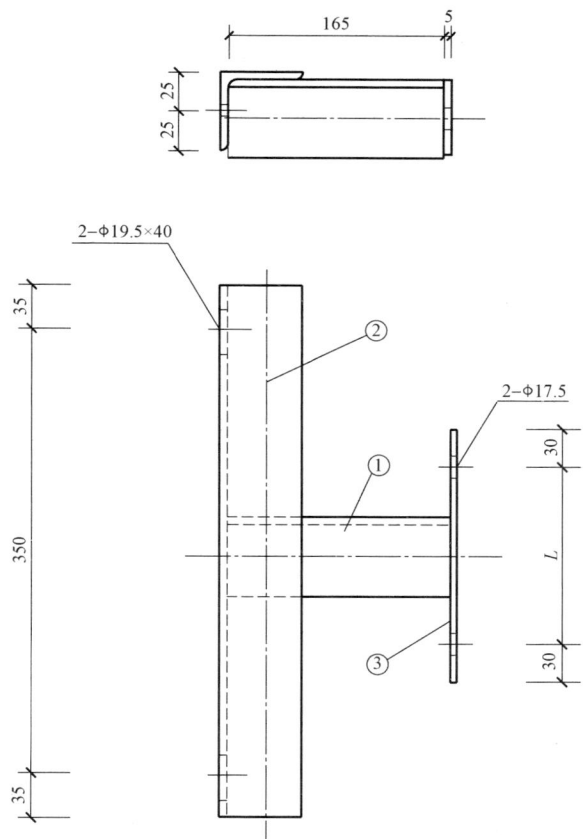

选 用 表

物料编码	型号	适用范围	单位（副）	质量（kg）
500055071	DLJ5－165	杆上电缆固定架	1	2.60
500055059	DLJ5－165G	杆上电缆保护管固定架	1	2.77

材 料 表

编号	名称	规格	L（mm）	单位	数量	质量（kg）	备注
①	角钢	L50×5×165		块	1	0.62	
②	角钢	L50×5×420		块	1	1.58	
③	扁钢	—50×5×200	140	块	1	0.40	用于固定电缆
	扁钢	—50×5×290	230	块	1	0.57	用于固定钢管

图 6－70　杆上电缆固定架制造图（DLJ5－165）（TJ－ZJ－02）

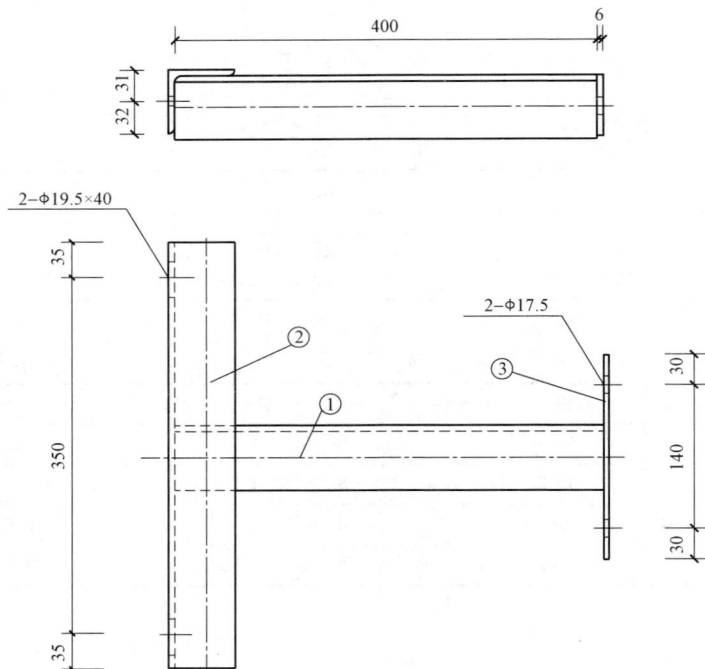

选 用 表

物料编码	型号	适用范围	单位1903（副）	质量（kg）
500126939	DLJ6－400A	杆上电缆头安装架	1	5.26

材 料 表

编号	名称	规格	单位	数量	质量（kg）	备注
①	角钢	L63×6×400	块	1	2.29	
②	角钢	L63×6×420	块	1	2.40	
③	扁钢	—60×6×200	块	1	0.57	

图 6－74　杆上电缆头安装架制造图（DLJ6－400）（TJ－ZJ－06）

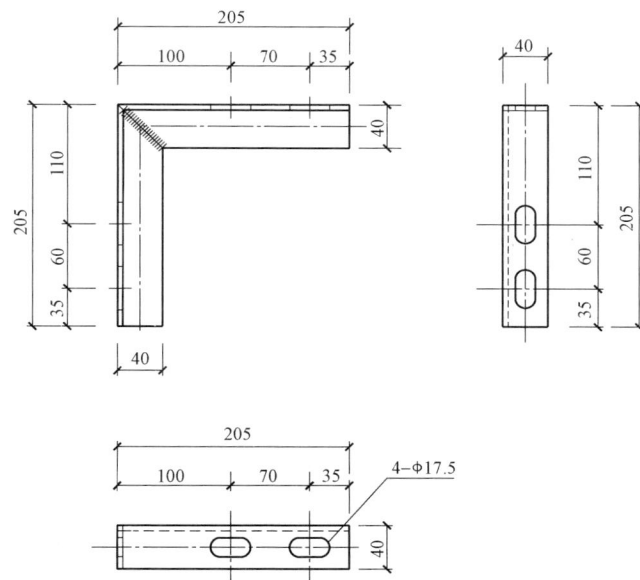

窄基塔电缆固定架夹铁

材　料　表

型号	序号	名称	规格（mm）	长度（mm）	数量	单重（kg）	总重（kg）	备注
JT4－205	1	角钢	L40×4	410	2	0.99	2.6	
	2	螺栓	M16	40	4	0.16		

说明：1. 铁件均需热镀锌。

　　　2. 材料表中的角钢材料为 Q235。

　　　3. 每套电缆固定架配 2 套固定架夹铁。

TJ－GJ－01　窄基塔电缆固定架夹铁制造图

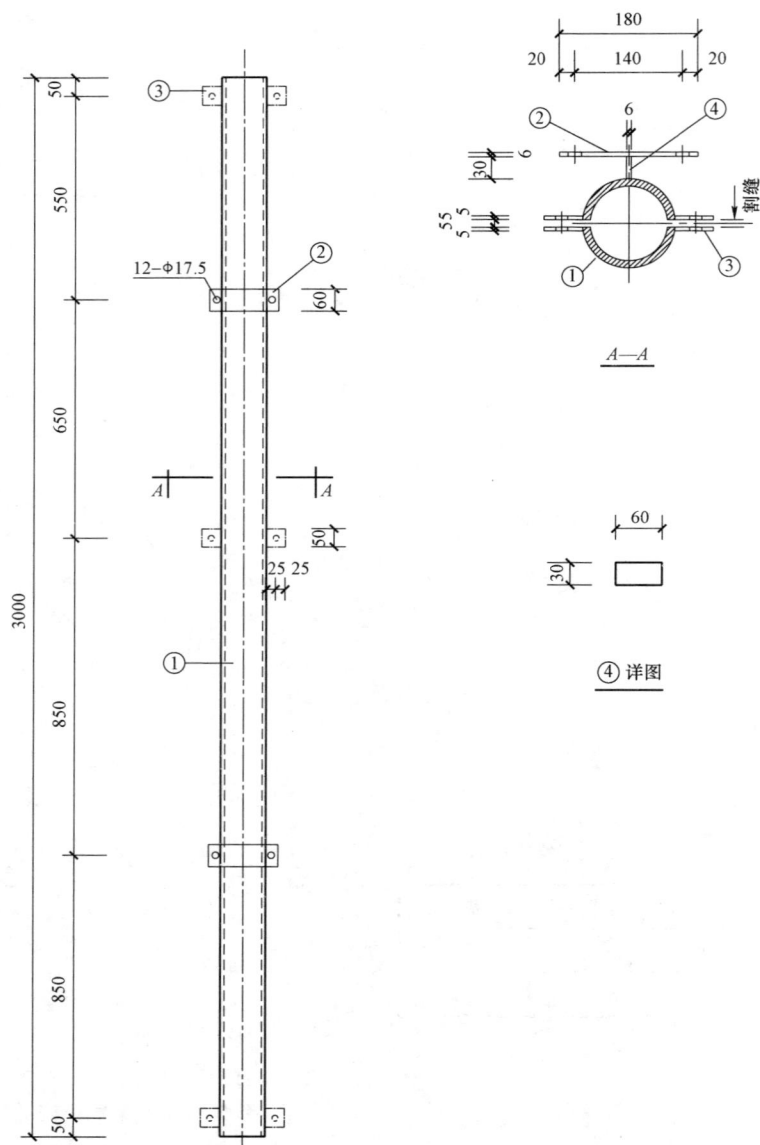

选 用 表

物料编码	型号	外径×壁厚×长度 (mm)	质量（kg）	单位 (1909：副)	总重（kg）
500067769	DLHG－114B	114×3.2×3000	26.22	1	28.00
500033932	DLHG－168B	168×4.0×3000	47.7	1	49.48

材 料 表

编号	名称	规格	单位	数量	质量（kg）	备注
①	钢管	见选用表	根	1	见选用表	
②	扁钢	—60×6×180	块	2	1.02	
③	扁钢	—5×50×50	块	12	0.59	
④	扁钢	—6×60×30	块	2	0.17	

图 6－63－1　杆上电缆保护管制造图（DLHG－B）（TJ－HG－02）

（二）电缆固定支架成套（低压电缆，钢绞线杆上固定抱箍）

序号088-BG6-2-150，低压电缆架空挂敷，梢径150，单路

序号	一级物料主表						二级子表清单							总重(kg)
	商品名称	规格型号	单位	商品图片	归类	国网配电网工程典型设计对应图号	物料名称	物料描述	单位	数量	单重(kg)	合重(kg)	物料归类	《成套化铁附件加工图通用设计》对应加工图号	
88	电缆抱箍成套铁附件	BG6-2-150,低压电缆架空挂敷,梢径150,单路	套	088.pdf	电缆铁附件	2018年版图19-11,图19-13	杆上电缆固定抱箍	BG6-2-150,抱箍板1:—60×6×378,抱箍板2:—60×6×539	副	1	2.6	2.6	抱箍类	图19-33	3.2
							单头螺栓	M16×80,两平一弹一帽	件	2	0.3	0.6	螺栓类	TJ-GZ-06	

序号089-BG6-2-190，低压电缆架空挂敷，梢径190，单路

序号	一级物料主表						二级子表清单							总重(kg)
	商品名称	规格型号	单位	商品图片	归类	国网配电网工程典型设计对应图号	物料名称	物料描述	单位	数量	单重(kg)	合重(kg)	物料归类	《成套化铁附件加工图通用设计》对应加工图号	
89	电缆抱箍成套铁附件	BG6-2-190,低压电缆架空挂敷,梢径190,单路	套	089.pdf	电缆铁附件	2018年版图19-11,图19-13	杆上电缆固定抱箍	BG6-2-190,抱箍板1:—60×6×441,抱箍板2:—60×6×601	副	1	3	3	抱箍类	图19-33	3.6
							单头螺栓	M16×80,两平一弹一帽	件	2	0.3	0.6	螺栓类	TJ-GZ-06	

序号090-BG6-2-230，低压电缆架空挂敷，梢径230，单路

序号	一级物料主表						二级子表清单							总重(kg)
	商品名称	规格型号	单位	商品图片	归类	国网配电网工程典型设计对应图号	物料名称	物料描述	单位	数量	单重(kg)	合重(kg)	物料归类	《成套化铁附件加工图通用设计》对应加工图号	
90	电缆抱箍成套铁附件	BG6-2-230,低压电缆架空挂敷,梢径230,单路	套	090.pdf	电缆铁附件	2018年版图19-11,图19-13	杆上电缆固定抱箍	BG6-2-230,抱箍板1:—60×6×503,抱箍板2:—60×6×665	副	1	3.3	3.3	抱箍类	图19-33	3.9
							单头螺栓	M16×80,两平一弹一帽	件	2	0.3	0.6	螺栓类	TJ-GZ-06	

序号 091－BG6－2－260，低压电缆架空挂敷，梢径 260，单路

序号	一级物料主表						二级子表清单							总重(kg)
	商品名称	规格型号	单位	商品图片	归类	国网配电网工程典型设计对应图号	物料名称	物料描述	单位	数量	单重(kg)	合重(kg)	物料归类	《成套化铁附件加工图通用设计》对应加工图号	
91	电缆抱箍成套铁附件	BG6－2－260，低压电缆架空挂敷，梢径260，单路	套	091.pdf	电缆铁附件	2018年版图19－11，图19－13	杆上电缆固定抱箍	BG6－2－260，抱箍板1：—60×6×555，抱箍板2：—60×6×717	副	1	3.6	3.6	抱箍类	图19－33	4.2
							单头螺栓	M16×80，两平一弹一帽	件	2	0.3	0.6	螺栓类	TJ－GZ－06	

序号 092－BG6－3－150，低压电缆架空挂敷，梢径 150，双路

序号	一级物料主表						二级子表清单							总重(kg)
	商品名称	规格型号	单位	商品图片	归类	国网配电网工程典型设计对应图号	物料名称	物料描述	单位	数量	单重(kg)	合重(kg)	物料归类	《成套化铁附件加工图通用设计》对应加工图号	
92	电缆抱箍成套铁附件	BG6－3－150，低压电缆架空挂敷，梢径150，双路	套	092.pdf	电缆铁附件	2018年版图19－12，图19－13	杆上电缆固定抱箍	BG6－3－150，抱箍板：—60×6×539	副	1	3.06	3.1	抱箍类	图19－33－1	3.7
							单头螺栓	M16×80，两平一弹一帽	件	2	0.3	0.6	螺栓类	TJ－GZ－06	

序号 093－BG6－3－190，低压电缆架空挂敷，梢径 190，双路

序号	一级物料主表						二级子表清单							总重(kg)
	商品名称	规格型号	单位	商品图片	归类	国网配电网工程典型设计对应图号	物料名称	物料描述	单位	数量	单重(kg)	合重(kg)	物料归类	《成套化铁附件加工图通用设计》对应加工图号	
93	电缆抱箍成套铁附件	BG6－3－190，低压电缆架空挂敷，梢径190，双路	套	093.pdf	电缆铁附件	2018年版图19－12，图19－13	杆上电缆固定抱箍	BG6－3－190，抱箍板：—60×6×601	副	1	3.4	3.4	抱箍类	图19－33－1	4
							单头螺栓	M16×80，两平一弹一帽	件	2	0.3	0.6	螺栓类	TJ－GZ－06	

序号 094－BG6－3－230，低压电缆架空挂敷，梢径 230，双路

序号	一级物料主表						二级子表清单							总重(kg)
	商品名称	规格型号	单位	商品图片	归类	国网配电网工程典型设计对应图号	物料名称	物料描述	单位	数量	单重(kg)	合重(kg)	物料归类	《成套化铁附件加工图通用设计》对应加工图号	
94	电缆抱箍成套铁附件	BG6－3－230，低压电缆架空挂敷，梢径230，双路	套	094.pdf	电缆铁附件	2018年版图19－12，图19－13	杆上电缆固定抱箍	BG6－3－230，抱箍板：—60×6×665	副	1	3.76	3.8	抱箍类	图19－33－1	4.4
							单头螺栓	M16×80，两平一弹一帽	件	2	0.3	0.6	螺栓类	TJ－GZ－06	

序号 095－BG6－3－260，低压电缆架空挂敷，梢径 260，双路

序号	一级物料主表						二级子表清单							总重(kg)
	商品名称	规格型号	单位	商品图片	归类	国网配电网工程典型设计对应图号	物料名称	物料描述	单位	数量	单重(kg)	合重(kg)	物料归类	《成套化铁附件加工图通用设计》对应加工图号	
95	电缆抱箍成套铁附件	BG6－3－260，低压电缆架空挂敷，梢径260，双路	套	095.pdf	电缆铁附件	2018年版图19－12，图19－13	杆上电缆固定抱箍	BG6－3－260，抱箍板：—60×6×717	副	1	4.04	4	抱箍类	图19－33－1	4.6
							单头螺栓	M16×80，两平一弹一帽	件	2	0.3	0.6	螺栓类	TJ－GZ－06	

跳线抱箍材料及适用表（一）

型号	物料编码	编号	名称	规格（mm）	长度（mm）	数量	单重（kg）	总重（kg）	适用主杆直径（mm）
BG6-2-150	500051212	①	抱箍板1	—60×6	378	1	1.07	3.00	140—165
		②	抱箍板2	—60×6	539	1	1.53		
		③	螺栓	M16×80	80	2	0.30		
		④	螺母	AM16		2	0.10		
BG6-2-190	500027665	①	抱箍板1	—60×6	441	1	1.25	3.35	190—215
		②	抱箍板2	—60×6	601	1	1.70		
		③	螺栓	M16×80	80	2	0.30		
		④	螺母	AM16		2	0.10		
BG6-2-230	500018594	①	抱箍板1	—60×6	503	1	1.42	3.70	230—255
		②	抱箍板2	—60×6	665	1	1.88		
		③	螺栓	M16×80	80	2	0.30		
		④	螺母	AM16		2	0.10		
BG6-2-260	500018596	①	抱箍板1	—60×6	555	1	1.57	4.39	260—275
		②	抱箍板2	—60×6	717	1	2.02		
		③	螺栓	M16×80	80	2	0.30		
		④	螺母	AM16		2	0.10		

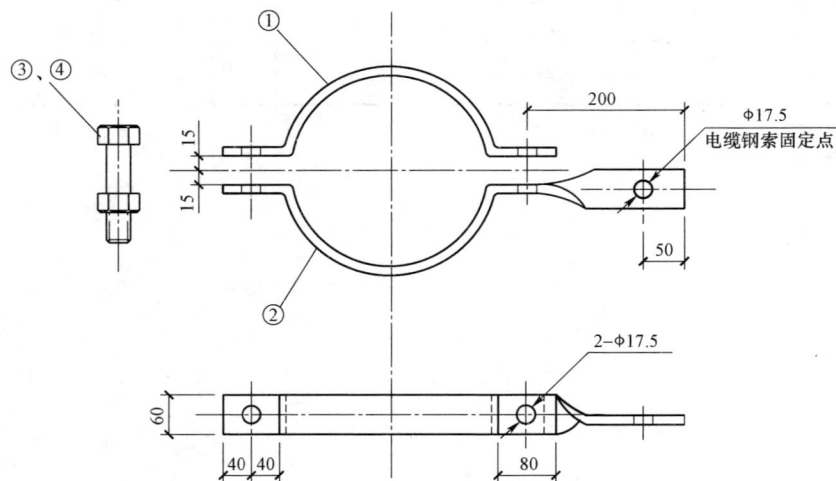

说明：1. 本图适用于杆上单回电缆钢索架空敷设固定支架。

2. 所有铁件均采用热镀锌防腐。

3. 电缆钢索固定点可与单槽夹板配合使用。

4. 材料表中的角钢材料为Q235。

图 19-33　跳线抱箍加工图（杆上电缆固定）（1 回）

跳线抱箍材料及适用表（二）

型号	物料编码	编号	名称	规格（mm）	长度（mm）	数量	单重（kg）	总重（kg）	适用主杆直径（mm）
BG6－3－150	500051088	①	抱箍板	－60×6	539	2	3.06	3.8	140～165
		②	螺栓	M16×80	80	2	0.30		
		③	螺母	AM16		2	0.10		
BG6－3－190	500018740	①	抱箍板	－60×6	601	2	3.40	4.1	190～215
		②	螺栓	M16×80	80	2	0.30		
		③	螺母	AM16		2	0.10		
BG6－3－230	500026737	①	抱箍板	－60×6	665	2	3.76	4.5	230～255
		②	螺栓	M16×80	80	2	0.30		
		③	螺母	AM16		2	0.10		
BG6－3－260	500026739	①	抱箍板	－60×6	717	2	4.04	4.7	260～275
		②	螺栓	M16×80	80	2	0.30		
		③	螺母	AM16		2	0.10		

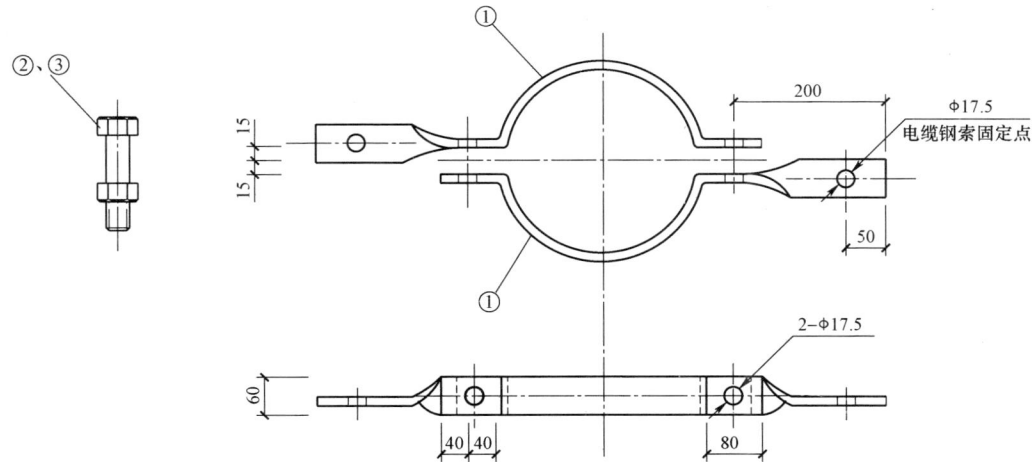

说明：1. 本图适用于杆上双回电缆钢索架空敷设固定支架。

2. 所有铁件均采用热镀锌防腐。

3. 电缆钢索固定点可与单槽夹板配合使用。

4. 材料表中的角钢材料为Q235。

图 19－33－1　跳线抱箍加工图（杆上电缆固定）（2 回）

（三）电缆固定支架成套（低压电缆沿墙敷设，墙装固定架）

序号096－直线，L50×5，400mm，墙装，L型，单路

序号	一级物料主表						二级子表清单							总重(kg)
	商品名称	规格型号	单位	商品图片	归类	国网配电网工程典型设计对应图号	物料名称	物料描述	单位	数量	单重(kg)	合重(kg)	物料归类	《成套化铁附件加工图通用设计》对应加工图号	
96	电缆固定支架成套铁附件	直线，L50×5，400mm，墙装，L型，单路	套	96.pdf	电缆铁附件	2018年版图19-19-1，图19-20，图19-21	电缆直线L型墙担	角钢：Q235，L50×5×400	副	1	1.51	1.5	墙担类	图19-31	2.3
							单头螺栓	M16×80，两平一弹一帽	件	1	0.3	0.3	螺栓类	TJ-GZ-06	
							膨胀螺栓	M12×100，不锈钢	根	2	0.24	0.5	螺栓类	TJ-GZ-06	

序号097－直线，L50×5，750mm，墙装，T型，双路

序号	一级物料主表						二级子表清单							总重(kg)
	商品名称	规格型号	单位	商品图片	归类	国网配电网工程典型设计对应图号	物料名称	物料描述	单位	数量	单重(kg)	合重(kg)	物料归类	《成套化铁附件加工图通用设计》对应加工图号	
97	电缆固定支架成套铁附件	直线，L50×5，750mm，墙装，T型，双路	套	97.pdf	电缆铁附件	2018年版图19-19-1，图19-20，图19-21	电缆直线T型墙担	角钢：Q235，L50×5×450，L50×5×300，圆钢φ16×400	副	1	3.4	3.4	墙担类	图19-32	5.1
							单头螺栓	M16×80，两平一弹一帽	件	2	0.3	0.6	螺栓类	TJ-GZ-06	
							单头螺栓	M12×40，两平一弹一帽	件	1	0.12	0.1	螺栓类	TJ-GZ-06	
							膨胀螺栓	M12×100，不锈钢	根	4	0.24	1	螺栓类	TJ-GZ-06	

序号098－转角，L50×5，500mm，墙装，半Y型，单路

序号	一级物料主表						二级子表清单							总重(kg)
	商品名称	规格型号	单位	商品图片	归类	国网配电网工程典型设计对应图号	物料名称	物料描述	单位	数量	单重(kg)	合重(kg)	物料归类	《成套化铁附件加工图通用设计》对应加工图号	
98	电缆固定支架成套铁附件	转角，L50×5，500mm，墙装，半Y型，单路	套	98.pdf	电缆铁附件	2018年版图19-22-2	电缆转角墙担	角钢：Q235，L50×5×500	副	1	1.89	1.9	墙担类	图19-22-2	3
							单头螺栓	M16×80，两平一弹一帽	件	2	0.3	0.6	螺栓类	TJ-GZ-06	
							膨胀螺栓	M12×100，不锈钢	根	2	0.24	0.5	螺栓类	TJ-GZ-06	

序号 099－终端，L63×6，300mm，墙装，一字型，单路

序号	一级物料主表							二级子表清单							总重（kg）
	商品名称	规格型号	单位	商品图片	归类	国网配电网工程典型设计对应图号		物料名称	物料描述	单位	数量	单重（kg）	合重（kg）	物料归类	《成套化铁附件加工图通用设计》对应加工图号	
99	电缆固定支架成套铁附件	终端，L63×6，300mm，墙装，一字型，单路	套	99.pdf	电缆铁附件	2018年版图19-19-1		电缆终端墙担	角钢：Q235，L63×6×300	副	1	1.72	1.7	墙担类	图19-22-1	3
								单头螺栓	M16×80，两平一弹一帽	件	2	0.3	0.6	螺栓类	TJ-GZ-06	
								膨胀螺栓	M12×100，不锈钢	根	3	0.24	0.7	螺栓类	TJ-GZ-06	

材 料 表

型号	物料编码	编号	名称	规格（mm）	长度（mm）	数量	单重（kg）
QDZ5－250	500019388	1	角钢	L50×5	400	1	1.51

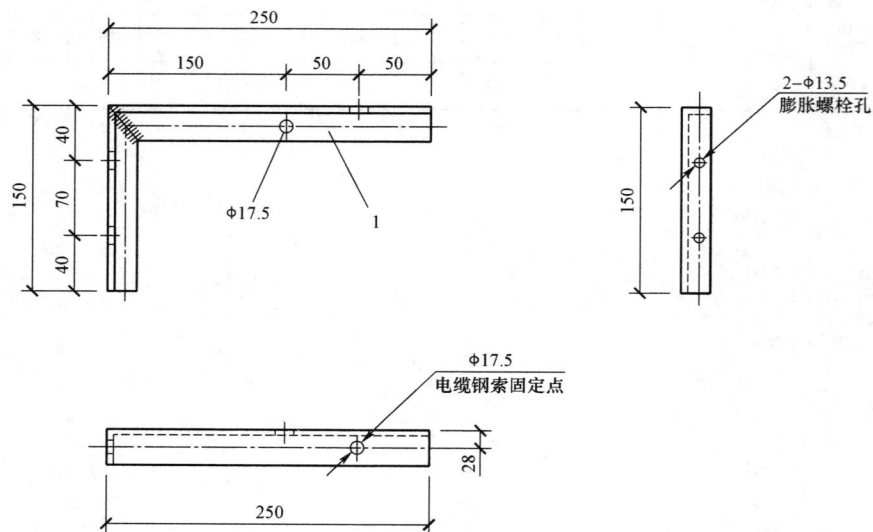

L型电缆墙担支架加工图（1回）
QD5－250

说明：1. 本图适用于钢索沿墙直线固定墙担。

2. 电缆钢索固定点可与单槽夹板配合使用。

3. 所有铁件均采用热镀锌防腐。

4. 材料表中的角钢材料为 Q235。

图 19－31 L型电缆直线墙担加工图

材 料 表

型号	物料编码	编号	名称	规格（mm）	长度（mm）	数量	单重（kg）	总重（kg）
QDZ5－Z450	500019392	①	角钢	L50×5	450	1	1.70	
		②	角钢	L50×5	300	1	1.13	3.40
		③	圆钢	Φ16	400	1	0.63	

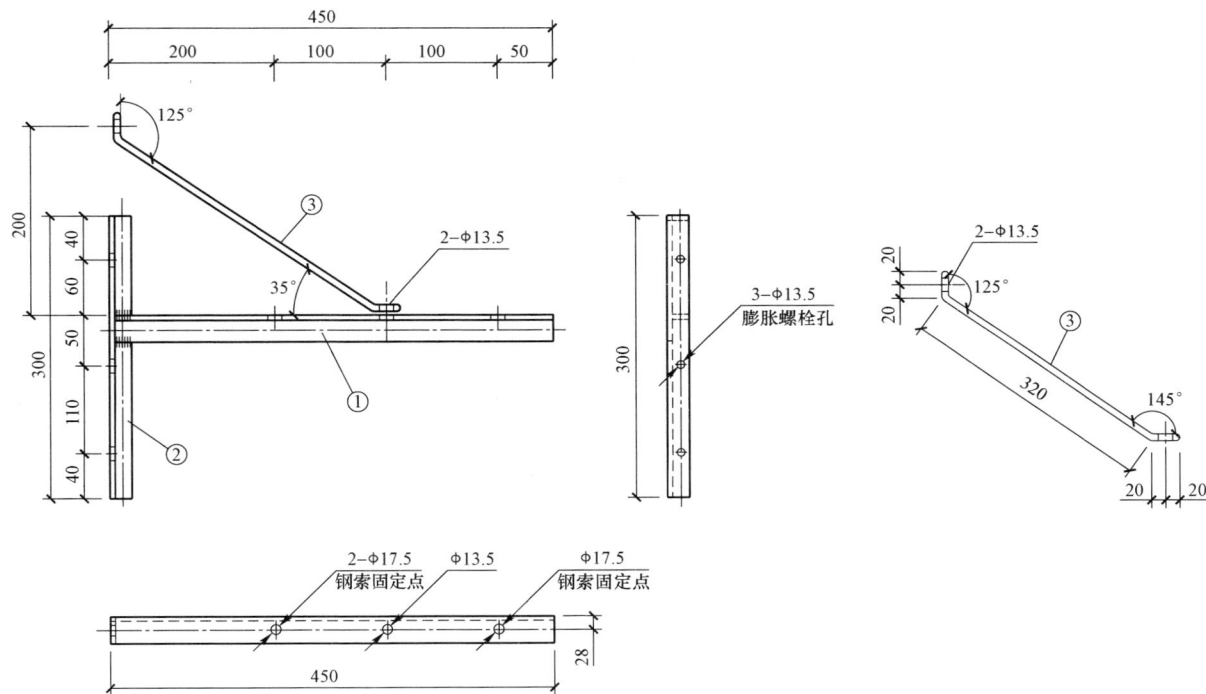

电缆直线固定墙担加工图（2回）
QD5－450

说明：1. 本图适用于钢索沿墙直线固定墙担。

　　　2. 电缆钢索固定点可与单槽夹板配合使用。

　　　3. 所有铁件均采用热镀锌防腐。

　　　4. 材料表中的角钢材料为Q235。

图 19－32　T 型电缆直线墙担加工图

材 料 表

型号	序号	物料编码	名称	规格	单位	数量	质量（kg）	备注
QDD6－300	1	500019427	角钢	L63×6×300	块	1	1.72	

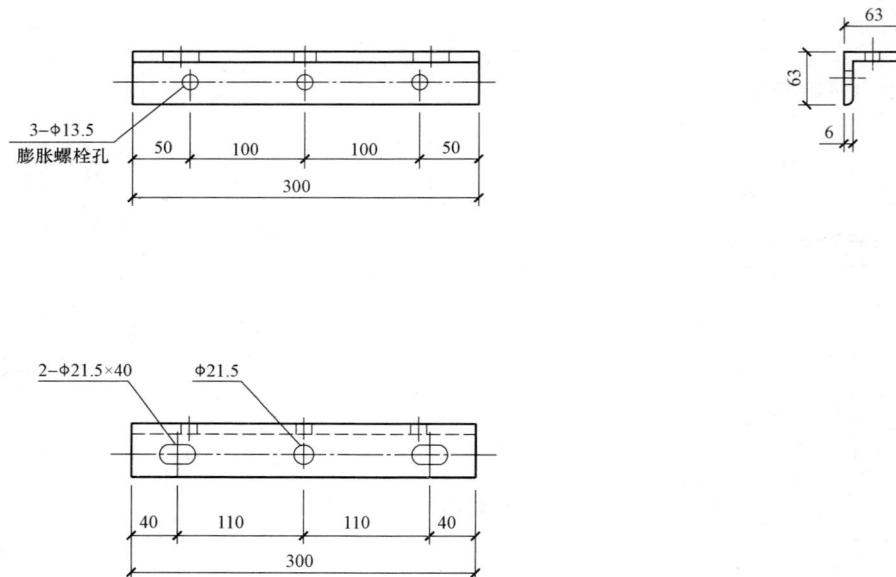

说明：1. 本图适用于电缆钢索沿墙终端固定墙担。

2. 所有铁件均采用热镀锌防腐。

3. 材料表中的角钢材料为 Q235。

图 19－22－1　电缆终端墙担加工图

材 料 表

型号	序号	物料编码	名称	规格	单位	数量	质量（kg）	备注
QDJ5－500	1	500019389	角钢	L50×5×500	块	1	1.89	

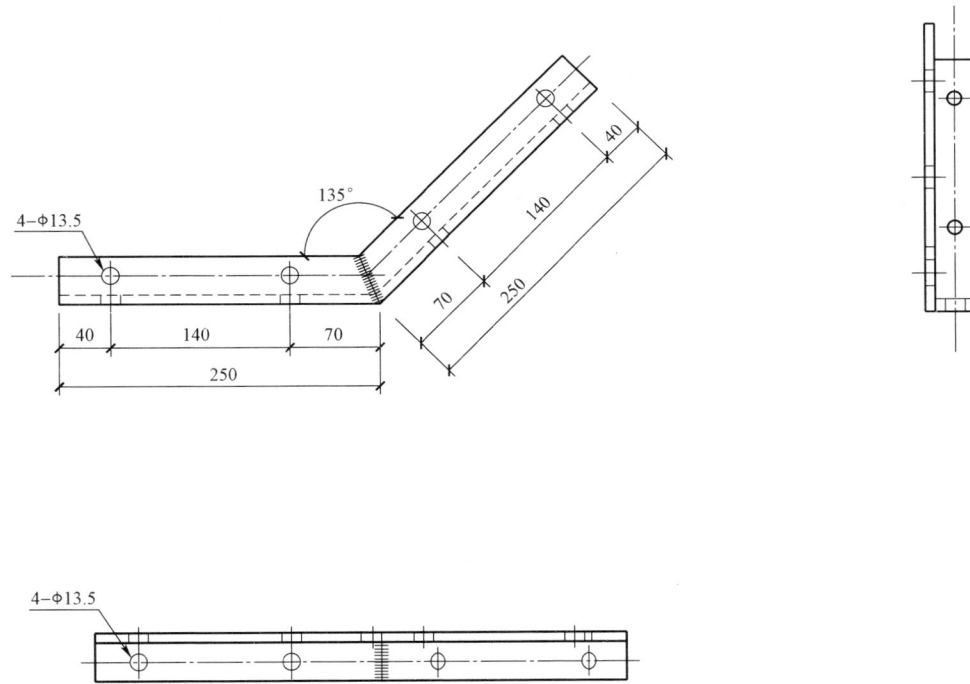

说明：1. 本图适用于钢索沿墙 90 度转角过渡墙担。

2. 电缆钢索固定点可与单槽夹板配合使用。

3. 所有铁件均采用热镀锌防腐。

4. 材料表中的角钢材料为 Q235。

图 19－22－2　电缆转角墙担加工图

（四）电缆固定支架成套（电缆沟、井支架）

序号 100－ZJ1－3×350mm，电缆沟，三层架

序号	一级物料主表						二级子表清单								总重(kg)
	商品名称	规格型号	单位	商品图片	归类	国网配电网工程典型设计对应图号	物料名称	物料描述	单位	数量	单重(kg)	合重(kg)	物料归类	《成套化铁附件加工图通用设计》对应加工图号	
100	电缆沟支架成套铁附件	ZJ1－3×350mm，电缆沟，三层架	套	100.pdf	电缆支架	2016年版电缆图8-1	电缆沟支架	ZJ1－3×350，Q235，角钢，镀锌，L63×6，650mm，L50×5，400mm	副	1	8.3	8.3	支构架	图8-17	8.3

序号 101－ZJ1－4×350mm，电缆沟，四层架

序号	一级物料主表						二级子表清单								总重(kg)
	商品名称	规格型号	单位	商品图片	归类	国网配电网工程典型设计对应图号	物料名称	物料描述	单位	数量	单重(kg)	合重(kg)	物料归类	《成套化铁附件加工图通用设计》对应加工图号	
101	电缆沟支架成套铁附件	ZJ1－4×350mm，电缆沟，四层架	套	101.pdf	电缆支架	2016年版电缆图8-1	电缆沟支架	ZJ1－4×350，Q235，角钢，镀锌，L63×6，900mm，L50×5，400mm	副	1	11.2	11.2	支构架	图8-17	11.2

序号 102－ZJ1－3×500mm，电缆沟，三层架

序号	一级物料主表						二级子表清单								总重(kg)
	商品名称	规格型号	单位	商品图片	归类	国网配电网工程典型设计对应图号	物料名称	物料描述	单位	数量	单重(kg)	合重(kg)	物料归类	《成套化铁附件加工图通用设计》对应加工图号	
102	电缆沟支架成套铁附件	ZJ1－3×500mm，电缆沟，三层架	套	102.pdf	电缆支架	2016年版电缆图8-1	电缆沟支架	ZJ1－3×500，Q235，角钢，镀锌，L63×6，650mm，L50×5，550mm	副	1	10	10	支构架	图8-17	10

序号 103－ZJ1－4×500mm，电缆沟，四层架

序号	一级物料主表						二级子表清单								总重(kg)
	商品名称	规格型号	单位	商品图片	归类	国网配电网工程典型设计对应图号	物料名称	物料描述	单位	数量	单重(kg)	合重(kg)	物料归类	《成套化铁附件加工图通用设计》对应加工图号	
103	电缆沟支架成套铁附件	ZJ1－4×500mm，电缆沟，四层架	套	103.pdf	电缆支架	2016年版电缆图8-1	电缆沟支架	ZJ1－4×500，Q235，角钢，镀锌，L63×6，900mm，L50×5，550mm	副	1	13.5	13.5	支构架	图8-17	13.5

序号 104－ZJ1－5×500mm，电缆沟，五层架

序号	一级物料主表						二级子表清单								总重 (kg)
	商品名称	规格型号	单位	商品图片	归类	国网配电网工程典型设计对应图号	物料名称	物料描述	单位	数量	单重 (kg)	合重 (kg)	物料归类	《成套化铁附件加工图通用设计》对应加工图号	
104	电缆沟支架成套铁附件	ZJ1－5×500mm，电缆沟，五层架	套	104.pdf	电缆支架	2016年版电缆图8－1	电缆沟支架	ZJ1－5×550，Q235，角钢，镀锌，L63×6，1150mm，L50×5，550mm	副	1	17	17	支构架	图8－17	17

序号 105－ZJ2－4×500mm，电缆井，四层架

序号	一级物料主表						二级子表清单								总重 (kg)
	商品名称	规格型号	单位	商品图片	归类	国网配电网工程典型设计对应图号	物料名称	物料描述	单位	数量	单重 (kg)	合重 (kg)	物料归类	《成套化铁附件加工图通用设计》对应加工图号	
105	电缆沟支架成套铁附件	ZJ2－4×500mm，电缆井，四层架	套	105.pdf	电缆支架	2016年版电缆图10－13	电缆井支架	ZJ2－4×500，Q235，角钢，镀锌，L70×7，850mm，L63×6，500mm	副	1	17.8	17.8	支构架	图10－3	17.8

序号 106－ZJ2－4×600mm，电缆井，四层架

序号	一级物料主表						二级子表清单								总重 (kg)
	商品名称	规格型号	单位	商品图片	归类	国网配电网工程典型设计对应图号	物料名称	物料描述	单位	数量	单重 (kg)	合重 (kg)	物料归类	《成套化铁附件加工图通用设计》对应加工图号	
106	电缆沟支架成套铁附件	ZJ2－4×600mm，电缆井，四层架	套	106.pdf	电缆支架	2016年版电缆图10－13	电缆井支架	ZJ2－4×600，Q235，角钢，镀锌，L70×7，863mm，L63×6，600mm	副	1	20.1	20.1	支构架	图10－3	20.1

电 缆 沟 支 架 材 料 表

序号	模块	物料号	支架类型	规格（mm）	长度（mm）	数量	单重（kg）	小计（kg）	合重（kg）
1	ZJ1-3×350mm支架	500019475	L1	L63×6	650	1	3.72	3.72	8.3
			L2	L50×5	400	3	1.51	4.53	
2	ZJ1-4×350mm支架	500019437	L1	L63×6	900	1	5.15	5.15	11.2
			L2	L50×5	400	4	1.51	6.04	
3	ZJ1-3×500mm支架	500019434	L1	L63×6	650	1	3.72	3.72	10.0
			L2	L50×5	550	3	2.08	6.24	
4	ZJ1-4×500mm支架	500027715	L1	L63×6	900	1	5.15	5.15	13.5
			L2	L50×5	550	4	2.08	8.32	
5	ZJ1-5×500mm支架	500019439	L1	L63×6	1150	1	6.58	6.58	17.0
			L2	L50×5	550	5	2.08	10.4	

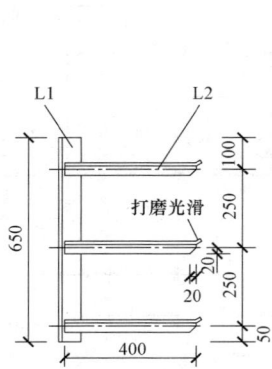

ZJ1-3×350mm支架加工图

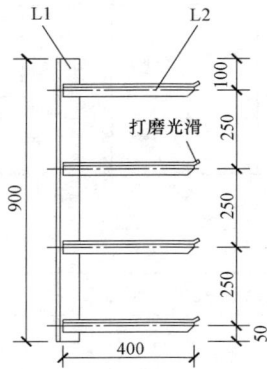

ZJ1-4×350mm支架加工图

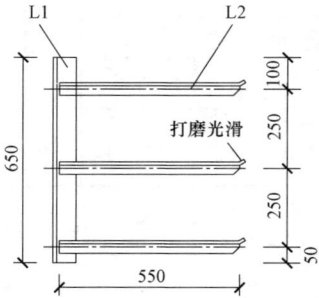

ZJ1-3×500mm支架加工图

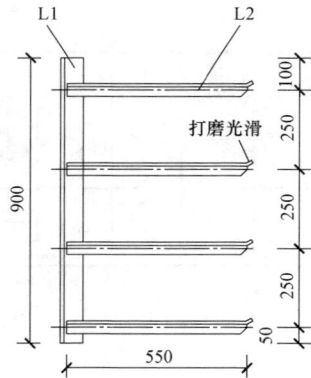

ZJ1-4×500mm支架加工图

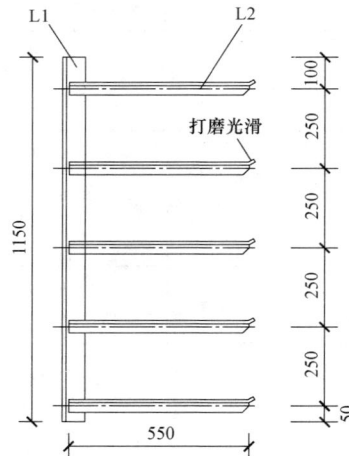

ZJ1-5×500mm支架加工图

说明：1. 铁件均需热镀锌。

2. 材料表中的角钢材料为 Q235。

3. 支架 L2 的端部隔开 30mm，上弯 45°。

图 8-17 电缆沟支架加工图

电 缆 井 支 架 材 料 表

序号	模块	物料号	支架类型	规格	长度（mm）	数量	单重（kg）	小计（kg）	合计（kg）
1	ZJ2－4×500mm支架	500055067	L1	L70mm×7mm	863	1	6.39	6.39	17.8
			L2	L63mm×6mm	500	4	2.86	11.44	
2	ZJ2－4×600mm支架	500073043	L1	L70mm×7mm	863	1	6.39	6.39	20.1
			L2	L63mm×6mm	600	4	3.43	13.72	

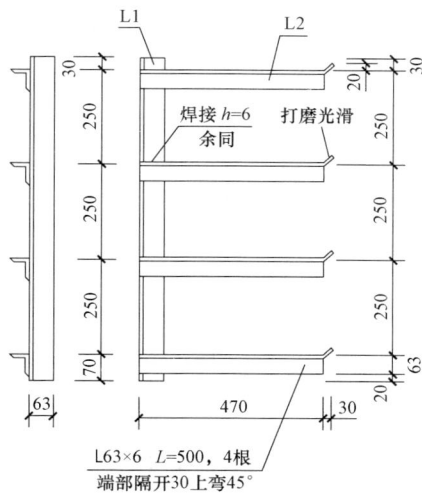

支架一
用于1.6m宽电缆井内

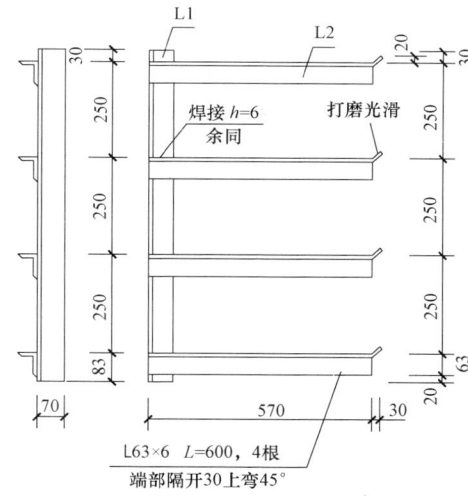

支架二
用于2.0m宽电缆井内

说明：1. 铁件均需热镀锌。

2. 材料表中的角钢材料为 Q235。

图 10－3　电缆井支架加工图

四

设备固定支架成套铁附件

（一）设备固定支架成套（柱上开关设备，水泥杆）

序号107−FD（SBJ）/19，分断隔离开关，梢径190，单杆单回

序号	一级物料主表						二级子表清单							总重(kg)
	商品名称	规格型号	单位	商品图片	归类	国网配电网工程典型设计对应图号	物料名称	物料描述	单位	数量	单重(kg)	合重(kg)	物料归类	《成套化铁附件加工图通用设计》对应加工图号	
107	设备固定支架成套铁附件	FD（SBJ）/19，分断隔离开关，梢径190，单杆单回	套	107.pdf	杆上设备	2016年版图15−1	引线架横担	SBHD−220，Q235，角钢L80×8×1700，扁钢—60×6×275	块	2	17.2	34.4	横担类	TJ−HD−14A	53.4
							隔离开关固定件	KGZJ3−400（平装），Q235，角钢L50×5×400	副	3	1.51	4.5	支构架	TJ−BT−08	
							柱式绝缘子固定架	JYZJ−150，Q235，角钢L63×6×150，扁钢—60×6×63	块	2	1.04	2.1	支构架	TJ−GJ−10	
							开关标识牌固定支架	BPZJ4−800，Q235，角钢L40×4×800	副	1	1.94	1.9	支构架	TJ−GJ−09	
							U型抱箍	U16−320，Q235，圆钢φ16×983，螺母M16：4个	块	1	1.7	1.7	抱箍类	图17−63	
							单头螺栓	M12×40，两平一弹一帽	件	20	0.12	2.4	螺栓类	TJ−GZ−06	
							单头螺栓	M12×140，两平一弹一帽	件	6	0.21	1.3	螺栓类	TJ−GZ−06	
							单头螺栓	M16×50，两平一弹一帽	件	2	0.24	0.5	螺栓类	TJ−GZ−06	
							双头螺栓	M18×360，两平两弹四帽	件	4	1.14	4.6	螺栓类	TJ−GZ−07	

序号 108－FD（SBJ）/23，分断隔离开关，梢径 230，单杆单回

序号	一级物料主表						二级子表清单								总重（kg）
	商品名称	规格型号	单位	商品图片	归类	国网配电网工程典型设计对应图号	物料名称	物料描述	单位	数量	单重（kg）	合重（kg）	物料归类	《成套化铁附件加工图通用设计》对应加工图号	
108	设备固定支架成套铁附件	FD（SBJ）/23，分断隔离开关，梢径230，单杆单回	套	108.pdf	杆上设备	2016年版图15－1	引线架横担	SBHD－260，Q235，角钢L80×8×1700，扁钢—60×6×375	块	2	17.5	35	横担类	TJ－HD－14A	54.5
							柱式绝缘子固定架	JYZJ－150，Q235，角钢L63×6×150，扁钢—60×6×63	块	2	1.04	2.1	支构架	TJ－GJ－10	
							隔离开关固定件	KGZJ3－400（平装），Q235，角钢L50×5×400	副	3	1.51	4.5	支构架	TJ－BT－08	
							开关标识牌固定支架	BPZJ4－800，Q235，角钢L40×4×800	副	1	1.94	1.9	支构架	TJ－GJ－09	
							U型抱箍	U16－360，Q235，圆钢φ16×1085，螺母M16：4个	块	1	1.9	1.9	抱箍类	图17－63	
							单头螺栓	M12×40，两平一弹一帽	件	20	0.12	2.4	螺栓类	TJ－GZ－06	
							单头螺栓	M12×140，两平一弹一帽	件	6	0.21	1.3	螺栓类	TJ－GZ－06	
							单头螺栓	M16×50，两平一弹一帽	件	2	0.24	0.5	螺栓类	TJ－GZ－06	
							双头螺栓	M18×400，两平两弹四帽	件	4	1.22	4.9	螺栓类	TJ－GZ－07	

序号 109－FD（SBJ）/30，分断隔离开关，梢径 300，单杆单回

序号	一级物料主表						二级子表清单								总重（kg）
	商品名称	规格型号	单位	商品图片	归类	国网配电网工程典型设计对应图号	物料名称	物料描述	单位	数量	单重（kg）	合重（kg）	物料归类	《成套化铁附件加工图通用设计》对应加工图号	
109	设备固定支架成套铁附件	FD（SBJ）/30，分断隔离开关，梢径300，单杆单回	套	109.pdf	杆上设备	2016年版图15－1	引线架横担	SBHD－300，Q235，角钢L80×8×1700，扁钢—60×6×453	块	2	17.7	35.4	横担类	TJ－HD－14A	55.0
							隔离开关固定件	KGZJ3－400（平装），Q235，角钢L50×5×400	副	3	1.51	4.5	支构架	TJ－BT－08	
							柱式绝缘子固定架	JYZJ－150，Q235，角钢L63×6×150，扁钢—60×6×63	块	2	1.04	2.1	支构架	TJ－GJ－10	
							开关标识牌固定支架	BPZJ4－800，Q235，角钢L40×4×800	副	1	1.94	1.9	支构架	TJ－GJ－09	

序号	一级物料主表						二级子表清单							总重(kg)
	商品名称	规格型号	单位	商品图片	归类	国网配电网工程典型设计对应图号	物料名称	物料描述	单位	数量	单重(kg)	合重(kg)	物料归类	《成套化铁附件加工图通用设计》对应加工图号	
109	设备固定支架成套铁附件	FD（SBJ）/30，分断隔离开关，梢径300，单杆单回	套	109.pdf	杆上设备	2016年版图15-1	U型抱箍	U16-300，Q235，圆钢φ16×931，螺母M16：4个	块	1	1.62	1.6	抱箍类	图17-63	55.0
							单头螺栓	M12×40，两平一弹一帽	件	20	0.12	2.4	螺栓类	TJ-GZ-06	
							单头螺栓	M12×140，两平一弹一帽	件	6	0.21	1.3	螺栓类	TJ-GZ-06	
							单头螺栓	M16×50，两单一弹一帽	件	2	0.24	0.5	螺栓类	TJ-GZ-06	
							双头螺栓	M18×450，两平两弹四帽	件	4	1.32	5.3	螺栓类	TJ-GZ-07	

序号110-FD-Z（SBJ）/19，支接隔离开关，梢径190，单杆单回

序号	一级物料主表						二级子表清单							总重(kg)
	商品名称	规格型号	单位	商品图片	归类	国网配电网工程典型设计对应图号	物料名称	物料描述	单位	数量	单重(kg)	合重(kg)	物料归类	《成套化铁附件加工图通用设计》对应加工图号	
110	设备固定支架成套铁附件	FD-Z（SBJ）/19，支接隔离开关，梢径190，单杆单回	套	110.pdf	杆上设备	2016年版图17-8	引线架横担	SBHD-220，Q235，角钢L80×8×1700，扁钢—60×6×275	块	2	17.2	34.4	横担类	TJ-HD-14A	85.5
							拉线抱箍	LB-220，Q235，扁钢—8×80×489，—8×80×56	块	2	3.7	7.4	抱箍类	图9-56	
							联板	联-57，Q235，扁钢—75×8×570	块	3	2.7	8.1	支构架	TJ-GZ-01	
							隔离开关固定件	KGZJ3-400（平装），Q235，角钢L50×5×400	副	3	1.51	4.5	支构架	TJ-BT-08	
							柱式绝缘子固定架	JYZJ-150，Q235，角钢L63×6×150，扁钢—60×6×63	块	1	1.04	1	支构架	TJ-GJ-10	
							开关标识牌固定支架	BPZJ4-800，Q235，角钢L40×4×800	副	1	1.94	1.9	支构架	TJ-GJ-09	
							U型抱箍	U16-320，Q235，圆钢φ16×983，螺母M16：4个	块	1	1.7	1.7	抱箍类	图17-63	
							斜撑	ZX-110，Q235，角钢L56×5×1100	块	2	4.7	9.4	支构架	图6-97	
							斜撑抱箍	ZB-200，Q235，扁钢—6×60×457，—6×60×80	块	2	1.75	3.5	抱箍类	图6-98	
							单头螺栓	M12×40，两平一弹一帽	件	20	0.12	2.4	螺栓类	TJ-GZ-06	

序号	商品名称	规格型号	单位	商品图片	归类	国网配电网工程典型设计对应图号	物料名称	物料描述	单位	数量	单重(kg)	合重(kg)	物料归类	《成套化铁附件加工图通用设计》对应加工图号	总重(kg)
							一级物料主表				二级子表清单				
110	设备固定支架成套铁附件	FD－Z（SBJ）/19，支接隔离开关，梢径190，单杆单回	套	110.pdf	杆上设备	2016年版图17－8	单头螺栓	M12×140，两平一弹一帽	件	6	0.21	1.3	螺栓类	TJ－GZ－06	85.5
							单头螺栓	M16×50，两平一弹一帽	件	14	0.24	3.4	螺栓类	TJ－GZ－06	
							单头螺栓	M18×80，两平一弹一帽	件	2	0.4	0.8	螺栓类	TJ－GZ－06	
							单头螺栓	M20×100，两平一弹一帽	件	2	0.56	1.1	螺栓类	TJ－GZ－06	
							双头螺栓	M18×360，两平两弹四帽	件	4	1.14	4.6	螺栓类	TJ－GZ－07	

序号111－FD－Z（SBJ）/23，支接隔离开关，梢径230，单杆单回

序号	商品名称	规格型号	单位	商品图片	归类	国网配电网工程典型设计对应图号	物料名称	物料描述	单位	数量	单重(kg)	合重(kg)	物料归类	《成套化铁附件加工图通用设计》对应加工图号	总重(kg)
							一级物料主表				二级子表清单				
111	设备固定支架成套铁附件	FD－Z（SBJ）/23，支接隔离开关，梢径230，单杆单回	套	111.pdf	杆上设备	2016年版图17－8	引线架横担	SBHD－260，Q235，角钢L80×8×1700，扁钢—60×6×375	块	2	17.5	35	横担类	TJ－HD－14A	89.3
							拉线抱箍	LB₂－260，Q235，扁钢—8×80×552，—8×80×56	块	2	4	8	抱箍类	图9－56	
							联板	联－61，Q235，扁钢—75×8×610	块	3	2.90	8.7	支构架	TJ－GZ－01	
							隔离开关固定件	KGZJ3－400（平装），Q235，角钢L50×5×400	副	3	1.51	4.5	支构架	TJ－BT－08	
							柱式绝缘子固定架	JYZJ－150，Q235，角钢L63×6×150，扁钢—60×6×63	块	2	1.04	2.1	支构架	TJ－GJ－10	
							开关标识牌固定支架	BPZJ4－800，Q235，角钢L40×4×800	副	1	1.94	1.9	支构架	TJ－GJ－09	
							U型抱箍	U16－360，Q235，圆钢φ16×1085，螺母M16：4个	块	1	1.9	1.9	抱箍类	图17－63	
							斜撑	ZX－110，Q235，角钢L56×5×1100	块	2	4.7	9.4	支构架	图6－97	
							斜撑抱箍	ZB－240，Q235，扁钢—6×60×520，—6×60×80	块	2	1.93	3.9	抱箍类	图6－98	
							单头螺栓	M12×40，两平一弹一帽	件	20	0.12	2.4	螺栓类	TJ－GZ－06	

序号	一级物料主表					二级子表清单							总重（kg）
	商品名称	规格型号	单位	商品图片	归类	国网配电网工程典型设计对应图号	物料名称	物料描述	单位	数量	单重（kg）	合重（kg）	物料归类	《成套化铁附件加工图通用设计》对应加工图号	

序号	商品名称	规格型号	单位	商品图片	归类	国网配电网工程典型设计对应图号	物料名称	物料描述	单位	数量	单重（kg）	合重（kg）	物料归类	《成套化铁附件加工图通用设计》对应加工图号	总重（kg）
111	设备固定支架成套铁附件	FD–Z（SBJ）/23，支接隔离开关，梢径230，单杆单回	套	111.pdf	杆上设备	2016年版图17–8	单头螺栓	M12×140，两平一弹一帽	件	6	0.21	1.3	螺栓类	TJ–GZ–06	89.3
							单头螺栓	M16×50，两平一弹一帽	件	14	0.24	3.4	螺栓类	TJ–GZ–06	
							单头螺栓	M18×80，两平一弹一帽	件	2	0.4	0.8	螺栓类	TJ–GZ–06	
							单头螺栓	M20×100，两平一弹一帽	件	2	0.56	1.1	螺栓类	TJ–GZ–06	
							双头螺栓	M18×400，两平两弹四帽	件	4	1.22	4.9	螺栓类	TJ–GZ–07	

序号112–DL（SBJ）/19，隔离开关带电缆引下，梢径190，单杆单回

序号	商品名称	规格型号	单位	商品图片	归类	国网配电网工程典型设计对应图号	物料名称	物料描述	单位	数量	单重（kg）	合重（kg）	物料归类	《成套化铁附件加工图通用设计》对应加工图号	总重（kg）
112	设备固定支架成套铁附件	DL（SBJ）/19，隔离开关带电缆引下，梢径190，单杆单回	套	112.pdf	杆上设备	2016年版图15–11	引线架横担	SBHD–220，Q235，角钢L80×8×1700，扁钢—60×6×275	块	4	17.2	68.8	横担类	TJ–HD–14A	95.9
							隔离开关固定件	KGZJ2–440（斜装），Q235，扁钢—60×6×440，—60×6×440，圆钢φ10×260	副	3	2.66	8.0	支构架	TJ–BT–08	
							柱式绝缘子固定架	JYZJ–150，Q235，角钢L63×6×150，扁钢—60×6×63	块	5	1.04	5.2	支构架	TJ–GJ–10	
							开关标识牌固定支架	BPZJ4–800，Q235，角钢L40×4×800	副	1	1.94	1.9	支构架	TJ–GJ–09	
							U型抱箍	U16–320，Q235，圆钢φ16×983，螺母M16：4个	块	1	1.7	1.7	抱箍类	图17–63	
							单头螺栓	M12×40，两平一弹一帽	件	26	0.12	3.1	螺栓类	TJ–GZ–06	
							单头螺栓	M16×50，两平一弹一帽	件	11	0.24	2.6	螺栓类	TJ–GZ–06	
							双头螺栓	M18×360，两平两弹四帽	件	4	1.14	4.6	螺栓类	TJ–GZ–07	

序号113-DL（SBJ）/23，隔离开关带电缆引下，梢径230，单杆单回

序号	一级物料主表							二级子表清单							总重（kg）
	商品名称	规格型号	单位	商品图片	归类	国网配电网工程典型设计对应图号		物料名称	物料描述	单位	数量	单重（kg）	合重（kg）	物料归类	《成套化铁附件加工图通用设计》对应加工图号	
113	设备固定支架成套铁附件	DL（SBJ）/23，隔离开关带电缆引下，梢径230，单杆单回	套	113.pdf	杆上设备	2016年版图15-11		引线架横担	SBHD-260，Q235，角钢L80×8×1700，扁钢—60×6×375	块	4	17.5	70	横担类	TJ-HD-14A	97.6
								隔离开关固定件	KGZJ2-440（斜装），Q235，扁钢—60×6×440，—60×6×440，圆钢φ10×260	副	3	2.66	8.0	支构架	TJ-BT-08	
								柱式绝缘子固定架	JYZJ-150，Q235，角钢L63×6×150，扁钢—60×6×63	块	5	1.04	5.2	支构架	TJ-GJ-10	
								开关标识牌固定支架	BPZJ4-800，Q235，角钢L40×4×800	副	1	1.94	1.9	支构架	TJ-GJ-09	
								U型抱箍	U16-360，Q235，圆钢φ16×1085，螺母M16：4个	块	1	1.9	1.9	抱箍类	图17-63	
								单头螺栓	M12×40，两平一弹一帽	件	26	0.12	3.1	螺栓类	TJ-GZ-06	
								单头螺栓	M16×50，两平一弹一帽	件	1	0.24	2.6	螺栓类	TJ-GZ-06	
								双头螺栓	M18×400，两平两弹四帽	件	4	1.22	4.9	螺栓类	TJ-GZ-07	

序号114-DL（SBJ）/30，隔离开关带电缆引下，梢径300，单杆单回

序号	一级物料主表							二级子表清单							总重（kg）
	商品名称	规格型号	单位	商品图片	归类	国网配电网工程典型设计对应图号		物料名称	物料描述	单位	数量	单重（kg）	合重（kg）	物料归类	《成套化铁附件加工图通用设计》对应加工图号	
114	设备固定支架成套铁附件	DL（SBJ）/30，隔离开关带电缆引下，梢径300，单杆单回	套	114.pdf	杆上设备	2016年版图15-11		引线架横担	SBHD-300，Q235，角钢L80×8×1700，扁钢—60×6×453	块	4	17.7	70.8	横担类	TJ-HD-14A	98.5
								隔离开关固定件	KGZJ2-440（斜装），Q235，扁钢—60×6×440，—60×6×440，圆钢φ10×260	副	3	2.66	8.0	支构架	TJ-BT-08	
								柱式绝缘子固定架	JYZJ-150，Q235，角钢L63×6×150，扁钢—60×6×63	块	5	1.04	5.2	支构架	TJ-GJ-10	
								开关标识牌固定支架	BPZJ4-800，Q235，角钢L40×4×800	副	1	1.94	1.9	支构架	TJ-GJ-09	

序号	一级物料主表						二级子表清单								总重(kg)
	商品名称	规格型号	单位	商品图片	归类	国网配电网工程典型设计对应图号	物料名称	物料描述	单位	数量	单重(kg)	合重(kg)	物料归类	《成套化铁附件加工图通用设计》对应加工图号	
114	设备固定支架成套铁附件	DL（SBJ）/30，隔离开关带电缆引下，梢径300，单杆单回	套	114.pdf	杆上设备	2016年版 图15-11	U型抱箍	U16-300，Q235，圆钢φ16×931，螺母M16：4个	块	1	1.62	1.6	抱箍类	图17-63	98.5
							单头螺栓	M12×40，两平一弹一帽	件	26	0.12	3.1	螺栓类	TJ-GZ-06	
							单头螺栓	M16×50，两平一弹一帽	件	11	0.24	2.6	螺栓类	TJ-GZ-06	
							双头螺栓	M18×450，两平两弹四帽	件	4	1.32	5.3	螺栓类	TJ-GZ-07	

序号115-FK（FK-Z，KL，KL1）（SBJ）/19，分断柱上断路器（支柱式，座装），梢径190，单杆单回

序号	一级物料主表						二级子表清单								总重(kg)
	商品名称	规格型号	单位	商品图片	归类	国网配电网工程典型设计对应图号	物料名称	物料描述	单位	数量	单重(kg)	合重(kg)	物料归类	《成套化铁附件加工图通用设计》对应加工图号	
115	设备固定支架成套铁附件	FK（FK-Z，KL，KL1）（SBJ）/19，分断柱上断路器（支柱式，座装），梢径190，单杆单回	套	115.pdf	杆上设备	2016年版 图15-5，图17-15，图15-13，图15-13-1	引线架横担	SBHD-220，Q235，角钢L80×8×1700，扁钢-60×6×275	块	4	17.2	68.8	横担类	TJ-HD-14A	166.8
							隔离开关固定件	KGZJ2-440（斜装），Q235，扁钢-60×6×440，-60×6×440，圆钢φ10×260	副	3	2.66	8.0	支构架	TJ-BT-08	
							高压避雷器固定支架	BLZJ-01，扁钢-60×6×730	副	3	2.1	6.3	支构架	TJ-GZ-02	
							柱上断路器开关架（I）	Q235，角钢，L63×6×1300（座装），L63×6×360，L63×6×224，L50×5×50	副	1	23.1	23.1	支构架	TJ-GJ-03	
							柱式绝缘子固定架	JYZY-150，Q235，角钢L63×6×150，扁钢-60×6×63	块	13	1.04	13.5	支构架	TJ-GJ-10	
							斜撑	ZX-1300，Q235，角钢L56×5×1300	块	2	5.5	11	支构架	图6-97	
							斜撑抱箍	ZB-260，Q235，扁钢-6×60×552，-6×60×80	块	2	2	4	抱箍类	图6-98	
							开关标识牌固定支架	BPZJ4-800，Q235，角钢L40×4×800	副	2	1.94	3.9	支构架	TJ-GJ-09	

续表

序号	商品名称	规格型号	单位	商品图片	归类	国网配电网工程典型设计对应图号	物料名称	物料描述	单位	数量	单重(kg)	合重(kg)	物料归类	《成套化铁附件加工图通用设计》对应加工图号	总重(kg)
115	设备固定支架成套铁附件	FK（FK-Z，KL，KL1）（SBJ）/19，分断柱上断路器（支柱式，座装），梢径190，单杆单回	套	115.pdf	杆上设备	2016年版图15-5，图17-15，图15-13，图15-13-1	U型抱箍	U16-320，Q235，圆钢φ16×983，螺母M16：4个	块	2	1.7	3.4	抱箍类	图17-65	166.8
							单头螺栓	M12×40，两平一弹一帽	件	44	0.12	5.3	螺栓类	TJ-GZ-06	
							单头螺栓	M16×50，两平一弹一帽	件	30	0.24	7.2	螺栓类	TJ-GZ-06	
							单头螺栓	M18×80，两平一弹一帽	件	2	0.4	0.8	螺栓类	TJ-GZ-06	
							双头螺栓	M18×360，两平两弹四帽	件	8	1.14	9.1	螺栓类	TJ-GZ-07	
							双头螺栓	M18×400，两平两弹四帽	件	2	1.22	2.4	螺栓类	TJ-GZ-07	

序号116-FK（FK-Z，KL，KL1）（SBJ）/23，分断柱上断路器（支柱式，座装），梢径230，单杆单回

序号	商品名称	规格型号	单位	商品图片	归类	国网配电网工程典型设计对应图号	物料名称	物料描述	单位	数量	单重(kg)	合重(kg)	物料归类	《成套化铁附件加工图通用设计》对应加工图号	总重(kg)
116	设备固定支架成套铁附件	FK（FK-Z，KL，KL1）（SBJ）/23，分断柱上断路器（支柱式，座装），梢径230，单杆单回	套	116.pdf	杆上设备	2016年版图15-5，图17-15，图15-13，图15-13-1	引线架横担	SBHD-260，Q235，角钢L80×8×1700，扁钢—60×6×375	块	4	17.5	70	横担类	TJ-HD-14A	170.0
							隔离开关固定件	KGZJ2-440（斜装），Q235，扁钢—60×6×440，—60×6×440，圆钢φ10×260	副	3	2.66	8.0	支构架	TJ-BT-08	
							高压避雷器固定支架	BLZJ-02，扁钢—60×6×770	副	3	2.2	6.6	支构架	TJ-GZ-02	
							柱上断路器开关架（I）	Q235，角钢，L63×6×1300（座装），L63×6×360，L63×6×224，L50×5×50	副	1	23.1	23.1	支构架	TJ-GJ-03	
							柱式绝缘子固定架	JYZY-150，Q235，角钢L63×6×150，扁钢—60×6×63	块	13	1.04	13.5	支构架	TJ-GJ-10	
							斜撑	ZX-1300，Q235，角钢L56×5×1300	块	2	5.5	11	支构架	图6-97	

序号	一级物料主表						二级子表清单							总重(kg)
	商品名称	规格型号	单位	商品图片	归类	国网配电网工程典型设计对应图号	物料名称	物料描述	单位	数量	单重(kg)	合重(kg)	物料归类	《成套化铁附件加工图通用设计》对应加工图号	
116	设备固定支架成套铁附件	FK（FK-Z，KL，KL1）（SBJ）/23，分断柱上断路器（支柱式，座装），梢径230，单杆单回	套	116.pdf	杆上设备	2016年版图15-5，图17-15，图15-13，图15-13-1	斜撑抱箍	ZB-300，Q235，扁钢—6×60×614，—6×60×80	块	2	2.2	4.4	抱箍类	图6-98	170.0
							开关标识牌固定支架	BPZJ4-800，Q235，角钢L40×4×800	副	2	1.94	3.9	支构架	TJ-GJ-09	
							U型抱箍	U16-360，Q235，圆钢φ16×1085，螺母M16：4个	块	2	1.9	3.8	抱箍类	图17-63	
							单头螺栓	M12×40，两平一弹一帽	件	44	0.12	5.3	螺栓类	TJ-GZ-06	
							单头螺栓	M16×50，两平一弹一帽	件	30	0.24	7.2	螺栓类	TJ-GZ-06	
							单头螺栓	M18×80，两平一弹一帽	件	2	0.4	0.8	螺栓类	TJ-GZ-06	
							双头螺栓	M18×400，两平两弹四帽	件	8	1.22	9.8	螺栓类	TJ-GZ-07	
							双头螺栓	M18×450，两平两弹四帽	件	2	1.32	2.6	螺栓类	TJ-GZ-07	

序号117-FK（FK-Z，KL，KL1）（SBJ）/30，分断柱上断路器（支柱式，座装），梢径300，单杆单回

序号	一级物料主表						二级子表清单							总重(kg)
	商品名称	规格型号	单位	商品图片	归类	国网配电网工程典型设计对应图号	物料名称	物料描述	单位	数量	单重(kg)	合重(kg)	物料归类	《成套化铁附件加工图通用设计》对应加工图号	
117	设备固定支架成套铁附件	FK（FK-Z，KL，KL1）（SBJ）/30，分断柱上断路器（支柱式，座装），梢径300，单杆单回	套	117.pdf	杆上设备	2016年版图15-5，图17-15，图15-13，图15-13-1	引线架横担	SBHD-300，Q235，角钢L80×8×1700，扁钢—60×6×453	块	4	17.7	70.8	横担类	TJ-HD-14A	171.0
							隔离开关固定件	KGZJ2-440（斜装），Q235，扁钢—60×6×440，—60×6×440，圆钢φ10×260	副	3	2.66	8.0	支构架	TJ-BT-08	
							高压避雷器固定支架	BLZJ-02，扁钢—60×6×770	副	3	2.2	6.6	支构架	TJ-GZ-02	
							柱上断路器开关架（I）	Q235，角钢，L63×6×1300（座装），L63×6×360，L63×6×224，L50×5×50	副	1	23.1	23.1	支构架	TJ-GJ-03	
							柱式绝缘子固定架	JYZY-150，Q235，角钢L63×6×150，扁钢—60×6×63	块	13	1.04	13.5	支构架	TJ-GJ-10	

序号	一级物料主表						二级子表清单								总重(kg)
	商品名称	规格型号	单位	商品图片	归类	国网配电网工程典型设计对应图号	物料名称	物料描述	单位	数量	单重(kg)	合重(kg)	物料归类	《成套化铁附件加工图通用设计》对应加工图号	
117	设备固定支架成套铁附件	FK（FK-Z, KL, KL1）(SBJ)/30, 分断柱上断路器（支柱式，座装），梢径300，单杆单回	套	117.pdf	杆上设备	2016年版图15-5, 图17-15, 图15-13, 图15-13-1	斜撑	ZX-1300, Q235, 角钢 L56×5×1300	块	2	5.5	11	支构架	图6-97	171.0
							斜撑抱箍	ZB-300, Q235, 扁钢—6×60×614, —6×60×80	块	2	2.2	4.4	抱箍类	图6-98	
							开关标识牌固定支架	BPZJ4-800, Q235, 角钢 L40×4×800	副	2	1.94	3.9	支构架	TJ-GJ-09	
							U型抱箍	U16-300, Q235, 圆钢φ16×931, 螺母 M16：4个	块	2	1.62	3.2	抱箍类	图17-63	
							单头螺栓	M12×40, 两平一弹一帽	件	44	0.12	5.3	螺栓类	TJ-GZ-06	
							单头螺栓	M16×50, 两平一弹一帽	件	30	0.24	7.2	螺栓类	TJ-GZ-06	
							单头螺栓	M18×80, 两平一弹一帽	件	2	0.4	0.8	螺栓类	TJ-GZ-06	
							双头螺栓	M18×450, 两平两弹四帽	件	10	1.32	13.2	螺栓类	TJ-GZ-07	

序号118-FK1（FK-Z1，KL2）(SBJ)/19，分断柱上断路器（共箱式，座装），梢径190，单杆单回

序号	一级物料主表						二级子表清单								总重(kg)
	商品名称	规格型号	单位	商品图片	归类	国网配电网工程典型设计对应图号	物料名称	物料描述	单位	数量	单重(kg)	合重(kg)	物料归类	《成套化铁附件加工图通用设计》对应加工图号	
118	设备固定支架成套铁附件	FK1（FK-Z1, KL2）(SBJ)/19, 分断柱上断路器（共箱式，座装），梢径190，单杆单回	套	118.pdf	杆上设备	2016年版图15-5-1, 图17-15-1, 图15-13-2	引线架横担	SBHD-220, Q235, 角钢 L80×8×1700, 扁钢—60×6×275	块	4	17.2	68.8	横担类	TJ-HD-14A	162.8
							隔离开关固定件	KGZJ2-440（斜装），Q235, 扁钢—60×6×440, —60×6×440, 圆钢φ10×260	副	3	2.66	8.0	支构架	TJ-BT-08	
							高压避雷器固定支架	BLZJ-01, 扁钢—60×6×730	副	3	2.1	6.3	支构架	TJ-GZ-02	
							柱上断路器开关架（Ⅱ）	Q235, 角钢, L63×6×900（座装），L63×6×414, L50×5×50, L50×5×60, L50×5×402	副	1	20.7	20.7	支构架	TJ-GJ-04	
							柱式绝缘子固定架	JYZY-150, Q235, 角钢 L63×6×150, 扁钢—60×6×63	块	13	1.04	13.5	支构架	TJ-GJ-10	

序号	一级物料主表						二级子表清单							总重（kg）
	商品名称	规格型号	单位	商品图片	归类	国网配电网工程典型设计对应图号	物料名称	物料描述	单位	数量	单重（kg）	合重（kg）	物料归类	《成套化铁附件加工图通用设计》对应加工图号	
118	设备固定支架成套铁附件	FK1（FK-Z1，KL2）（SBJ）/19，分断柱上断路器（共箱式，座装），梢径190，单杆单回	套	118.pdf	杆上设备	2016年版 图15-5-1，图17-15-1，图15-13-2	斜撑	ZX-1100，Q235，角钢 L56×5×1100	块	2	4.7	9.4	支构架	图6-97	160.3
							斜撑抱箍	ZB-260，Q235，扁钢 —6×60×552，—6×60×80	块	2	2	4	抱箍类	图6-98	
							开关标识牌固定支架	BPZJ4-800，Q235，角钢 L40×4×800	副	2	1.94	3.9	支构架	TJ-GJ-09	
							U型抱箍	U16-320，Q235，圆钢φ16×983，螺母M16：4个	块	2	1.7	3.4	抱箍类	图17-63	
							单头螺栓	M12×40，两平一弹一帽	件	44	0.12	5.3	螺栓类	TJ-GZ-06	
							单头螺栓	M16×50，两平一弹一帽	件	30	0.24	7.2	螺栓类	TJ-GZ-06	
							单头螺栓	M18×80，两平一弹一帽	件	2	0.4	0.8	螺栓类	TJ-GZ-06	
							双头螺栓	M18×360，两平两弹四帽	件	8	1.14	9.1	螺栓类	TJ-GZ-07	
							双头螺栓	M18×400，两平两弹四帽	件	2	1.22	2.4	螺栓类	TJ-GZ-07	

序号119-FK1（FK-Z1，KL2）（SBJ）/23，分断柱上断路器（共箱式，座装），梢径230，单杆单回

序号	一级物料主表						二级子表清单							总重（kg）
	商品名称	规格型号	单位	商品图片	归类	国网配电网工程典型设计对应图号	物料名称	物料描述	单位	数量	单重（kg）	合重（kg）	物料归类	《成套化铁附件加工图通用设计》对应加工图号	
119	设备固定支架成套铁附件	FK1（FK-Z1，KL2）（SBJ）/23，分断柱上断路器（共箱式，座装），梢径230，单杆单回	套	119.pdf	杆上设备	2016年版 图15-5-1，图17-15-1，图15-13-2	引线架横担	SBHD-260，Q235，角钢 L80×8×1700，扁钢—60×6×375	块	4	17.5	70	横担类	TJ-HD-14A	166.8
							隔离开关固定件	KGZJ2-440（斜装），Q235，扁钢 —60×6×440，—60×6×440，圆钢φ10×260	副	3	2.66	8.0	支构架	TJ-BT-08	
							高压避雷器固定支架	BLZJ-02，扁钢—60×6×770	副	3	2.3	6.6	支构架	TJ-GZ-02	
							柱上断路器开关架（Ⅱ）	Q235，角钢，L63×6×900（座装），L63×6×414，L50×5×50，L50×5×60，L50×5×402	副	1	20.7	20.7	支构架	TJ-GJ-04	
							柱式绝缘子固定架	JYZY-150，Q235，角钢 L63×6×150，扁钢—60×6×63	块	13	1.04	13.5	支构架	TJ-GJ-10	

序号	一级物料主表						二级子表清单								总重（kg）
	商品名称	规格型号	单位	商品图片	归类	国网配电网工程典型设计对应图号	物料名称	物料描述	单位	数量	单重（kg）	合重（kg）	物料归类	《成套化铁附件加工图通用设计》对应加工图号	
119	设备固定支架成套铁附件	FK1（FK-Z1，KL2）（SBJ）/23，分断柱上断路器（共箱式，座装），梢径230，单杆单回	套	119.pdf	杆上设备	2016年版图15-5-1，图17-15-1，图15-13-2	斜撑	ZX-1100，Q235，角钢 L56×5×1100	块	2	4.7	9.4	支构架	图6-97	164.3
							斜撑抱箍	ZB-300，Q235，扁钢 —6×60×614，—6×60×80	块	2	2.2	4.4	抱箍类	图6-98	
							开关标识牌固定支架	BPZJ4-800，Q235，角钢 L40×4×800	副	2	1.94	3.9	支构架	TJ-GJ-09	
							U型抱箍	U16-360，Q235，圆钢φ16×1085，螺母M16：4个	块	2	1.9	3.8	抱箍类	图17-63	
							单头螺栓	M12×40，两平一弹一帽	件	44	0.12	5.3	螺栓类	TJ-GZ-06	
							单头螺栓	M16×50，两平一弹一帽	件	30	0.24	7.2	螺栓类	TJ-GZ-06	
							单头螺栓	M18×80，两平一弹一帽	件	2	0.4	0.8	螺栓类	TJ-GZ-06	
							双头螺栓	M18×450，两平两弹四帽	件	10	1.32	13.2	螺栓类	TJ-GZ-07	

序号120-FK1（FK-Z1，KL2）（SBJ）/30，分断柱上断路器（共箱式，座装），梢径300，单杆单回

序号	一级物料主表						二级子表清单								总重（kg）
	商品名称	规格型号	单位	商品图片	归类	国网配电网工程典型设计对应图号	物料名称	物料描述	单位	数量	单重（kg）	合重（kg）	物料归类	《成套化铁附件加工图通用设计》对应加工图号	
120	设备固定支架成套铁附件	FK1（FK-Z1，KL2）（SBJ）/30，分断柱上断路器（共箱式，座装），梢径300，单杆单回	套	120.pdf	杆上设备	2016年版图15-5-1，图17-15-1，图15-13-2	引线架横担	SBHD-300，Q235，角钢 L80×8×1700，扁钢—60×6×453	块	4	17.7	70.8	横担类	TJ-HD-14A	167.0
							隔离开关固定件	KGZJ2-440（斜装），Q235，扁钢 —60×6×440，—60×6×440，圆钢φ10×260	副	3	2.66	8.0	支构架	TJ-BT-08	
							高压避雷器固定支架	BLZJ-02，扁钢—60×6×770	副	3	2.2	6.6	支构架	TJ-GZ-02	
							柱上断路器开关架（Ⅱ）	Q235，角钢，L63×6×900（座装），L63×6×414，L50×5×50，L50×5×60，L50×5×402	副	1	20.7	20.7	支构架	TJ-GJ-04	
							柱式绝缘子固定架	JYZJ-150，Q235，角钢 L63×6×150，扁钢—60×6×63	块	13	1.04	13.5	支构架	TJ-GJ-10	
							斜撑	ZX-1100，Q235，角钢 L56×5×1100	块	2	4.7	9.4	支构架	图6-97	

序号	一级物料主表						二级子表清单							总重 (kg)
	商品名称	规格型号	单位	商品图片	归类	国网配电网工程典型设计对应图号	物料名称	物料描述	单位	数量	单重 (kg)	合重 (kg)	物料归类	《成套化铁附件加工图通用设计》对应加工图号	
120	设备固定支架成套铁附件	FK1（FK－Z1，KL2）（SBJ）/30，分断柱上断路器（共箱式，座装），梢径300，单杆单回	套	120.pdf	杆上设备	2016年版图15－5－1，图17－15－1，图15－13－2	斜撑抱箍	ZB－300，Q235，扁钢—6×60×614，—6×60×80	块	2	2.2	4.4	抱箍类	图6－98	164.5
							开关标识牌固定支架	BPZJ4－800，Q235，角钢 L40×4×800	副	2	1.94	3.9	支构架	TJ－GJ－09	
							U型抱箍	U16－300，Q235，圆钢φ16×931，螺母M16：4个	块	2	1.62	3.2	抱箍类	图17－63	
							单头螺栓	M12×40，两平一弹一帽	件	44	0.12	5.3	螺栓类	TJ－GZ－06	
							单头螺栓	M16×50，两平一弹一帽	件	30	0.24	7.2	螺栓类	TJ－GZ－06	
							单头螺栓	M18×80，两平一弹一帽	件	2	0.4	0.8	螺栓类	TJ－GZ－06	
							双头螺栓	M18×450，两平两弹四帽	件	10	1.32	13.2	螺栓类	TJ－GZ－07	

序号121－LK（SBJ）/19，柱上断路器（支柱式，座装），联络开关，梢径190，双杆单回

序号	一级物料主表						二级子表清单							总重 (kg)
	商品名称	规格型号	单位	商品图片	归类	国网配电网工程典型设计对应图号	物料名称	物料描述	单位	数量	单重 (kg)	合重 (kg)	物料归类	《成套化铁附件加工图通用设计》对应加工图号	
121	设备固定支架成套铁附件	LK（SBJ）/19，柱上断路器（支柱式，座装），联络开关，梢径190，双杆单回	套	121.pdf	杆上设备	2016年版图15－7	引线架横担	SBHD－220，Q235，角钢 L80×8×1700，扁钢—60×6×275	块	8	17.2	137.6	横担类	TJ－HD－14A	290.6
							隔离开关固定件	KGZJ2－440（斜装），Q235，扁钢—60×6×440，—60×6×440，圆钢φ10×260	副	6	2.66	16.0	支构架	TJ－BT－08	
							双杆熔丝具架	SRJ6－3000，Q235，角钢 L63×6×3000	块	2	17.16	34.3	横担类	图6－72，TJ－ZJ－04	
							柱上断路器开关架（Ⅲ）	Q235，角钢，L63×6×990，L63×6×224	副	1	13.9	13.9	支构架	TJ－GJ－05	
							柱式绝缘子固定架	JYZY－150，Q235，角钢 L63×6×150，扁钢—60×6×63	块	8	1.04	8.3	支构架	TJ－GJ－10	
							斜撑	ZX－1300，Q235，角钢 L56×5×1300	块	4	5.5	22	支构架	图6－97	

序号	一级物料主表						二级子表清单							总重(kg)
	商品名称	规格型号	单位	商品图片	归类	国网配电网工程典型设计对应图号	物料名称	物料描述	单位	数量	单重(kg)	合重(kg)	物料归类	《成套化铁附件加工图通用设计》对应加工图号	
121	设备固定支架成套铁附件	LK（SBJ）/19，柱上断路器（支柱式，座装），联络开关，梢径190，双杆单回	套	121.pdf	杆上设备	2016年版图15-7	斜撑抱箍	ZB-260，Q235，扁钢—6×60×552，—6×60×80	块	4	2	8	抱箍类	图6-98	290.6
							开关标识牌固定支架	BPZJ4-800，Q235，角钢L40×4×800	副	3	1.94	5.8	支构架	TJ-GJ-09	
							U型抱箍	U16-320，Q235，圆钢φ16×983，螺母M16：4个	块	4	1.7	6.8	抱箍类	图17-63	
							单头螺栓	M12×40，两平一弹一帽	件	54	0.12	6.5	螺栓类	TJ-GZ-06	
							单头螺栓	M16×50，两平一弹一帽	件	28	0.24	6.7	螺栓类	TJ-GZ-06	
							单头螺栓	M18×80，两平一弹一帽	件	4	0.4	1.6	螺栓类	TJ-GZ-06	
							双头螺栓	M20×360，两平两弹四帽	件	16	1.14	18.2	螺栓类	TJ-GZ-07	
							双头螺栓	M18×400，两平两弹四帽	件	4	1.22	4.9	螺栓类	TJ-GZ-07	

序号122-LK（SBJ）/23，柱上断路器（支柱式，座装），联络开关，梢径230，双杆单回

序号	一级物料主表						二级子表清单							总重(kg)
	商品名称	规格型号	单位	商品图片	归类	国网配电网工程典型设计对应图号	物料名称	物料描述	单位	数量	单重(kg)	合重(kg)	物料归类	《成套化铁附件加工图通用设计》对应加工图号	
122	设备固定支架成套铁附件	LK（SBJ）/23，柱上断路器（支柱式，座装），联络开关，梢径230，双杆单回	套	122.pdf	杆上设备	2016年版图15-7	引线架横担	SBHD-260，Q235，角钢L80×8×1700，扁钢—60×6×375	块	8	17.5	140	横担类	TJ-HD-14A	296.3
							隔离开关固定件	KGZJ2-440（斜装），Q235，扁钢—60×6×440，—60×6×440，圆钢φ10×260	副	6	2.66	16.0	支构架	TJ-BT-08	
							双杆熔丝具架	SRJ6-3000，Q235，角钢L63×6×3000	块	2	17.16	34.3	横担类	图6-72，TJ-ZJ-04	
							柱上断路器开关架（Ⅲ）	Q235，角钢，L63×6×990，L63×6×224	副	1	13.9	13.9	支构架	TJ-GJ-05	
							柱式绝缘子固定架	JYZY-150，Q235，角钢L63×6×150，扁钢—60×6×63	块	8	1.04	8.3	支构架	TJ-GJ-10	

序号	一级物料主表						二级子表清单							总重（kg）
	商品名称	规格型号	单位	商品图片	归类	国网配电网工程典型设计对应图号	物料名称	物料描述	单位	数量	单重（kg）	合重（kg）	物料归类	《成套化铁附件加工图通用设计》对应加工图号	
122	设备固定支架成套铁附件	LK（SBJ）/23，柱上断路器（支柱式，座装），联络开关，梢径230，双杆单回	套	122.pdf	杆上设备	2016年版图15-7	斜撑	ZX-1300，Q235，角钢 L56×5×1300	块	4	5.5	22	支构架	图6-97	296.3
							斜撑抱箍	ZB-300，Q235，扁钢 —6×60×614，—6×60×80	块	4	2.2	4.4	抱箍类	图6-98	
							开关标识牌固定支架（I）	BPZJ4-800，Q235，角钢 L40×4×800	副	3	1.94	5.8	支构架	TJ-GJ-09	
							U型抱箍	U16-360，Q235，圆钢ф16×1085，螺母M16：4个	块	4	1.9	7.6	抱箍类	图17-63	
							单头螺栓	M12×40，两平一弹一帽	件	54	0.12	6.5	螺栓类	TJ-GZ-06	
							单头螺栓	M16×50，两平一弹一帽	件	28	0.24	6.7	螺栓类	TJ-GZ-06	
							单头螺栓	M18×80，两平一弹一帽	件	4	0.4	1.6	螺栓类	TJ-GZ-06	
							双头螺栓	M18×400，两平两弹四帽	件	16	1.22	19.5	螺栓类	TJ-GZ-07	
							双头螺栓	M18×450，两平两弹四帽	件	4	1.32	5.3	螺栓类	TJ-GZ-07	

序号123-LK1（SBJ）/19，柱上断路器，联络开关（共箱式，座装），梢径190，双杆单回

序号	一级物料主表						二级子表清单							总重（kg）
	商品名称	规格型号	单位	商品图片	归类	国网配电网工程典型设计对应图号	物料名称	物料描述	单位	数量	单重（kg）	合重（kg）	物料归类	《成套化铁附件加工图通用设计》对应加工图号	
123	设备固定支架成套铁附件	LK1（SBJ）/19，柱上断路器，联络开关（共箱式，座装），梢径190，双杆单回	套	123.pdf	杆上设备	2016年版图15-7-1	引线架横担	SBHD-220，Q235，角钢 L80×8×1700，扁钢—60×6×275	块	8	17.2	137.6	横担类	TJ-HD-14A	290.0
							隔离开关固定件	KGZJ2-440（斜装），Q235，扁钢 —60×6×440，—60×6×440，圆钢ф10×260	副	6	2.66	16.0	支构架	TJ-BT-08	
							双杆熔丝具架	SRJ6-3000，Q235，角钢 L63×6×3000	块	2	17.16	34.3	横担类	图6-72，TJ-ZJ-04	
							柱上断路器固定夹铁	Q235，角钢，L63×6×450	副	3	2.58	7.7	支构架	TJ-GJ-08	
							柱式绝缘子固定架	JYZY-150，Q235，角钢 L63×6×150，扁钢—60×6×63	块	8	1.04	8.3	支构架	TJ-GJ-10	

| 序号 | 一级物料主表 | | | | | | 二级子表清单 | | | | | | | 总重（kg） |
	商品名称	规格型号	单位	商品图片	归类	国网配电网工程典型设计对应图号	物料名称	物料描述	单位	数量	单重（kg）	合重（kg）	物料归类	《成套化铁附件加工图通用设计》对应加工图号	
123	设备固定支架成套铁附件	LK1（SBJ）/19，柱上断路器，联络开关（共箱式，座装），梢径190，双杆单回	套	123.pdf	杆上设备	2016年版图15-7-1	斜撑	ZX-1100，Q235，角钢L56×5×1100	块	4	4.7	18.8	支构架	图6-97	290.0
							斜撑抱箍	ZB-260，Q235，扁钢—6×60×552，—6×60×80	块	4	2	8	抱箍类	图6-98	
							开关标识牌固定支架	BPZJ4-800，Q235，角钢L40×4×800	副	3	1.94	5.8	支构架	TJ-GJ-09	
							U型抱箍	U16-320，Q235，圆钢ϕ16×983，螺母M16：4个	块	4	1.7	6.8	抱箍类	图17-63	
							压板	YB5-740J，Q235，角钢L50×5×740	块	2	2.79	5.6	支构架	图6-67，TJ-LT-04	
							单头螺栓	M12×40，两平一弹一帽	件	54	0.12	6.5	螺栓类	TJ-GZ-06	
							单头螺栓	M16×50，两平一弹一帽	件	24	0.24	5.8	螺栓类	TJ-GZ-06	
							单头螺栓	M16×120，两平一弹一帽	件	4	0.39	1.6	螺栓类	TJ-GZ-06	
							单头螺栓	M18×80，两平一弹一帽	件	4	0.4	1.6	螺栓类	TJ-GZ-06	
							单头螺栓	M12×140，两平一弹一帽	件	12	0.21	2.5	螺栓类	TJ-GZ-06	
							双头螺栓	M18×360，两平两弹四帽	件	16	1.14	18.2	螺栓类	TJ-GZ-07	
							双头螺栓	M18×400，两平两弹四帽	件	4	1.22	4.9	螺栓类	TJ-GZ-07	

序号124-LK1（SBJ）/23，柱上断路器，联络开关（共箱式，座装），梢径230，双杆单回

| 序号 | 一级物料主表 | | | | | | 二级子表清单 | | | | | | | 总重（kg） |
	商品名称	规格型号	单位	商品图片	归类	国网配电网工程典型设计对应图号	物料名称	物料描述	单位	数量	单重（kg）	合重（kg）	物料归类	《成套化铁附件加工图通用设计》对应加工图号	
124	设备固定支架成套铁附件	LK1（SBJ）/23，柱上断路器，联络开关（共箱式，座装），梢径230，双杆单回	套	124.pdf	杆上设备	2016年版图15-7-1	引线架横担	SBHD-260，Q235，角钢L80×8×1700，扁钢—60×6×375	块	8	17.5	140	横担类	TJ-HD-14A	295.7
							隔离开关固定件	KGZJ2-440（斜装），Q235，扁钢—60×6×440，—60×6×440，圆钢ϕ10×260	副	6	2.66	16.0	支构架	TJ-BT-08	

序号	一级物料主表						二级子表清单							总重(kg)
	商品名称	规格型号	单位	商品图片	归类	国网配电网工程典型设计对应图号	物料名称	物料描述	单位	数量	单重(kg)	合重(kg)	物料归类	《成套化铁附件加工图通用设计》对应加工图号	
124	设备固定支架成套铁附件	LK1（SBJ）/23，柱上断路器，联络开关（共箱式，座装），梢径230，双杆单回	套	124.pdf	杆上设备	2016年版图15-7-1	双杆熔丝具架	SRJ6-3000，Q235，角钢L63×6×3000	块	2	17.16	34.3	横担类	图6-72，TJ-ZJ-04	295.7
							柱上分界断路器固定支架	Q235，角钢，L63×6×450	副	3	2.58	7.7	支构架	TJ-GJ-08	
							柱式绝缘子固定架	JYZY-150，Q235，角钢L63×6×150，扁钢—60×6×63	块	8	1.04	8.3	支构架	TJ-GJ-10	
							斜撑	ZX-1100，Q235，角钢L56×5×1100	块	4	4.7	18.8	支构架	图6-97	
							斜撑抱箍	ZB-300，Q235，扁钢—6×60×614，—6×60×80	块	4	2.2	4.4	抱箍类	图6-98	
							开关标识牌固定支架	BPZJ4-800，Q235，角钢L40×4×800	副	3	1.94	5.8	支构架	TJ-GJ-09	
							U型抱箍	U16-360，Q235，圆钢φ16×1085，螺母M16：4个	块	4	1.9	7.6	抱箍类	图17-63	
							压板	YB5-740J，Q235，角钢L50×5×740	块	2	2.79	5.6	支构架	图6-67，TJ-LT-04	
							单头螺栓	M12×40，两平一弹一帽	件	54	0.12	6.5	螺栓类	TJ-GZ-06	
							单头螺栓	M16×50，两平一弹一帽	件	24	0.24	5.8	螺栓类	TJ-GZ-06	
							单头螺栓	M16×120，两平一弹一帽	件	4	0.39	1.6	螺栓类	TJ-GZ-06	
							单头螺栓	M18×80，两平一弹一帽	件	4	0.4	1.6	螺栓类	TJ-GZ-06	
							单头螺栓	M12×140，两平一弹一帽	件	12	0.21	2.5	螺栓类	TJ-GZ-06	
							双头螺栓	M18×400，两平两弹四帽	件	16	1.22	19.5	螺栓类	TJ-GZ-07	
							双头螺栓	M18×450，两平两弹四帽	件	4	1.32	5.3	螺栓类	TJ-GZ-07	

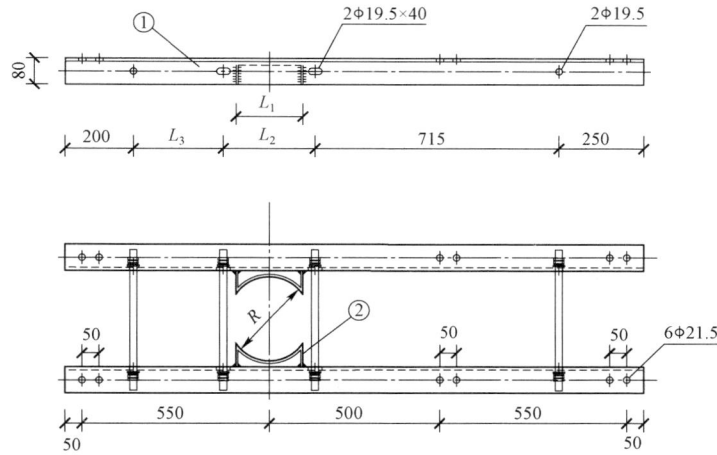

横担加工图（比例1:20）

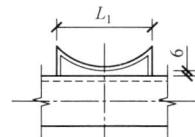

扁钢②加工图（比例1:10）

材料表

杆径 （mm）	型号	编号	材料名称	规格（mm）	单位	数量	质量（kg）单件	质量（kg）小计	合计质量（kg）①+②+③	备注
		①	角钢	L80×8×1700	块	2	16.42	32.8		
215	SBHD－220	②	扁钢	—60×6×275	块	2	0.78	1.6	38.9	
		③	螺栓	M20×360	个	4	1.13	4.5		
245	SBHD－250	②	扁钢	—60×6×331	块	2	0.93	1.8	40.7	
		③	螺栓	M20×380	个	4	1.51	6.1		
260	SBHD－260	②	扁钢	—60×6×375	块	2	1.06	2.2	41.3	
		③	螺栓	M20×400	个	4	1.57	6.3		
280	SBHD－280	②	扁钢	—60×6×414	块	2	1.17	2.4	41.8	
		③	螺栓	M20×420	个	4	1.64	6.6		
300	SBHD－300	②	扁钢	—60×6×453	块	2	1.28	2.6	42.2	
		③	螺栓	M20×440	个	4	1.70	6.8		
320	SBHD－320	②	扁钢	—60×6×493	块	2	1.39	2.8	42.5	
		③	螺栓	M20×460	个	4	1.76	7.0		

横担加工尺寸选取表

水泥杆杆径（mm）	L_1（mm）	L_2（mm）	L_3（mm）	R（mm）	备注
215	170	250	595	108	
245	200	280	580	123	
260	220	300	570	130	
280	240	320	560	140	
290	250	330	555	145	
300	260	340	550	150	
320	280	360	540	160	

注：1. 扁钢与角钢须四面焊接，且焊缝高度为 6mm。

2. 所有材料均须热镀锌防腐。

3. 所有材料材质均为 Q235。

4. 扁钢②与角钢间隙 6mm。

5. 横担准线根据 DL/T 5442—2010《输电线路铁塔制图和构造规定》表 8.2.1 角钢准距表中的技术参数，详见本典型设计第 6 章总说明 6.1.3.3。

6. 本图适用于杆上开关、设备引线架横担。

TJ－HD－14A　设备引线架横担加工图（杆上）

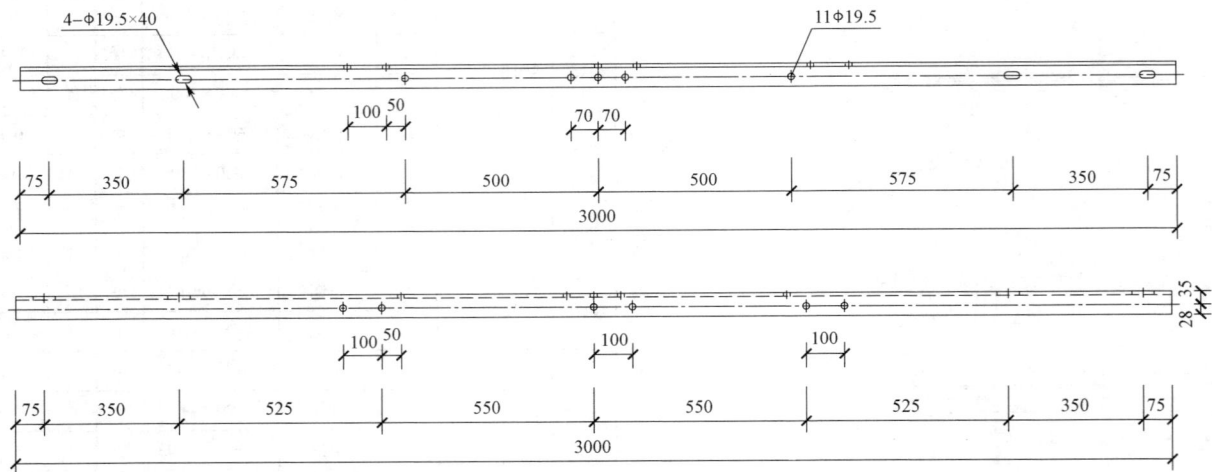

选 用 表

物料编码	型号	名称	单位	数量	质量（kg）	备注
500018274	SRJ6-3000	双杆熔丝具架	块	1	17.16	双杆避雷器、引线担

材 料 表

序号	名称	规格	单位	数量	质量（kg）	备注
1	角钢	L63×6×3000	块	1	17.16	

图 6-72　双杆熔丝具架加工图（SRJ6-3000）（TJ-ZJ-04）

构 件 明 细 表

联板编号	尺寸（mm）			适用主杆直径（mm）	序号	规格	数量	质量（kg）		总质量（kg）
	L_1	R	L					单件	小计	
联－53	250	80	530	Φ140～165	1	—75×8	1	2.50	2.5	
联－57	290	100	570	Φ190～215	2	—75×8	1	2.69	2.7	
联－61	330	120	610	Φ210～255	3	—75×8	1	2.87	2.9	
联－64	360	135	640	Φ260～285	4	—75×8	1	3.01	3.0	
联－67	390	150	670	Φ300～225	4	—75×8	1	3.16	3.2	

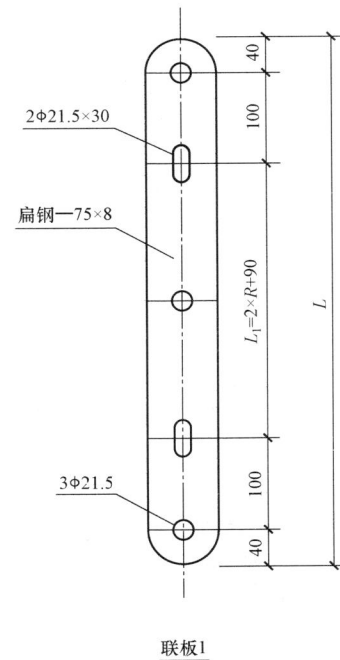

联板1

说明：1. 铁件均需热镀锌。

2. 图中 R 的尺寸是根据铁件安装在距砼杆顶的不同高度和电杆梢径来决定的。

3. 材料表中的角钢材料为 Q235。

TJ－GZ－01　联板制造图

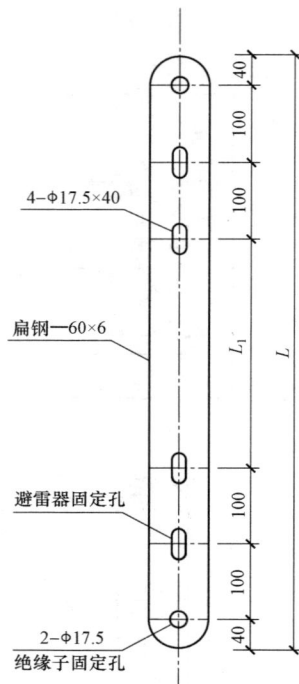

4-φ17.5×40

扁钢—60×6

避雷器固定孔

2-φ17.5
绝缘子固定孔

高压避雷器固定支架

材　料　表

避雷器固定支架编号	尺寸（mm）		适用主杆直径（mm）	编号	规格	数量	质量（kg）		备注
	L_1	L					单重	总重	
BLZJ-01	250	730	φ190拔梢杆	①	—60×6	1	2.06	2.1	
BLZJ-02	290	770	φ230拔梢杆	②	—60×6	2	2.18	2.2	

说明：1. 铁件均需热镀锌。

　　　2. 图中 R 的尺寸是根据铁件安装在距混凝土杆顶的不同高度和电杆梢径来决定的。

　　　3. 材料表中的角钢材料为 Q235。

　　　4. 每块固定支架带 2 套单头螺栓 M16×40（一母一垫）。

TJ-GZ-02　高压避雷器固定支架

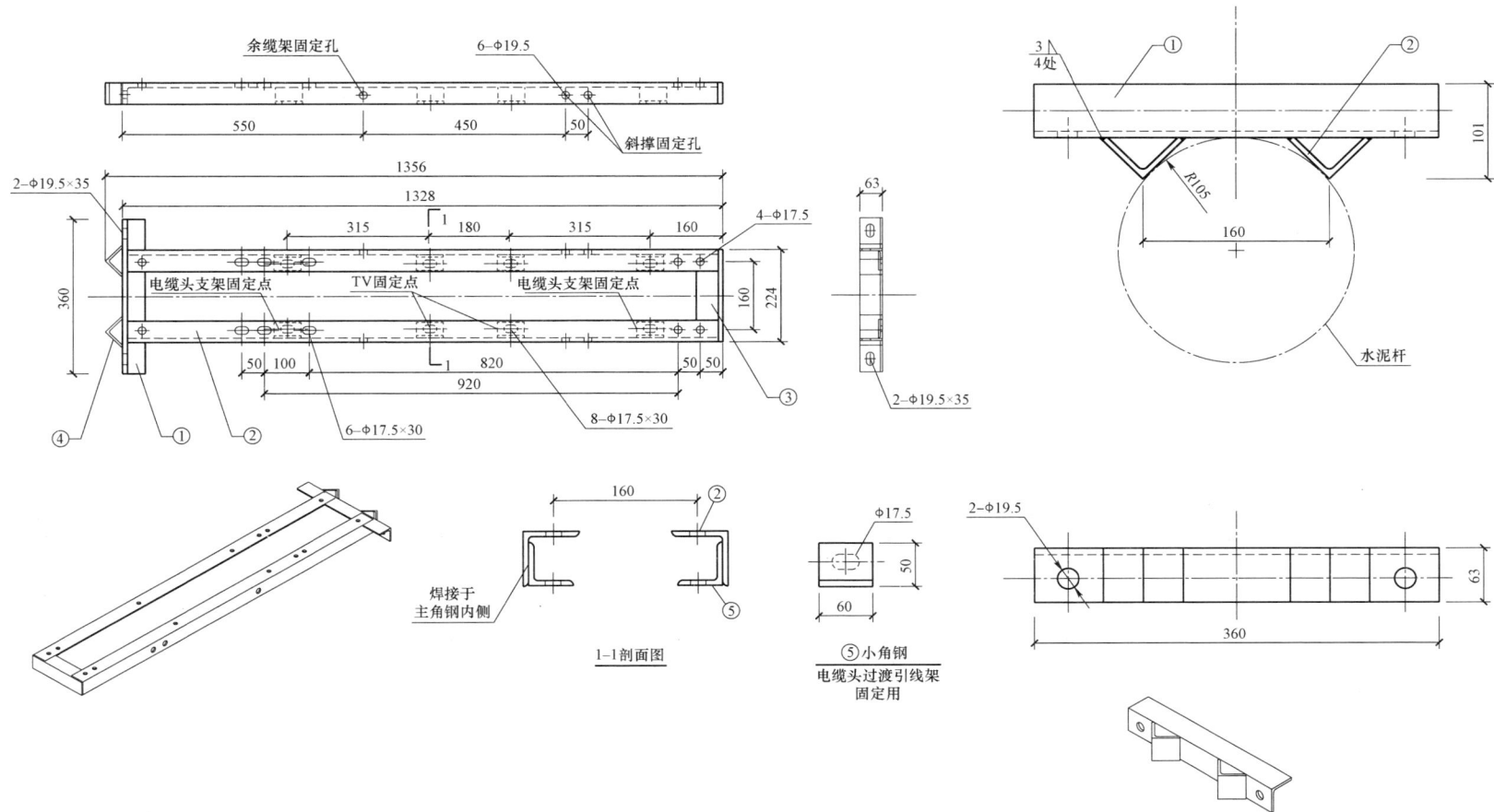

余缆架固定孔　　　　　6－Φ19.5

550　　　　450　　　50

斜撑固定孔

3
4处

①　　　　　②

101

R105

160

水泥杆

1356

1328

2－Φ19.5×35

315　180　315　160

4－Φ17.5

63

360

电缆头支架固定点　　TV固定点　　电缆头支架固定点

160
224

50 100　　　820　　　50 50
920

6－Φ17.5×30　　　8－17.5×30

③

2－Φ19.5×35

④　　　①　　　②

160

②

焊接于
主角钢内侧

⑤

1－1剖面图

Φ17.5

50

60

⑤ 小角钢
电缆头过渡引线架
固定用

2－Φ19.5

63

360

材　料　表

编号	名称	规格	长度（mm）	数量	质量（kg）			备注
					单重	合重	总重	
①	横角钢组焊	L63×6	360	1	2.06	2.06	20.7	
②	长角钢	L63×6	1328	2	7.60	15.20		
③	横角钢	L63×6	224	1	1.28	1.28		
④	小角钢	L50×5	50	2	0.19	0.38		
⑤	小角钢	L50×5	60	8	0.23	1.84		

编号	名称	规格	长度（mm）	数量	质量（kg）			备注
					单重	合重	总重	
①	小横角钢	L63×6	360	1	2.06	2.06	2.4	
②	小角钢	L50×5	50	2	0.19	0.38		

说明：1. 本图为支柱式柱上开关架加工图，加工总重量23.1kg；如设计选用其他型号时，应另附相应的加工图。

2. 柱上开关架包括：开关架1副（本图），撑铁ZX-1300：2支（见图6－97），ZB型抱箍：1副（见图6－98，需根据杆径配置）。

3. 电缆头过渡引线架固定用的小角钢焊接于开关架主角钢内侧。

4. 铁件均需热镀锌。

5. 材料表中材料为Q235。

TJ－GJ－03　柱上断路器开关架（Ⅰ）

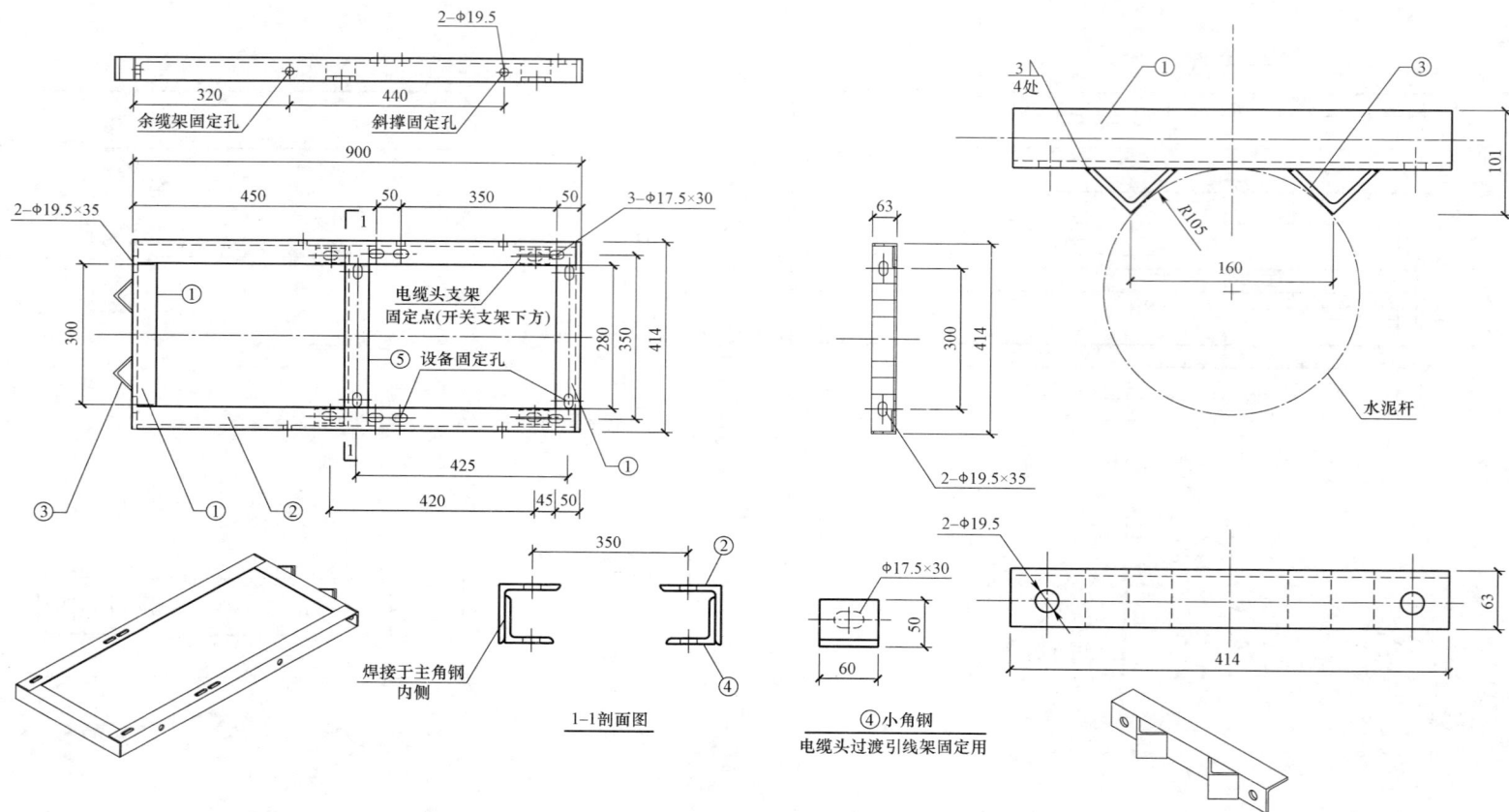

余缆架固定孔　斜撑固定孔

2-Φ19.5

320　440

900

450　50　350　50

2-φ19.5×35　3-φ17.5×30

电缆头支架
固定点(开关支架下方)

⑤　设备固定孔

300　280　350　414

425

420　45　50

③　①　②

350

焊接于主角钢
内侧

1-1剖面图

③　①

R105

160

3
4处

101

水泥杆

63

300　414

2-Φ19.5×35

2-Φ19.5

φ17.5×30

50

60

414

63

④小角钢
电缆头过渡引线架固定用

材 料 表

编号	名称	规格	长度(mm)	数量	质量（kg）		备注
					单重	合重	总重	
①	横角钢组焊	L63×6	414	2	2.37	4.74		
②	长角钢	L63×6	900	2	5.15	10.3	17.9	
③	小角钢	L50×5	50	2	0.19	0.38		
④	小角钢	L50×5	60	4	0.23	0.92		
⑤	小角钢	L50×5	402	1	1.52	1.52		

编号	名称	规格	长度(mm)	数量	质量（kg）		备注
					单重	总重	
①	小横角钢	L63×6	414	1	2.37	2.8	
②	小角钢	L50×5	50	2	0.38		

说明：1. 本图为柱上"座装共箱式"开关架加工图，加工总重量20.7kg；如设计选用其他型号时，应另附相应的加工图。

2. 柱上开关架包括：开关架1副（本图），撑铁 ZX-1100：2支（见图6-97），ZB型抱箍：1副（见图6-98，需根据杆径配置）。

3. 电缆过渡引线架固定用的小角钢焊接于开关架主角钢内侧。

4. 铁件均需热镀锌。

5. 材料表中材料为 Q235。

TJ-GJ-04　柱上断路器开关架（Ⅱ）

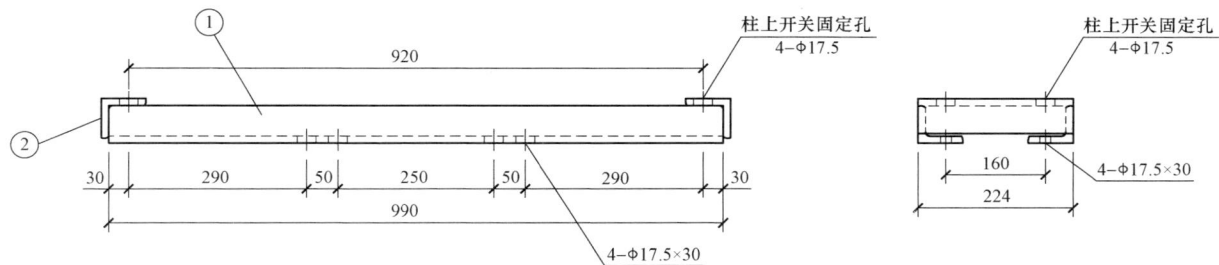

柱上开关固定孔
4-Φ17.5

柱上开关固定孔
4-Φ17.5

920

30　290　50　250　50　290　30

990

4-Φ17.5×30

160

224

4-Φ17.5×30

材 料 表

编号	名称	规格	长度（mm）	数量	质量（kg）			备注
					单重	合重	总重	
①	角钢	L63×6	990	2	5.66	11.3	13.9	
②	横角钢	L63×6	224	2	1.28	2.6		

说明：1. 本图为支柱式柱上开关架加工图，适用于双杆柱上断路器，加工总质量 13.9kg； 如设计选用其他型号时，应另附相应的加工图。

2. 铁件均需热镀锌。

3. 材料表中材料为 Q235。

TJ-GJ-05　柱上断路器开关架（Ⅲ）

4-φ17.5×30

63

50 120 110 120 50

450

4-φ17.5×30

63

50 350 50

450

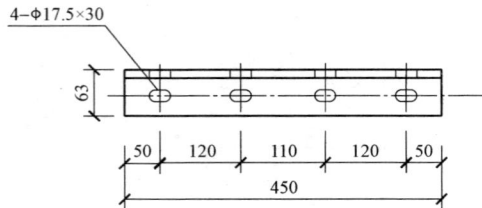

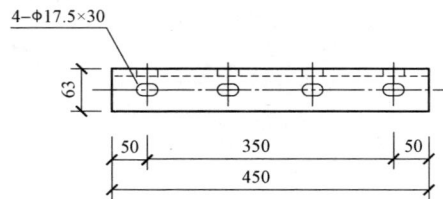

柱上断路器固定夹铁

材 料 表

编号	材料名称	规格	长度（mm）	数量	质量（kg）		备注
					单重	总重	
1	柱上断路器固定夹铁	L63×6	450	1	2.58	2.58	共箱式断路器固定夹铁

说明：1. 本图为共箱式柱上开关固定架加工图，适用于双杆柱上断路器固定夹铁。

2. 铁件均需热镀锌。

3. 材料表中的角钢材料为Q235。

TJ–GJ–08 柱上断路器固定夹铁

杆塔标识牌固定配置表

材料选用			水泥杆				窄基塔	加工图号
			12m		15m			
序号	材料名称	规格型号	φ190	φ230	φ190	φ230		
1	开关标识牌固定支架	BPZJ4-800	1	1	1	1	1	
2	U型抱箍	U16-280	1					图17-63
3	U型抱箍	U16-300		1				图17-63
4	U型抱箍	U16-320			1			图17-63
5	U型抱箍	U16-350				1		图17-63
6	窄基塔电缆固定架夹铁	JT4-205					2	TJ-GJ-01

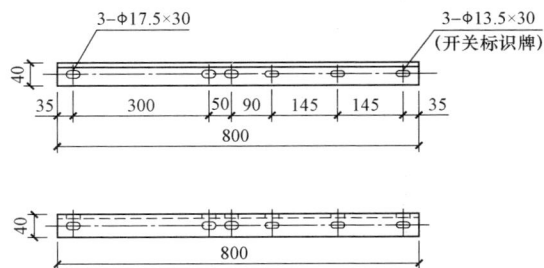

开关标识牌固定支架

材 料 表

编号	材料名称	型号	规格	长度 (mm)	数量	质量 (kg)		适用范围	备注
						单重	总重		
1	开关标识牌固定支架	BPZJ4-800	L40×4	800	1	1.94	1.9	a. 柱上开关、刀闸等标识牌固定支架 b. 禁止标志牌固定支架	

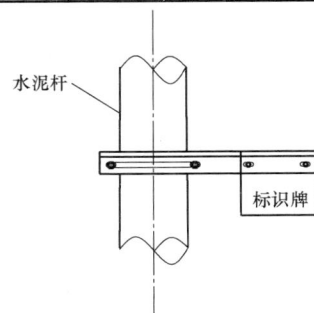

水泥杆标识牌固定架安装示意图

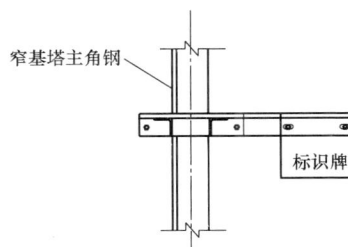

窄基塔标识牌固定架安装示意图

说明：1. 铁件均需热镀锌。

   2. 材料表中的角钢材料为 Q235。

TJ-GJ-09 开关标识牌固定支架

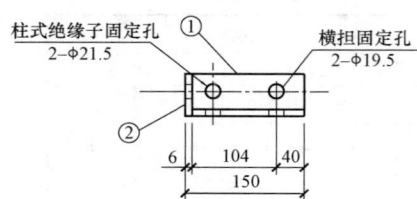

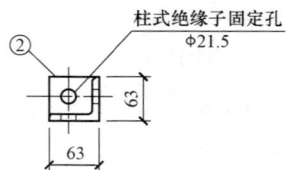

柱式绝缘子固定孔
2-φ21.5

横担固定孔
2-φ19.5

①

②

6 104 40
150

立面图

②

柱式绝缘子固定孔
φ21.5

63

63

立面图

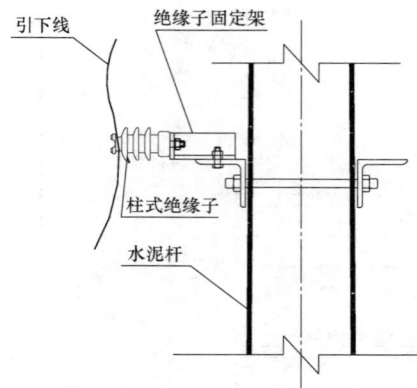

引下线

绝缘子固定架

柱式绝缘子

水泥杆

引下线柱式绝缘子固定安装图

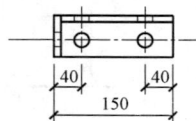

40 40
150

平面图

材　料　表

编号	支架编号	名称	规格	长度(mm)	数量	质量（kg）			备注
						单重	合重	总重	
①	JYZJ-150	角钢	L63×6	150	1	0.86	0.86	1.04	
②		扁钢	—60×6	63	1	0.18	0.18		

说明：1. 本图为杆（塔）柱上开关设备等引下线柱式绝缘子固定架。

2. 铁件均需热镀锌。

3. 材料表中材料为Q235。

TJ-GJ-10　柱式绝缘子固定架

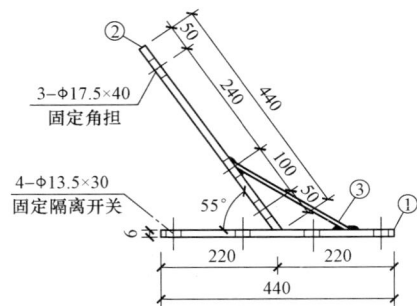

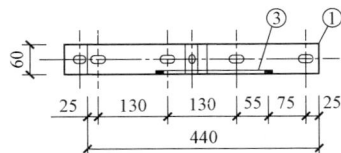

隔离开关固定支架（斜装）
KGZJ2-440

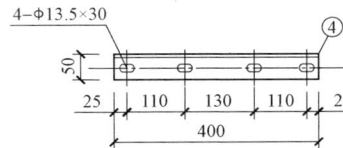

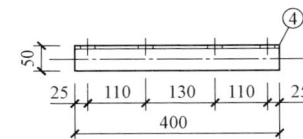

隔离开关固定支架（平装）
KGZJ3-400

材 料 表

型号	编号	名称	规格	长度 (mm)	单位	数量	质量（kg）		适用范围	备注
							单重	总重		
KGZJ2-440	①	扁钢	—60×6	440	块	1	1.25		适用于隔离开关"斜装"	
	②	扁钢	—60×6	440	块	1	1.25	2.66		
	③	加强筋	φ10	260	块	1	0.16			
KGZJ3-400	④	角钢	L50×5	400	块	1	1.51	1.51	适用于隔离开关"平装"	

说明： 1. 铁件均需热镀锌。

2. 材料表中材料为 Q235。

3. 隔离开关固定支架（斜装）各配带 2 套 M12×40 和 M16×40 单头螺栓（一母一垫）。

4. 隔离开关固定支架（平装）配带 2 套单头螺栓 M12×40 和 2 套 M12×140 单头螺栓（一母一垫）。

TJ-BT-08 隔离开关固定件

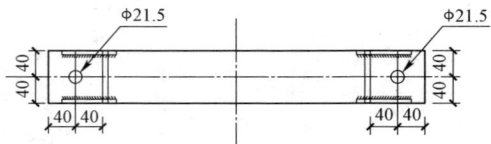

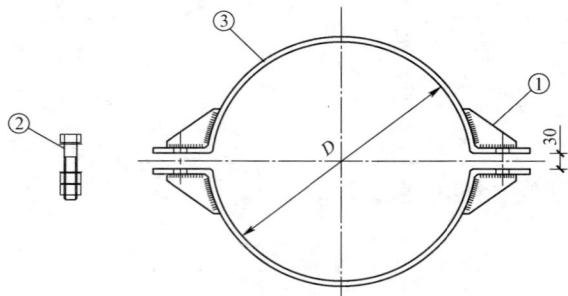

材 料 表

序号	编号	名称	规格	长度（mm）	单位	数量	质量（kg）		备注
							单件	小计	
1	①	加劲板	—8×80	56	块	8	0.31	2.5	
2	②	螺栓	M20×100	100	个	2	0.48	1.0	6.8级，双帽双垫，无扣长度为46mm

选 型 表

序号	编号	型号	D（mm）	规格	长度（mm）	单位	数量	质量（kg）		总质量（kg）①+②+③	备注
								单件	小计		
1	③	LB$_2$－200	200	—8×80	457	块	2	2.30	4.6	8.1	
2	③	LB$_2$－210	210	—8×80	473	块	2	2.37	4.8	8.2	
3	③	LB$_2$－220	220	—8×80	489	块	2	2.45	4.9	8.4	
4	③	LB$_2$－230	230	—8×80	504	块	2	2.53	5.1	8.6	
5	③	LB$_2$－240	240	—8×80	520	块	2	2.61	5.2	8.8	
6	③	LB$_2$－250	250	—8×80	536	块	2	2.69	5.4	8.9	适用GJ－80拉线
7	③	LB$_2$－260	260	—8×80	552	块	2	2.77	5.5	9.0	
8	③	LB$_2$－270	270	—8×80	567	块	2	2.85	5.7	9.2	
9	③	LB$_2$－280	280	—8×80	583	块	2	2.93	5.9	9.4	
10	③	LB$_2$－290	290	—8×80	599	块	2	3.01	6.0	9.5	
11	③	LB$_2$－300	300	—8×80	614	块	2	3.08	6.2	9.7	

比例（1:10）

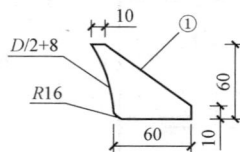

加劲板大样图
比例（1:5）

说明：1. 螺栓螺母垫圈参阅国家标准。

2. 钢材为 Q235。

3. 全部铁件必须热镀锌防腐处理。

4. 各构件焊接工艺、焊缝高度及长度应满足相关规程、规范要求。

图 9－56 拉线抱箍加工图 LB$_2$（2/3）

横担U形抱箍适用表			横担U形抱箍材料表							
型号	R (mm)	适用主杆直径 (mm)	型号	物料编码	R (mm)	编号	名称	规格	数量	质量（kg）单重	总重

型号	R (mm)	适用主杆直径(mm)
U16-160	80	155~165
U16-200	100	195~205
U16-240	120	235~245
U16-260	130	255~265
U16-280	140	275~285
U16-300	150	295~305
U16-320	160	315~325
U16-340	170	335~345
U16-360	180	355~365
U16-380	190	375~385

型号	物料编码	R (mm)	编号	名称	规格	数量	单重	总重
U16-160	500054501	80	①	圆钢	φ16×571	1	0.9	1.05
			②	螺母	M16	4	0.03	
			③	垫片	16	2	0.013	
U16-200	500052527	100	①	圆钢	φ16×674	1	1.1	1.25
U16-240	500052508	120	①	圆钢	φ16×777	1	1.22	1.37
U16-260	500052506	130	①	圆钢	φ16×828	1	1.31	1.46
U16-280	500052619	140	①	圆钢	φ16×880	1	1.39	1.54
U16-300	500052514	150	①	圆钢	φ16×931	1	1.47	1.62
U16-320	500052580	160	①	圆钢	φ16×983	1	1.55	1.70
U16-340	500054499	170	①	圆钢	φ16×1034	1	1.63	1.78
U16-360	500052674	180	①	圆钢	φ16×1085	1	1.71	1.86
U16-380	500055190	190	①	圆钢	φ16×1137	1	1.80	1.95

注：每副U型抱箍配螺母4个，平垫平2个。

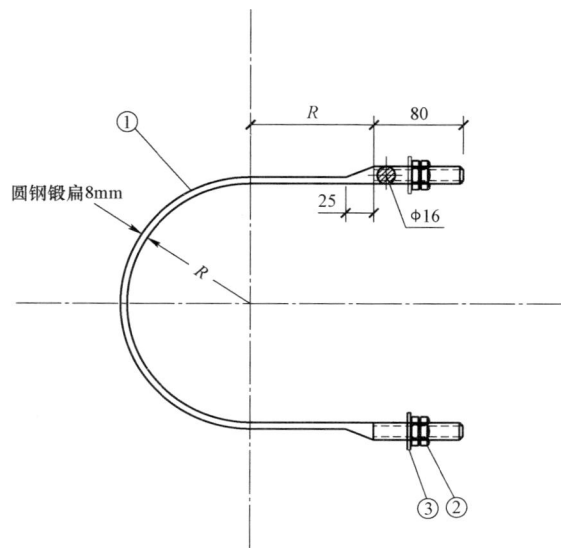

圆钢锻扁8mm

说明：1. 铁件均需热镀锌。

2. U型抱箍材料表中的型号为基本型号，特殊表示为U16-φ（直径），总重参考基本型号。

3. 材料表中的角钢材料为Q235。

图 17-63 横担 U 型抱箍加工示意图

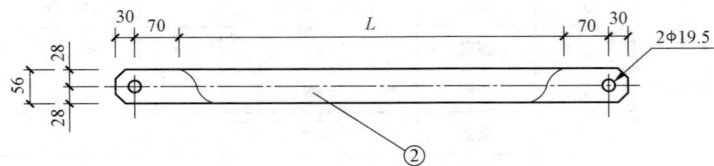

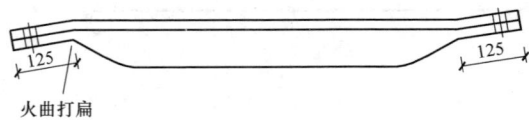

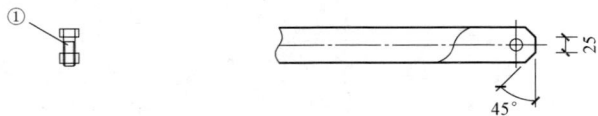

比例 (1:10)

材 料 表

序号	编号	名称	型号	规格	长度（mm）	L（mm）	单位	数量	质量（kg）		合计总质量（kg）①+②
									单件	小计	
1	①	螺栓		M18×50	50	50	个	1	0.27	0.3	
2	②	角钢	ZX-850	L56×5	850	650	根	1	3.60	3.6	3.9
3	②	角钢	ZX-1000	L56×5	1000	800	根	1	4.25	4.3	4.6
4	②	角钢	ZX-1100	L56×5	1100	900	根	1	4.68	4.7	5.0
5	②	角钢	ZX-1200	L56×5	1200	1000	根	1	5.10	5.1	5.4
6	②	角钢	ZX-1250	L56×5	1250	1050	根	1	5.31	5.3	5.6
7	②	角钢	ZX-1300	L56×5	1300	1100	根	1	5.53	5.5	5.8
8	②	角钢	ZX-1400	L56×5	1400	1200	根	1	5.95	6.0	6.3
9	②	角钢	ZX-1500	L56×5	1500	1300	根	1	6.38	6.4	6.7
10	②	角钢	ZX-1600	L56×5	1600	1400	根	1	6.80	6.8	7.1

注：1. 所有材料材质均为 Q235 型钢材并进行热镀锌防腐处理。

2. 螺栓①性能等级 6.8 级，单帽单垫，无扣长 12mm。

图 6-97　直线横担斜撑加工图

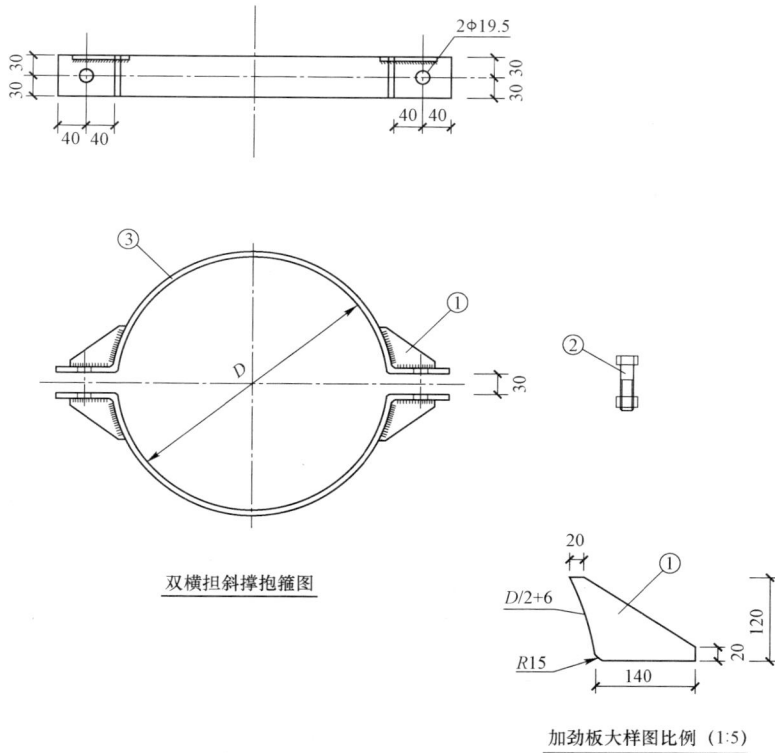

双横担斜撑抱箍图

加劲板大样图比例（1:5）

材 料 表

序号	编号	名称	型号	D（mm）	规格	长度（mm）	单位	数量	质量（kg） 单件	质量（kg） 小计	合计质量（kg） ①+②+③	备注
1	①	加劲板			—6×60	80	块	4	0.23	0.9		
2	②	螺栓			M18×80	80	个	2	0.34	0.7		单帽单垫，无扣长42mm
3	③	斜撑抱箍	ZB－200	200	—6×60	457	块	2	1.29	2.6	4.2	
4	③	斜撑抱箍	ZB－210	210	—6×60	472	块	2	1.34	2.7	4.3	
5	③	斜撑抱箍	ZB－220	220	—6×60	489	块	2	1.38	2.8	4.4	
6	③	斜撑抱箍	ZB－230	230	—6×60	504	块	2	1.43	2.9	4.5	
7	③	斜撑抱箍	ZB－240	240	—6×60	520	块	2	1.47	3.0	4.6	
8	③	斜撑抱箍	ZB－250	250	—6×60	536	块	2	1.52	3.0	4.6	
9	③	斜撑抱箍	ZB－260	260	—6×60	552	块	2	1.56	3.1	4.7	
10	③	斜撑抱箍	ZB－280	280	—6×60	583	块	2	1.65	3.3	4.9	
11	③	斜撑抱箍	ZB－300	300	—6×60	614	块	2	1.74	3.5	5.1	
12	③	斜撑抱箍	ZB－320	320	—6×60	646	块	2	1.83	3.7	5.3	
13	③	斜撑抱箍	ZB－340	340	—6×60	677	块	2	1.92	3.9	5.5	
14	③	斜撑抱箍	ZB－350	350	—6×60	693	块	2	1.96	3.9	5.5	
15	③	斜撑抱箍	ZB－360	360	—6×60	708	块	2	2.00	4.0	5.6	
16	③	斜撑抱箍	ZB－380	380	—6×60	740	块	2	2.09	4.2	5.8	
17	③	斜撑抱箍	ZB－400	400	—6×60	771	块	2	2.18	4.4	6.0	

注：1. 所有材料材质均为 Q235 型钢材并进行热镀锌防腐处理。

2. 螺栓的性能等级为 6.8 级。

3. 各构件焊接工艺、焊缝高度及长度应满足相关规程、规范要求。

图 6－98　直线横担斜撑抱箍加工图

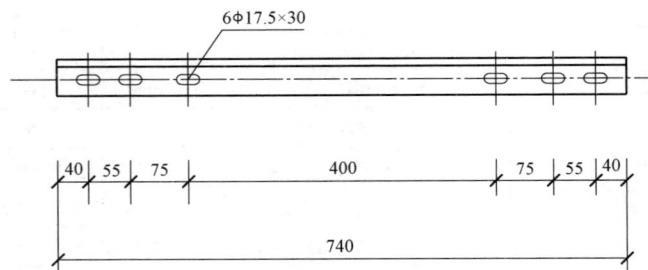

6Φ17.5×30

| 40 | 55 | 75 | 400 | 75 | 55 | 40 |

740

选　用　表

物料编码	型号	规格	长度（mm）	单位（块）	重量（kg）	备注
500126963	YB5－740J	L50×5	740	1	2.79	用于固定变压器

图 6－67　压板制造图（YB5－740J）（TJ－LT－04）

（二）设备固定支架成套（柱上开关设备，窄基塔）

序号125-FD1（SBJ）-ZJT-D，分断隔离开关，单回路窄基塔

序号	一级物料主表						二级子表清单							总重（kg）
	商品名称	规格型号	单位	商品图片	归类	国网配电网工程典型设计对应图号	物料名称	物料描述	单位	数量	单重（kg）	合重（kg）	物料归类	《成套化铁附件加工图通用设计》对应加工图号	
125	设备固定支架成套铁附件	FD1（SBJ）-ZJT-D，分断隔离开关，单回路窄基塔	套	125.pdf	杆上设备	2016年版图15-1-1	引线架横担，窄基塔	SBHD-ZJT-D，Q345角钢，L63×5×2200，L80×7×230，L40×3×770，挂线板—8×102×170	副	1	50.1	50.1	横担类	TJ-HD-14B	82.5
							隔离开关固定件	KGZJ2-440（斜装），Q235，扁钢—60×6×440，—60×6×440，圆钢φ10×260	副	3	2.66	8.0	支构架	TJ-BT-08	
							柱式绝缘子固定架	JYZY-150，Q235，角钢L63×6×150，扁钢—60×6×63	块	9	1.04	9.4	支构架	TJ-GJ-10	
							开关标识牌固定支架	BPZJ4-800，Q235，角钢L40×4×800	副	1	1.94	1.9	支构架	TJ-GJ-09	
							窄基塔电缆固定支架夹铁	JT4-205，Q235，角钢L40×4×410	副	2	2.6	5.2	支构架	TJ-GJ-01	
							单头螺栓	M12×40，两平一弹一帽	件	30	0.12	3.6	螺栓类	TJ-GZ-06	
							单头螺栓	M16×50，两平一弹一帽	件	18	0.24	4.3	螺栓类	TJ-GZ-06	

序号126-FD1（SBJ）-ZJT-S，分断隔离开关，双回路窄基塔

序号	一级物料主表						二级子表清单							总重（kg）
	商品名称	规格型号	单位	商品图片	归类	国网配电网工程典型设计对应图号	物料名称	物料描述	单位	数量	单重（kg）	合重（kg）	物料归类	《成套化铁附件加工图通用设计》对应加工图号	
126	设备固定支架成套铁附件	FD1（SBJ）-ZJT-S，分断隔离开关，双回路窄基塔	套	126.pdf	杆上设备	2016年版图15-1-1	引线架横担，窄基塔	SBHD-ZJT-S，角钢Q345L63×5×2200，窄基塔横担固定架L80×7×230，L40×3×950，挂线板—8×102×170	副	1	51.1	51.1	横担类	TJ-HD-14B	83.5
							隔离开关固定件	KGZJ2-440（斜装），Q235，扁钢—60×6×440，—60×6×440，圆钢φ10×260	副	3	2.66	8.0	支构架	TJ-BT-08	
							柱式绝缘子固定架	JYZY-150，Q235，角钢L63×6×150，扁钢—60×6×63	块	9	1.04	9.4	支构架	TJ-GJ-10	
							开关标识牌固定支架	BPZJ4-800，Q235，角钢L40×4×800	副	1	1.94	1.9	支构架	TJ-GJ-09	
							窄基塔电缆固定支架夹铁	JT4-205，Q235，角钢L40×4×410	副	2	2.6	5.2	支构架	TJ-GJ-01	
							单头螺栓	M12×40，两平一弹一帽	件	30	0.12	3.6	螺栓类	TJ-GZ-06	
							单头螺栓	M16×50，两平一弹一帽	件	18	0.24	4.3	螺栓类	TJ-GZ-06	

序号 127−FD−Z1（SBJ）−ZJT−D，支接隔离开关，单回窄基塔（双回直线塔）

序号	一级物料主表						二级子表清单								总重（kg）
	商品名称	规格型号	单位	商品图片	归类	国网配电网工程典型设计对应图号	物料名称	物料描述	单位	数量	单重（kg）	合重（kg）	物料归类	《成套化铁附件加工图通用设计》对应加工图号	
127	设备固定支架成套铁附件	FD−Z1（SBJ）−ZJT−D，支接隔离开关，单回窄基塔（双回直线塔）	套	127.pdf	杆上设备	2016年版图17−8−2	窄基塔支接横担	ZJHD−ZJT−A1，Q345，角钢L63×5×2200，L80×7×230，L40×3×770，L40×3×900，L40×3×1030，挂线板—8×102×170	副	1	60.5	60.5	横担类	TJ−HD−14C	85.1
							隔离开关固定件	KGZJ2−440（斜装），Q235，扁钢—60×6×440，—60×6×440，圆钢φ10×260	副	3	2.5	7.5	支构架	TJ−BT−08	
							柱式绝缘子固定架	JYZY−150，Q235，角钢L63×6×150，扁钢—60×6×63	块	4	1.04	4.2	支构架	TJ−GJ−10	
							开关标识牌固定支架	BPZJ4−800，Q235，角钢L40×4×800	副	1	1.94	1.9	支构架	TJ−GJ−09	
							窄基塔电缆固定支架夹铁	JT4−205，Q235，角钢L40×4×410	副	2	2.6	5.2	支构架	TJ−GJ−01	
							单头螺栓	M12×40，两平一弹一帽	件	18	0.12	2.2	螺栓类	TJ−GZ−06	
							单头螺栓	M16×50，两平一弹一帽	件	13	0.24	3.1	螺栓类	TJ−GZ−06	

序号 128－FD－Z1（SBJ）－ZJT－S，支接隔离开关，双回路转角窄基塔

序号	一级物料主表						二级子表清单							总重（kg）
	商品名称	规格型号	单位	商品图片	归类	国网配电网工程典型设计对应图号	物料名称	物料描述	单位	数量	单重（kg）	合重（kg）	物料归类	《成套化铁附件加工图通用设计》对应加工图号	
128	设备固定支架成套铁附件	FD－Z1（SBJ）－ZJT－S，支接隔离开关，双回路转角窄基塔	套	128.pdf	杆上设备	2016 年版图 17－8－2	窄基塔支接横担	ZJHD－ZJT－A2，Q345，角钢 L63×5×2200，L80×7×230，L40×3×950，L40×3×1030，L40×3×1160，挂线板—8×102×170	块	2	10.6	21.2	横担类	TJ－HD－14C	86.8
							隔离开关固定件	KGZJ2－440（斜装），Q235，扁钢—60×6×440，—60×6×440，圆钢φ10×260	副	3	2.66	8.0	支构架	TJ－BT－08	
							柱式绝缘子固定架	JYZY－150，Q235，角钢 L63×6×150，扁钢—60×6×63	块	4	1.04	4.2	支构架	TJ－GJ－10	
							开关标识牌固定支架	BPZJ4－800，Q235，角钢 L40×4×800	副	1	1.94	1.9	支构架	TJ－GJ－09	
							窄基塔电缆固定支架夹铁	JT4－205，Q235，角钢 L40×4×410	副	2	2.6	5.2	支构架	TJ－GJ－01	
							单头螺栓	M12×40，两平一弹一帽	件	18	0.12	2.2	螺栓类	TJ－GZ－06	
							单头螺栓	M16×50，两平一弹一帽	件	13	0.24	3.1	螺栓类	TJ－GZ－06	

序号129-DL1（SBJ）-ZJT-D，隔离开关带电缆引下，单回窄基塔

序号	一级物料主表						二级子表清单							《成套化铁附件加工图通用设计》对应加工图号	总重（kg）
	商品名称	规格型号	单位	商品图片	归类	国网配电网工程典型设计对应图号	物料名称	物料描述	单位	数量	单重（kg）	合重（kg）	物料归类		
129	设备固定支架成套铁附件	DL1（SBJ）-ZJT-D，隔离开关带电缆引下，单回窄基塔	套	129.pdf	杆上设备	2016年版图15-11-1	引线架横担，窄基塔	SBHD-ZJT-D，Q345，角钢L63×5×2200，L80×7×230，L40×3×770，挂线板—8×102×170	副	2	50.1	100.2	横担类	TJ-HD-14B	128.2
							隔离开关固定件	KGZJ2-440（斜装），Q235，扁钢—60×6×440，—60×6×440，圆钢φ10×260	副	3	2.66	8.0	支构架	TJ-BT-08	
							柱式绝缘子固定架	JYZY-150，Q235，角钢L63×6×150，扁钢—60×6×63	块	6	1.04	6.2	支构架	TJ-GJ-10	
							开关标识牌固定支架	BPZJ4-800，Q235，角钢L40×4×800	副	1	1.94	1.9	支构架	TJ-GJ-09	
							窄基塔电缆固定支架夹铁	JT4-205，Q235，角钢L40×4×410	副	2	2.6	5.2	支构架	TJ-GJ-01	
							单头螺栓	M12×40，两平一弹一帽	件	26	0.12	2.9	螺栓类	TJ-GZ-06	
							单头螺栓	M16×50，两平一弹一帽	件	15	0.24	3.6	螺栓类	TJ-GZ-06	

序号130-DL1（SBJ）-ZJT-S，隔离开关带电缆引下，双回窄基塔

序号	一级物料主表						二级子表清单							《成套化铁附件加工图通用设计》对应加工图号	总重（kg）
	商品名称	规格型号	单位	商品图片	归类	国网配电网工程典型设计对应图号	物料名称	物料描述	单位	数量	单重（kg）	合重（kg）	物料归类		
130	设备固定支架成套铁附件	DL1（SBJ）-ZJT-S，隔离开关带电缆引下，双回窄基塔	套	130.pdf	杆上设备	2016年版图15-11-1	引线架横担，窄基塔	SBHD-ZJT-S，Q345，角钢L63×5×2200，窄基塔横担固定架L80×7×230，L40×3×950，挂线板—8×102×170	副	2	51.1	102.2	横担类	TJ-HD-14B	130.2
							隔离开关固定件	KGZJ2-440（斜装），Q235，扁钢—60×6×440，—60×6×440，圆钢φ10×260	副	3	2.66	8.0	支构架	TJ-BT-08	
							柱式绝缘子固定架	JYZY-150，Q235，角钢L63×6×150，扁钢—60×6×63	块	6	1.04	6.2	支构架	TJ-GJ-10	
							开关标识牌固定支架	BPZJ4-800，Q235，角钢L40×4×800	副	1	1.94	1.9	支构架	TJ-GJ-09	
							窄基塔电缆固定支架夹铁	JT4-205，Q235，角钢L40×4×410	副	2	2.6	5.2	支构架	TJ-GJ-01	
							单头螺栓	M12×40，两平一弹一帽	件	26	0.12	2.9	螺栓类	TJ-GZ-06	
							单头螺栓	M16×50，两平一弹一帽	件	15	0.24	3.6	螺栓类	TJ-GZ-06	

序号131-FK2（FK-Z2，KL3，KL4，KL5）（SBJ）-ZJT-D，柱上断路器，单回窄基塔

序号	一级物料主表							二级子表清单							总重（kg）
	商品名称	规格型号	单位	商品图片	归类	国网配电网工程典型设计对应图号		物料名称	物料描述	单位	数量	单重（kg）	合重（kg）	物料归类	《成套化铁附件加工图通用设计》对应加工图号	
131	设备固定支架成套铁附件	FK2（FK-Z2，KL3，KL4，KL5（SBJ）-ZJT-D，柱上断路器，单回窄基塔	套	131.pdf	杆上设备	2016年版图15-5-2，图15-13-3，图15-13-4，图15-13-5，图17-15-2		引线架横担，窄基塔	SBHD-ZJT-D，Q345，角钢L63×5×2200，L80×7×230，L40×3×770，挂线板—8×102×170	副	2	50.1	100.2	横担类	TJ-HD-14B	211.7
								隔离开关固定件	KGZJ2-440（斜装），Q235，扁钢—60×6×440，—60×6×440，圆钢φ10×260	副	3	2.66	8.0	支构架	TJ-BT-08	
								柱上断路器开关架（窄基塔）	ZKGJ-ZJT-D，角钢Q345L63×5×2200，L80×7×230，L40×3×970，L75×6×920，L56×5×1300	副	1	62.8	62.8	支构架	TJ-HD-14D	
								柱式绝缘子固定架	JYZY-150，Q235，角钢L63×6×150，扁钢—60×6×63	块	15	1.04	15.6	支构架	TJ-GJ-10	
								开关标识牌固定支架	BPZJ4-800，Q235，角钢L40×4×800	副	2	1.94	3.9	支构架	TJ-GJ-09	
								窄基塔电缆固定支架夹铁	JT4-205，Q235，角钢L40×4×410	副	4	2.6	10.4	支构架	TJ-GJ-01	
								单头螺栓	M12×40，两平一弹一帽	件	30	0.12	3.6	螺栓类	TJ-GZ-06	
								单头螺栓	M16×50，两平一弹一帽	件	30	0.24	7.2	螺栓类	TJ-GZ-06	

序号 132－FK2（FK－Z2，KL3，KL4，KL5）（SBJ）－ZJT－S，柱上断路器，双回窄基塔

序号	一级物料主表						二级子表清单							总重（kg）
	商品名称	规格型号	单位	商品图片	归类	国网配电网工程典型设计对应图号	物料名称	物料描述	单位	数量	单重（kg）	合重（kg）	物料归类	《成套化铁附件加工图通用设计》对应加工图号	
132	设备固定支架成套铁附件	FK2（FK－Z2，KL3，KL4，KL5（SBJ）－ZJT－S，柱上断路器，双回窄基塔	套	132.pdf	杆上设备	2016 年版图 15－5－2，图 15－13－3，图 15－13－4，图 15－13－5，图 17－15－2	引线架横担，窄基塔	SBHD－ZJT－S，Q345，角钢 L63×5×2200，L80×7×230，L40×3×950，挂线板—8×102×170	副	2	51.1	102.2	横担类	TJ－HD－14B	219.3
							隔离开关固定件	KGZJ2－440（斜装），Q235，扁钢—60×6×440，—60×6×440，圆钢φ10×260	副	3	2.5	7.5	支构架	TJ－BT－08	
							柱上断路器开关架（窄基塔）	ZKGJ－ZJT－S，Q345，角钢 L63×5×2200，L80×7×230，L40×3×970，L75×6×1140，L56×5×1600	副	1	68.4	68.4	支构架	TJ－HD－14D	
							柱式绝缘子固定架	JYZY－150，Q235，角钢 L63×6×150，扁钢—60×6×63	块	15	1.04	15.6	支构架	TJ－GJ－10	
							开关标识牌固定支架	BPZJ4－800，Q235，角钢 L40×4×800	副	2	1.94	3.9	支构架	TJ－GJ－09	
							窄基塔电缆固定支架夹铁	JT4－205，Q235，角钢 L40×4×410	副	4	2.6	10.4	支构架	TJ－GJ－01	
							单头螺栓	M12×40，两平一弹一帽	件	30	0.12	3.6	螺栓类	TJ－GZ－06	
							单头螺栓	M16×50，两平一弹一帽	件	30	0.24	7.2	螺栓类	TJ－GZ－06	

材 料 表

窄基塔类型	型号	编号	材料名称	规格（mm）	单位	数量	质量（kg） 单件	质量（kg） 小计	总重	备 注
		①	角钢	L63×5×2200	块	2	10.60	21.2		
		②	横担固定架	L80×7×230	块	4	2.93	11.7		
		③	挂线板	—8×102×170	块	6	1.09	6.5		
		④	螺栓	M16×45	个	28	0.15	4.2		
		⑤	螺栓	M16×120	个	8	0.28	2.2		
单回窄基塔	SBHD−ZJT−D	⑥	角钢	L40×3×770	块	3	1.42	4.3	50.1	隔离开关层、避雷器层
双回窄基塔	SBHD−ZJT−S	⑦	角钢	L40×3×950	块	3	1.76	5.3	51.1	隔离开关层、避雷器层

选 型 表

安装位置 尺寸 窄基塔类型	窄基塔设备引线架横担 L_1（mm）	窄基塔设备引线架横担 L_2（mm）	窄基塔设备引线架横担 L_3（mm）	备 注
单回窄基塔	362（340）	724（680）	425（395）	隔离开关层
单回窄基塔	400（360）	800（720）	475（420）	避雷器层
双回窄基塔	446（360）	892（720）	580（530）	隔离开关层
双回窄基塔	490（446）	980（892）	640（590）	避雷器层

注：括号中的数据为直线塔距离。

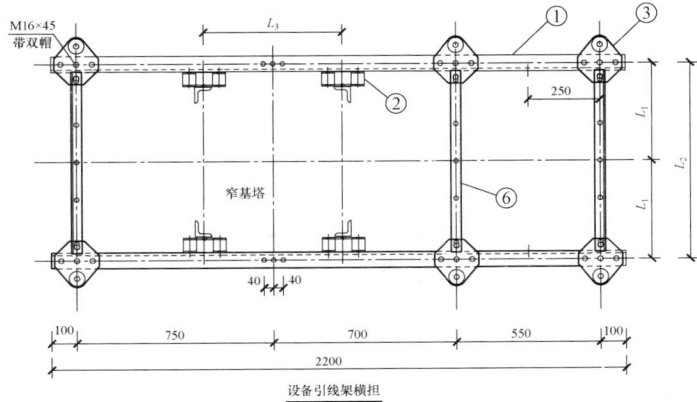

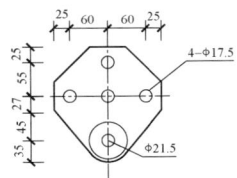

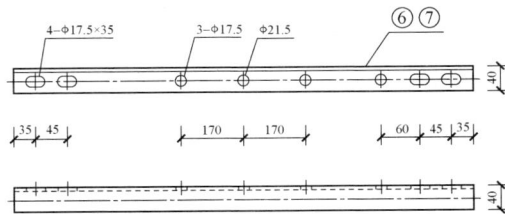

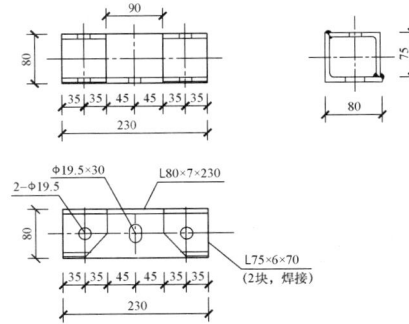

挂线板③详图（比例1:10）

角钢联铁⑥⑦详图（比例1:10）

横担固定架②详图（比例1:10）

设备引线架横担

注：1. 所有材料均须热镀锌防腐。

2. 所有材料材质均为 Q345。

3. 根据选取的绝缘子固定螺栓的规格，本地区确定安装孔径 d 按 M20 螺栓取φ21.5mm。

4. 横担准线根据 DL/T 5442—2010《输电线路铁塔制图和构造规定》表 8.2.1 角钢准距表中的技术参数，详见本典型设计第 6 章总说明 6.1.3.3。

5. 本图适用于窄基塔配套的设备引线架横担。

6. 为通用引线架物料型号，本图中的角钢联铁也可固定于挂线板侧孔上。

TJ−HD−14B   设备引线架横担加工图（窄基塔）

材料表

窄基塔类型	型号	编号	材料名称	规格（mm）	单位	数量	质量（kg） 单件	小计	总重	备注
		①	角钢	L63×5×2200	块	2	10.60	21.2		
		②	横担固定架	L80×7×230	块	4	2.93	11.7		
		③	挂线板	—8×102×170	块	3	1.09	3.3		
		④	挂线板	—8×102×170	块	3	1.09	3.3		
		⑤	螺栓	M16×45	个	34	0.15	4.2		
		⑥	螺栓	M16×120	个	8	0.28	2.2		
窄基塔 支接横担	ZJHD－ZJT－A1	⑦	角钢	L40×3×770	块	3	1.42	4.3	60.5	适用范围：(a) 单回路直线与转角塔支接 (b) 双回路直线塔支接
		⑧	角钢	L40×3×900	块	1	1.67	1.7		
		⑨	角钢	L40×3×1030	块	2	1.91	3.8		
	ZJHD－ZJT－A2	⑦	角钢	L40×3×950	块	3	1.76	5.3	62.2	适用范围：双回路转角塔支接
		⑧	角钢	L40×3×1030	块	1	1.91	1.9		
		⑨	角钢	L40×3×1160	块	2	2.15	4.3		

选型表

安装位置 / 尺寸 / 窄基塔类型	窄基塔交接横担			备注
	L_1（mm）	L_2（mm）	L_3（mm）	
单回窄基塔	362（340）	724（680）	425（395）	
双回窄基塔	446（360）	892（720）	580（530）	

注：括号中的数据为直线塔距离。

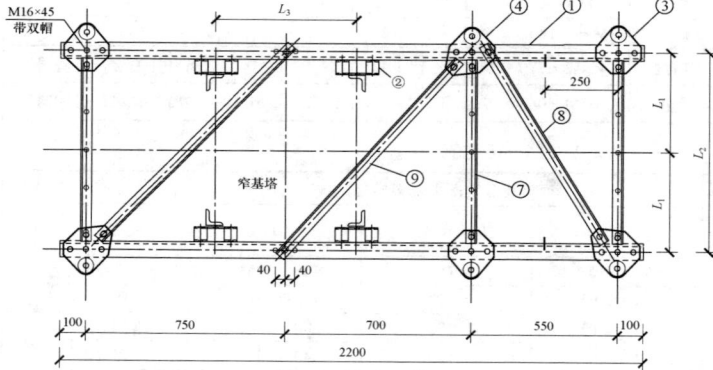

窄基塔支接横担

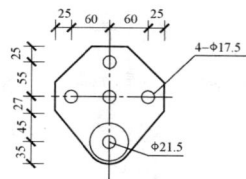

挂线板③详图（比例1:10）

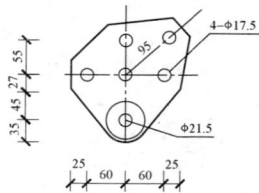

挂线板④详图（比例1:10）

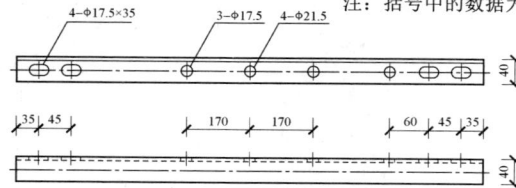

角钢联铁⑦详图（比例1:10）

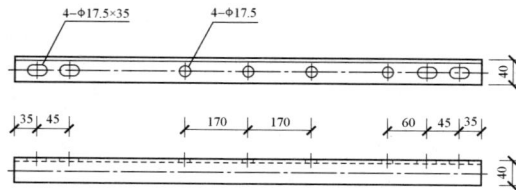

斜材⑧⑨加工图（比例1:10）

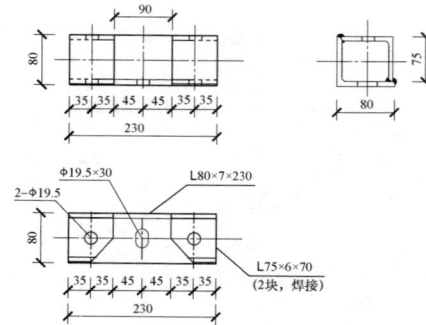

横担固定架②详图（比例1:10）

注：
1. 所有材料均须热镀锌防腐。
2. 所有材料材质均为 Q345。
3. 横担准线根据 DL/T 5442—2010《输电线路铁塔制图和构造规定》表 8.2.1 角钢准距表中的技术参数，详见本典型设计第 6 章总说明 6.1.3.3。
4. 本图适用于窄基塔配套的单回路支接横担（或单回路支接隔离开关横担）。

TJ－HD－14C　支接横担加工图（窄基塔）

材 料 表

窄基塔类型	型号	编号	材料名称	规格（mm）	单位	数量	质量（kg）单件	质量（kg）小计	总重	备 注
		①	角钢	L63×5×2200	块	2	10.60	21.2		
		②	横担固定架	L80×7×230	块	4	2.93	11.7		
		③	螺栓	M16×45	个	14	0.15	2.1		
		④	螺栓	M16×120	个	8	0.28	2.2		
		⑤	角钢	L40×3×970	块	1	1.80	1.8		PT支架
单回窄基塔	ZKGJ－ZJT－D	⑥	角钢	L75×6×920	块	2	6.36	12.7	62.8	开关固定角担
		⑦	角钢	L56×5×1300	块	2	5.53	11.1		斜撑ZX－1300，图6－97
双回窄基塔	ZKGJ－ZJT－S	⑥	角钢	L75×6×1140	块	2	7.88	15.8	68.4	开关固定角担
		⑦	角钢	L56×5×1600	块	2	6.80	13.6		斜撑ZX－1600，图6－97

选 型 表

安装位置 / 尺寸 / 窄基塔类型	柱上断路器开关架（窄基塔）						备注
	L₁（mm）	L₂（mm）	L₃（mm）	L₄（mm）	L₅（mm）	L₆（mm）	
单回窄基塔	419（374）	838（748）	515（580）	515（450）	130（130）	920（920）	
双回窄基塔	534（478）	1068（956）	305（377）	725（653）	240（240）	1140（1140）	

注：括号中的数据为直线塔距离。

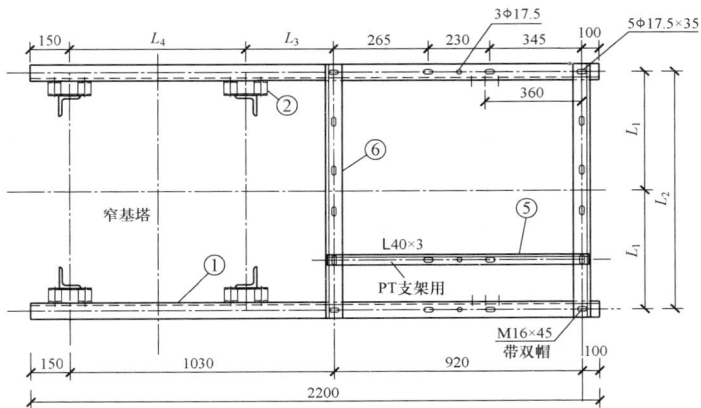

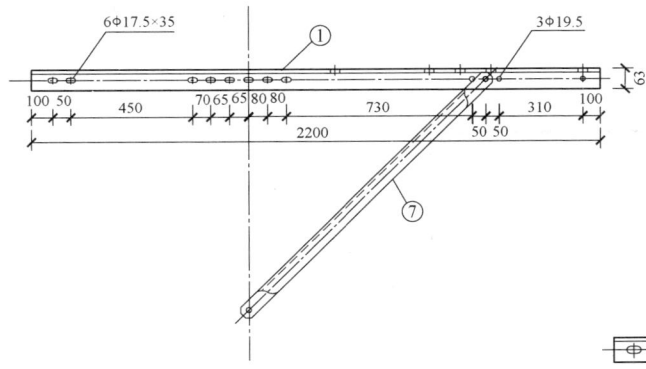

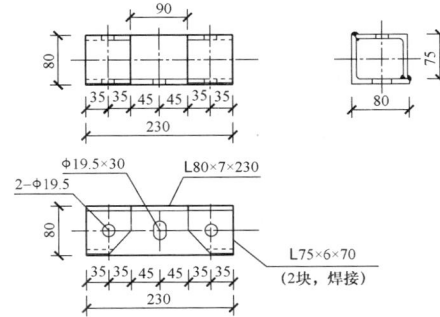

柱上断路器开关架（窄基塔）

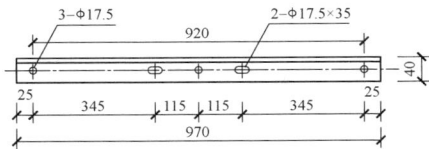

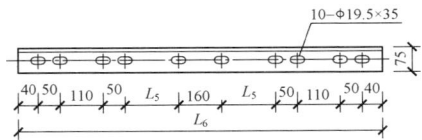

开关固定角担⑥加工图

横担固定架②详图（比例1:10）

PT支架⑤加工图

注：1. 所有材料均须热镀锌防腐。
2. 所有材料材质均为 Q345。
3. 未注明的安装孔径 d 取 17.5。
4. 横担准线根据 DL/T 5442－2010《输电线路铁塔制图和构造规定》表 8.2.1。
角钢准距表中的技术参数，详见本典型设计第 6 章总说明 6.1.3.3。
5. 本图适用于窄基塔配套的柱上断路器开关架。

TJ－HD－14D　柱上断路器开关架（窄基塔）

立面图　　　　　　　立面图

平面图

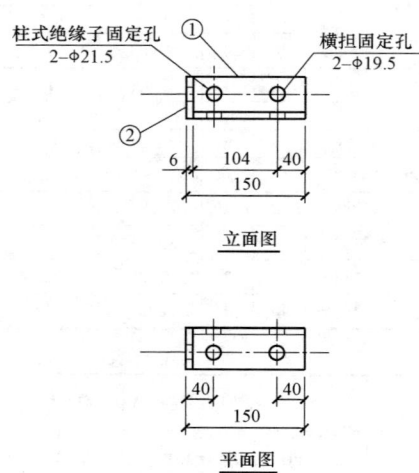

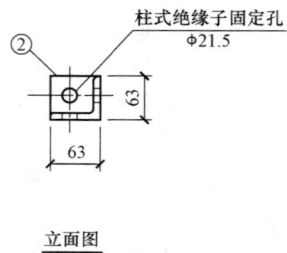

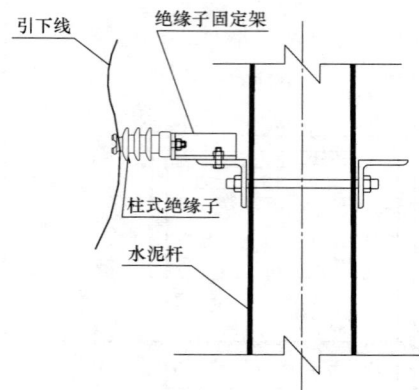

引下线柱式绝缘子固定安装图

材　料　表

编号	支架编号	名称	规格	长度 (mm)	数量	质量（kg）			备注
						单重	合重	总重	
①	JYZJ-150	角钢	L63×6	150	1	0.86	0.86	1.04	
②		扁钢	—60×6	63	1	0.18	0.18		

说明：1. 本图为杆（塔）柱上开关设备等引下线柱式绝缘子固定架。

2. 铁件均需热镀锌。

3. 材料表中材料为 Q235。

TJ－GJ－10　柱式绝缘子固定架

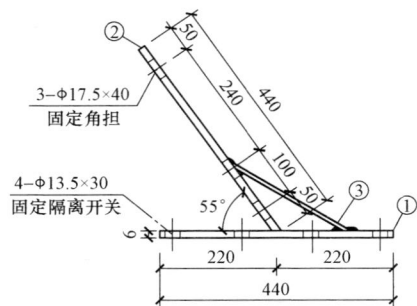

隔离开关固定支架（斜装）
KGZJ2-440

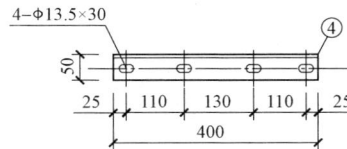

隔离开关固定支架（平装）
KGZJ3-400

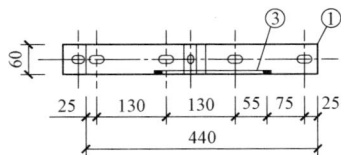

材 料 表

型号	编号	名称	规格	长度(mm)	单位	数量	质量（kg）		适用范围	备注
							单重	总重		
KGZJ2-440	①	扁钢	—60×6	440	块	1	1.25	2.66	适用于隔离开关"斜装"	
	②	扁钢	—60×6	440	块	1	1.25			
	③	加强筋	φ10	260	块	1	0.16			
KGZJ3-400	④	角钢	L50×5	400	块	1	1.51	1.51	适用于隔离开关"平装"	

说明：1. 铁件均需热镀锌。

2. 材料表中材料为 Q235。

3. 隔离开关固定支架（斜装）各配带 2 套 M12×40 和 M16×40 单头螺栓（一母一垫）。

4. 隔离开关固定支架（平装）配带 2 套单头螺栓 M12×40 和 2 套 M12×140 单头螺栓（一母一垫）。

TJ-BT-08 隔离开关固定件

3−φ17.5×30　　3−φ13.5×30（开关标识牌）

40　35　300　50　90　145　145　35　800

开关标识牌固定支架

塔标识牌固定配置表

序号	材料选用 材料名称	规格型号	水泥杆 12m φ190	12m φ230	15m φ190	15m φ230	窄基塔	加工图号
1	开关标识牌固定支架	BPZJ4−800	1	1	1	1	1	
2	U型抱箍	U16−280	1					图17−63
3	U型抱箍	U16−300		1				图17−63
4	U型抱箍	U16−320			1			图17−63
5	U型抱箍	U16−350				1		图17−63
6	窄基塔电缆固定架夹铁	JT4−205					2	TJ−GJ−01

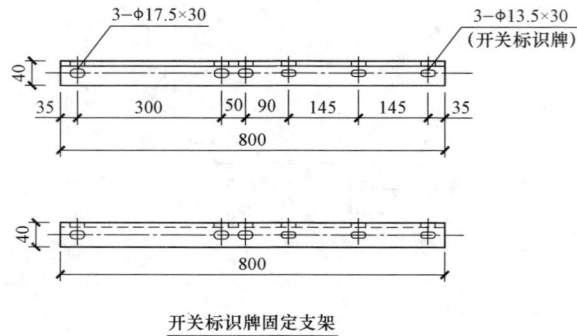

材 料 表

编号	材料名称	型号	规格	长度（mm）	数量	质量（kg） 单重	总重	适用范围	备注
1	开关标识牌固定支架	BPZJ4−800	L40×4	800	1	1.94	1.9	a. 柱上开关、刀闸等标识牌固定支架 b. 禁止标志牌固定支架	

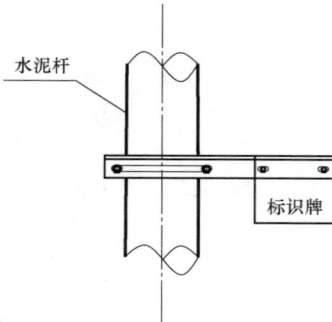

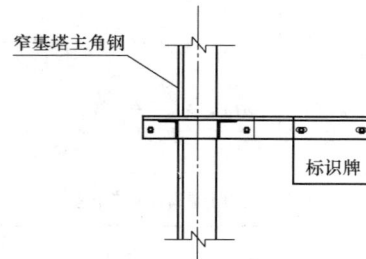

水泥杆标识牌固定架安装示意图

窄基塔标识牌固定架安装示意图

说明：1. 铁件均需热镀锌。

2. 材料表中的角钢材料为Q235。

TJ−GJ−09　开关标识牌固定支架

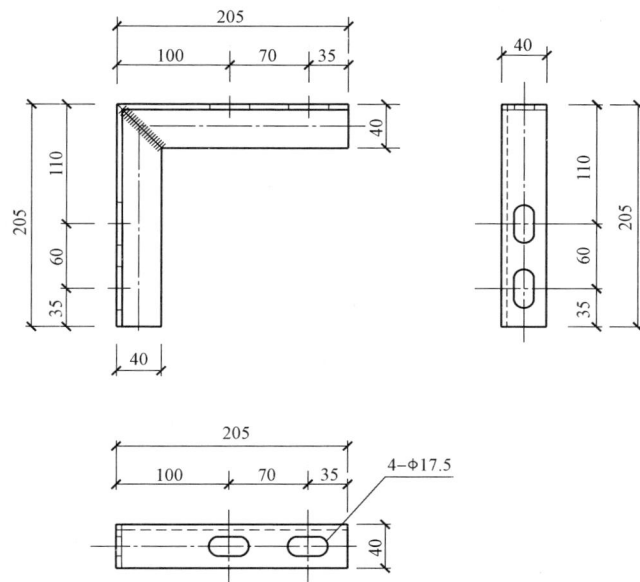

窄基塔电缆固定架夹铁

材　料　表

型号	编号	名称	规格（mm）	长度	数量	单重（kg）	总重（kg）	备注
JT4－205	1	角钢	L40×4	410	2	0.99	2.6	
	2	螺栓	M16	40	4	0.16		

说明：1. 铁件均需热镀锌。

2. 材料表中的角钢材料为 Q235。

3. 每套电缆固定架配 2 套固定架夹铁。

TJ－GJ－01　窄基塔电缆固定架夹铁制造图

（三）设备固定支架成套（柱上 TV 装置）

序号 133-TV1-12/19，柱上 TV 装置，箱式，梢径 190，杆高 12m，单杆单回

序号	一级物料主表						二级子表清单							总重（kg）
	商品名称	规格型号	单位	商品图片	归类	国网配电网工程典型设计对应图号	物料名称	物料描述	单位	数量	单重（kg）	合重（kg）	物料归类	《成套化铁附件加工图通用设计》对应加工图号	
133	设备固定支架成套铁附件	TV1-12/19，柱上 TV 装置，箱式，梢径 190，杆高 12m，单杆单回	套	133.pdf	杆上设备	2016 年版 PTZ-01，PTZ-03，PTZ-06，PT-ZPB-01	杆上电缆固定架	DLJ5-165，Q235，角钢 L50×5×165，L50×5×420；扁钢—50×5×200	副	3	2.6	7.8	支构架	图 6-70，TJ-ZJ-02	66.6
							箱体固定支架	SBZJ-1000，Q235，角钢 L50×5×1000	副	2	3.8	7.6	支构架	图 19-34-1	
							电缆卡抱	KBG4-80，Q235，扁钢—40×4×286	块	3	0.36	1.1	抱箍类	图 6-55，TJ-BG-01	
							横担抱箍	HBG6-260，Q235，扁钢—60×6×545，—120×5×115，—60×6×410	块	2	3.78	7.6	抱箍类	图 6-58，TJ-BG-04	
							抱箍	BG6-260，Q235，扁钢—60×6×545，—50×5×100	块	2	1.94	3.9	抱箍类	图 6-56，TJ-BG-02	
							横担抱箍	HBG6-280，Q235，扁钢—60×6×576，—120×5×125，—60×6×410	块	3	3.97	11.9	抱箍类	图 6-58，TJ-BG-04	
							抱箍	BG6-280，Q235，扁钢—60×6×576，—50×5×100	块	3	2.03	6.1	抱箍类	图 6-56，TJ-BG-02	
							余缆架	YLJ1-500，Q235，扁钢—40×4×500，圆钢φ6×130	副	1	1.6	1.6	支构架	TJ-GJ-02	
							电缆头过渡引线架（Ⅱ）	DGJ₂-65，Q235，角钢 L50×5×650	副	2	2.5	5.0	支构架	TJ-GJ-07	
							扁钢连铁	LT6-420P，Q235，扁钢—60×6×420	块	2	1.2	2.4	支构架	图 6-65（TJ-LJ-02）	
							单头螺栓	M10×40，两平一弹一帽	件	4	0.08	0.3	螺栓类	TJ-GZ-06	
							单头螺栓	M12×40，两平一弹一帽	件	4	0.12	0.5	螺栓类	TJ-GZ-06	
							单头螺栓	M16×40，两平一弹一帽	件	28	0.22	6.2	螺栓类	TJ-GZ-06	
							单头螺栓	M16×80，两平一弹一帽	件	10	0.3	3	螺栓类	TJ-GZ-06	
							单头螺栓	M16×120，两平一弹一帽	件	4	0.39	1.6	螺栓类	TJ-GZ-06	

序号 134－TV1－15/19，柱上 TV 装置，箱式，梢径 190，杆高 15m，单杆单回

序号	一级物料主表						二级子表清单								总重 (kg)
	商品名称	规格型号	单位	商品图片	归类	国网配电网工程典型设计对应图号	物料名称	物料描述	单位	数量	单重 (kg)	合重 (kg)	物料归类	《成套化铁附件加工图通用设计》对应加工图号	
134	设备固定支架成套铁附件	TV1－15/19，柱上 TV 装置，箱式，梢径 190，杆高 15m，单杆单回	套	134.pdf	杆上设备	2016 年版 PTZ－01，PTZ－03，PTZ－06，PT－ZPB－01	杆上电缆固定架	DLJ5－165，Q235，角钢 L50×5×165，L50×5×420；扁钢—50×5×200	副	4	2.6	10.4	支构架	图 6－70，TJ－ZJ－02	79.5
							箱体固定支架	SBZJ－1000，Q235，角钢 L50×5×1000	副	2	3.8	7.6	支构架	图 19－34－1	
							电缆卡抱	KBG4－80，Q235，扁钢—40×4×286	块	4	0.36	1.4	抱箍类	图 6－55，TJ－BG－01	
							横担抱箍	HBG6－260，Q235，扁钢—60×6×545，—120×5×115，—60×6×410	块	1	3.78	3.8	抱箍类	图 6－58，TJ－BG－04	
							抱箍	BG6－260，Q235，扁钢—60×6×545，—50×5×100	块	1	1.94	1.9	抱箍类	图 6－56，TJ－BG－02	
							横担抱箍	HBG6－280，Q235，扁钢—60×6×576，—120×5×125，—60×6×410	块	1	3.97	4	抱箍类	图 6－58，TJ－BG－04	
							抱箍	BG6－280，Q235，扁钢—60×6×576，—50×5×100	块	1	2.03	2	抱箍类	图 6－56，TJ－BG－02	
							横担抱箍	HBG6－300，Q235，扁钢—60×6×608，—120×5×135，—60×6×410	块	1	4.15	4.2	抱箍类	图 6－58，TJ－BG－04	
							抱箍	BG6－300，Q235，扁钢—60×6×608，—50×5×100	块	1	2.12	2.1	抱箍类	图 6－56，TJ－BG－02	
							横担抱箍	HBG6－320，Q235，扁钢—60×6×638，—120×5×145，—60×6×410	块	3	4.34	13	抱箍类	图 6－58，TJ－BG－04	
							抱箍	BG6－320，Q235，扁钢—60×6×638，—50×5×100	块	3	2.21	6.6	抱箍类	图 6－56，TJ－BG－02	
							余缆架	YLJ1－500，Q235，扁钢—40×4×500，圆钢ϕ6×130	副	1	1.6	1.6	支构架	TJ－GJ－02	
							电缆头过渡引线架（Ⅱ）	DGJ₂－65，Q235，角钢 L50×5×650	副	2	2.5	5.0	支构架	TJ－GJ－07	
							扁钢连铁	LT6－420P，Q235，扁钢—60×6×420	块	2	1.2	2.4	支构架	图 6－65（TJ－LJ－02）	
							单头螺栓	M10×40，两平一弹一帽	件	4	0.08	0.3	螺栓类	TJ－GZ－06	
							单头螺栓	M12×40，两平一弹一帽	件	8	0.12	1.0	螺栓类	TJ－GZ－06	
							单头螺栓	M16×40，两平一弹一帽	件	32	0.22	7.0	螺栓类	TJ－GZ－06	
							单头螺栓	M16×80，两平一弹一帽	件	10	0.3	3	螺栓类	TJ－GZ－06	
							单头螺栓	M16×120，两平一弹一帽	件	4	0.39	1.6	螺栓类	TJ－GZ－06	

序号 135－TV1－15/23，柱上 TV 装置，箱式，梢径 230，杆高 15m，单杆单回

序号	一级物料主表						二级子表清单								总重（kg）
	商品名称	规格型号	单位	商品图片	归类	国网配电网工程典型设计对应图号	物料名称	物料描述	单位	数量	单重（kg）	合重（kg）	物料归类	《成套化铁附件加工图通用设计》对应加工图号	
135	设备固定支架成套铁附件	TV1－15/23，柱上 TV 装置，箱式，梢径 230，杆高 15m，单杆单回	套	135.pdf	杆上设备	2016 年版 PTZ－01，PTZ－03，PTZ－06，PT－ZPB－01	杆上电缆固定架	DLJ5－165，Q235，角钢 L50×5×165，L50×5×420；扁钢—50×5×200	副	4	2.6	10.4	支构架	图 6－70，TJ－ZJ－02	82.7
							箱体固定支架	SBZJ－1000，Q235，角钢 L50×5×1000	副	2	3.8	7.6	支构架	图 19－34－1	
							电缆卡抱	KBG4－80，Q235，扁钢—40×4×286	块	4	0.36	1.4	抱箍类	图 6－55，TJ－BG－01	
							横担抱箍	HBG6－300，Q235，扁钢—60×6×608，—120×5×135，—60×6×410	块	1	4.15	4.2	抱箍类	图 6－58，TJ－BG－04	
							抱箍	BG6－300，Q235，扁钢—60×6×608，—50×5×100	块	1	2.12	2.1	抱箍类	图 6－56，TJ－BG－02	
							横担抱箍	HBG6－320，Q235，扁钢—60×6×638，—120×5×145，—60×6×410	块	1	4.34	4.3	抱箍类	图 6－58，TJ－BG－04	
							抱箍	BG6－320，Q235，扁钢—60×6×638，—50×5×100	块	1	2.21	2.2	抱箍类	图 6－56，TJ－BG－02	
							横担抱箍	HBG6－340，Q235，扁钢—60×6×670，—120×5×155，—60×6×410	块	1	4.52	4.5	抱箍类	图 6－58，TJ－BG－04	
							抱箍	BG6－340，Q235，扁钢—60×6×670，—50×5×100	块	1	2.3	2.3	抱箍类	图 6－56，TJ－BG－02	
							横担抱箍	HBG6－360，Q235，扁钢—60×6×701，—120×5×165，—60×6×410	块	3	4.69	14.1	抱箍类	图 6－58，TJ－BG－04	
							抱箍	BG6－360，Q235，扁钢—60×6×701，—50×5×100	块	3	2.38	7.1	抱箍类	图 6－56，TJ－BG－02	
							余缆架	YLJ1－500，Q235，扁钢—40×4×500，圆钢φ6×130	副	1	1.6	1.6	支构架	TJ－GJ－02	
							电缆头过渡引线架（Ⅱ）	DGJ₂－65，Q235，角钢 L50×5×650	副	2	2.5	5.0	支构架	TJ－GJ－07	
							扁钢连铁	LT6－420P，Q235，扁钢—60×6×420	块	2	1.2	2.4	支构架	图 6－65（TJ－LJ－02）	
							单头螺栓	M10×40，两平一弹一帽	件	4	0.08	0.3	螺栓类	TJ－GZ－06	
							单头螺栓	M12×40，两平一弹一帽	件	8	0.12	1	螺栓类	TJ－GZ－06	
							单头螺栓	M16×40，两平一弹一帽	件	32	0.22	7.0	螺栓类	TJ－GZ－06	
							单头螺栓	M16×80，两平一弹一帽	件	12	0.3	3.6	螺栓类	TJ－GZ－06	
							单头螺栓	M16×120，两平一弹一帽	件	4	0.39	1.6	螺栓类	TJ－GZ－06	

序号 136−TV2−12/19，柱上 TV 装置，罩式，梢径 190，杆高 12m（15m），单杆单回

序号	一级物料主表						二级子表清单							总重（kg）
	商品名称	规格型号	单位	商品图片	归类	国网配电网工程典型设计对应图号	物料名称	物料描述	单位	数量	单重（kg）	合重（kg）	物料归类	《成套化铁附件加工图通用设计》对应加工图号	
136	设备固定支架成套铁附件	TV2−12/19，柱上 TV 装置，罩式，梢径 190，杆高 12m，单杆单回	套	136.pdf	杆上设备	2016 年版 PTZ−02，PTZ−04，PTZ−05，PTZ−07，PT−ZPB−01	杆上电缆固定架	DLJ5−165，Q235，角钢 L50×5×165，L50×5×420；扁钢—50×5×200	副	4	2.6	10.4	支构架	图 6−70，TJ−ZJ−02	44.1
							电缆卡抱	KBG4−80，Q235，扁钢—40×4×286	块	3	0.36	1.1	抱箍类	图 6−55，TJ−BG−01	
							横担抱箍	HBG6−240，Q235，扁钢—60×6×514，—120×5×105，—60×6×410	块	1	3.6	3.6	抱箍类	图 6−58，TJ−BG−04	
							抱箍	BG6−240，Q235，扁钢—60×6×514，—50×5×100	块	1	1.85	1.9	抱箍类	图 6−56，TJ−BG−02	
							横担抱箍	HBG6−260，Q235，扁钢—60×6×545，—120×5×115，—60×6×410	块	1	3.78	3.8	抱箍类	图 6−58，TJ−BG−04	
							抱箍	BG6−260，Q235，扁钢—60×6×545，—50×5×100	块	1	1.94	1.9	抱箍类	图 6−56，TJ−BG−02	
							横担抱箍	HBG6−280，Q235，扁钢—60×6×576，—120×5×125，—60×6×410	块	2	3.97	7.9	抱箍类	图 6−58，TJ−BG−04	
							抱箍	BG6−280，Q235，扁钢—60×6×576，—50×5×100	块	2	2.03	4.1	抱箍类	图 6−56，TJ−BG−02	
							余缆架	YLJ1−500，Q235，扁钢—40×4×500，圆钢φ6×130	副	1	1.6	1.6	支构架	TJ−GJ−02	
							单头螺栓	M10×40，两平一弹一帽	件	4	0.08	0.3	螺栓类	TJ−GZ−06	
							单头螺栓	M12×40，两平一弹一帽	件	6	0.12	0.7	螺栓类	TJ−GZ−06	
							单头螺栓	M16×40，两平一弹一帽	件	20	0.22	4.4	螺栓类	TJ−GZ−06	
							单头螺栓	M16×80，两平一弹一帽	件	8	0.3	2.4	螺栓类	TJ−GZ−06	

序号 137－TV2－15/19，柱上 TV 装置，罩式，梢径 190，杆高 15m，单杆单回

序号	一级物料主表						二级子表清单							总重(kg)
	商品名称	规格型号	单位	商品图片	归类	国网配电网工程典型设计对应图号	物料名称	物料描述	单位	数量	单重(kg)	合重(kg)	物料归类	《成套化铁附件加工图通用设计》对应加工图号	
137	设备固定支架成套铁附件	TV2－15/19，柱上TV装置，罩式，梢径190，杆高15m，单杆单回	套	137.pdf	杆上设备	2016年版PTZ－02，PTZ－04，PTZ－05，PTZ－07，PT－ZPB－01	杆上电缆固定架	DLJ5－165，Q235，角钢L50×5×165，L50×5×420；扁钢—50×5×200	副	5	2.6	13	支构架	图6－70，TJ－ZJ－02	55.9
							电缆卡抱	KBG4－80，Q235，扁钢—40×4×286	块	4	0.36	1.4	抱箍类	图6－55，TJ－BG－01	
							横担抱箍	HBG6－240，Q235，扁钢—60×6×514，—120×5×105，—60×6×410	块	1	3.6	3.6	抱箍类	图6－58，TJ－BG－04	
							抱箍	BG6－240，Q235，扁钢—60×6×514，—50×5×100	块	1	1.85	1.9	抱箍类	图6－56，TJ－BG－02	
							横担抱箍	HBG6－260，Q235，扁钢—60×6×545，—120×5×115，—60×6×410	块	1	3.78	3.8	抱箍类	图6－58，TJ－BG－04	
							抱箍	BG6－260，Q235，扁钢—60×6×545，—50×5×100	块	1	1.94	1.9	抱箍类	图6－56，TJ－BG－02	
							横担抱箍	HBG6－300，Q235，扁钢—60×6×608，—120×5×135，—60×6×410	块	1	4.15	4.2	抱箍类	图6－58，TJ－BG－04	
							抱箍	BG6－300，Q235，扁钢—60×6×608，—50×5×100	块	1	2.12	2.1	抱箍类	图6－56，TJ－BG－02	
							横担抱箍	HBG6－320，Q235，扁钢—60×6×638，—120×5×145，—60×6×410	块	2	4.34	8.7	抱箍类	图6－58，TJ－BG－04	
							抱箍	BG6－320，Q235，扁钢—60×6×638，—50×5×100	块	2	2.21	4.4	抱箍类	图6－56，TJ－BG－02	
							余缆架	YLJ1－500，Q235，扁钢—40×4×500，圆钢φ6×130	副	1	1.6	1.6	支构架	TJ－GJ－02	
							单头螺栓	M10×40，两平一弹一帽	件	4	0.08	0.3	螺栓类	TJ－GZ－06	
							单头螺栓	M12×40，两平一弹一帽	件	6	0.12	0.7	螺栓类	TJ－GZ－06	
							单头螺栓	M16×40，两平一弹一帽	件	24	0.22	5.3	螺栓类	TJ－GZ－06	
							单头螺栓	M16×80，两平一弹一帽	件	10	0.3	3	螺栓类	TJ－GZ－06	

序号 138−TV2−15/23，柱上 TV 装置，罩式，梢径 230，杆高 15m，单杆单回

序号	一级物料主表						二级子表清单							总重（kg）
	商品名称	规格型号	单位	商品图片	归类	国网配电网工程典型设计对应图号	物料名称	物料描述	单位	数量	单重（kg）	合重（kg）	物料归类	《成套化铁附件加工图通用设计》对应加工图号	
138	设备固定支架成套铁附件	TV2−15/23，柱上 TV 装置，罩式，梢径 230，杆高 15m，单杆单回	套	138.pdf	杆上设备	2016 年版PTZ−02，PTZ−04，PTZ−05，PTZ−07，PT−ZPB−01	杆上电缆固定架	DLJ5−165，Q235，角钢 L50×5×165，L50×5×420；扁钢—50×5×200	副	5	2.6	13	支构架	图 6−70，TJ−ZJ−02	58.6
							电缆卡抱	KBG4−80，Q235，扁钢—40×4×286	块	4	0.36	1.4	抱箍类	图 6−55，TJ−BG−01	
							横担抱箍	HBG6−280，Q235，扁钢—60×6×576，—120×5×125，—60×6×410	块	1	3.97	4	抱箍类	图 6−58，TJ−BG−04	
							抱箍	BG6−280，Q235，扁钢—60×6×576，—50×5×100	块	1	2.03	2	抱箍类	图 6−56，TJ−BG−02	
							横担抱箍	HBG6−300，Q235，扁钢—60×6×608，—120×5×135，—60×6×410	块	1	4.15	4.2	抱箍类	图 6−58，TJ−BG−04	
							抱箍	BG6−300，Q235，扁钢—60×6×608，—50×5×100	块	1	2.12	2.1	抱箍类	图 6−56，TJ−BG−02	
							横担抱箍	HBG6−340，Q235，扁钢—60×6×670，—120×5×155，—60×6×410	块	1	4.52	4.5	抱箍类	图 6−58，TJ−BG−04	
							抱箍	BG6−340，Q235，扁钢—60×6×670，—50×5×100	块	1	2.3	2.3	抱箍类	图 6−56，TJ−BG−02	
							横担抱箍	HBG6−360，Q235，扁钢—60×6×701，—120×5×165，—60×6×410	块	2	4.69	9.4	抱箍类	图 6−58，TJ−BG−04	
							抱箍	BG6−360，Q235，扁钢—60×6×701，—50×5×100	块	2	2.38	4.8	抱箍类	图 6−56，TJ−BG−02	
							余缆架	YLJ1−500，Q235，扁钢—40×4×500，圆钢φ6×130	副	1	1.6	1.6	支构架	TJ−GJ−02	
							单头螺栓	M10×40，两平一弹一帽	件	4	0.08	0.3	螺栓类	TJ−GZ−06	
							单头螺栓	M12×40，两平一弹一帽	件	6	0.12	0.7	螺栓类	TJ−GZ−06	
							单头螺栓	M16×40，两平一弹一帽	件	24	0.22	5.3	螺栓类	TJ−GZ−06	
							单头螺栓	M16×80，两平一弹一帽	件	10	0.3	3	螺栓类	TJ−GZ−06	

序号 139－TV3－ZJT，柱上 TV 装置，箱式，窄基塔，单杆单回

序号	一级物料主表						二级子表清单							总重 (kg)
	商品名称	规格型号	单位	商品图片	归类	国网配电网工程典型设计对应图号	物料名称	物料描述	单位	数量	单重(kg)	合重(kg)	物料归类	《成套化铁附件加工图通用设计》对应加工图号	
139	设备固定支架成套铁附件	TV3－ZJT，柱上 TV 装置，箱式，窄基塔，单杆单回	套	139.pdf	杆上设备	2016 年版 PTZ－08，PTZ－09	杆上电缆固定架	DLJ5－165，Q235，角钢 L50×5×165，L50×5×420；扁钢—50×5×200	副	5	2.6	13	支构架	图 6－70，TJ－ZJ－02	50.5
							电缆卡抱	KBG4－80，Q235，扁钢—40×4×286	块	3	0.36	1.1	抱箍类	图 6－55，TJ－BG－01	
							压板	YB5－460P，Q235，扁钢—50×5×460	块	2	0.91	1.8	支构架	图 6－66，TJ－LT－03	
							窄基塔电缆固定支架夹铁	JT4－205，Q235，角钢 L40×4×410	副	10	2.6	26	支构架	TJ－GJ－01	
							余缆架	YLJ1－500，Q235，扁钢—40×4×500，圆钢φ6×130	副	1	1.6	1.6	支构架	TJ－GJ－02	
							单头螺栓	M10×40，两平一弹一帽	件	4	0.08	0.3	螺栓类	TJ－GZ－06	
							单头螺栓	M12×40，两平一弹一帽	件	8	0.12	1	螺栓类	TJ－GZ－06	
							单头螺栓	M16×40，两平一弹一帽	件	26	0.22	5.7	螺栓类	TJ－GZ－06	

序号 140－TV4－ZJT，柱上 TV 装置，罩式，窄基塔，单杆单回

序号	一级物料主表						二级子表清单							总重 (kg)
	商品名称	规格型号	单位	商品图片	归类	国网配电网工程典型设计对应图号	物料名称	物料描述	单位	数量	单重(kg)	合重(kg)	物料归类	《成套化铁附件加工图通用设计》对应加工图号	
140	设备固定支架成套铁附件	TV4－ZJT，柱上 TV 装置，罩式，窄基塔，单杆单回	套	140.pdf	杆上设备	2016 年版 PTZ－10，PTZ－11	杆上电缆固定架	DLJ5－165，Q235，角钢 L50×5×165，L50×5×420；扁钢—50×5×200	副	3	2.6	7.8	支构架	图 6－70，TJ－ZJ－02	31.4
							电缆卡抱	KBG4－80，Q235，扁钢—40×4×286	块	3	0.36	1.1	抱箍类	图 6－55，TJ－BG－01	
							窄基塔电缆固定支架夹铁	JT4－205，Q235，角钢 L40×4×410	副	6	2.6	15.6	支构架	TJ－GJ－01	
							余缆架	YLJ1－500，Q235，扁钢—40×4×500，圆钢φ6×130	副	1	1.6	1.6	支构架	TJ－GJ－02	
							单头螺栓	M10×40，两平一弹一帽	件	4	0.08	0.3	螺栓类	TJ－GZ－06	
							单头螺栓	M12×40，两平一弹一帽	件	8	0.12	1	螺栓类	TJ－GZ－06	
							单头螺栓	M16×40，两平一弹一帽	件	18	0.22	4	螺栓类	TJ－GZ－06	

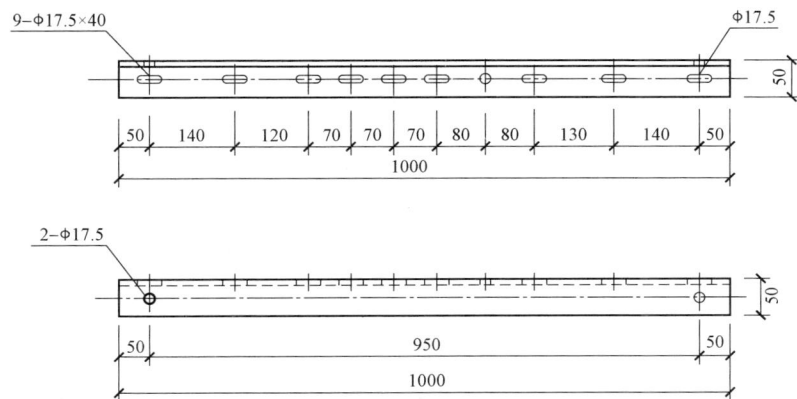

箱体固定支架

材 料 表

编号	材料名称	物料编码	规格	长度 (mm)	数量	质量（kg）		适用范围	备注
						单重	总重		
SBZJ－1000	箱体固定支架	500019259	L50×5	1000	1	3.77	3.8	(a) 低压电缆分支箱固定支架 (b) 柱上断路器 TV 控制箱固定支架 (c) 低压两条电缆上杆固定支架	

说明：1. 铁件均需热镀锌。

　　　2. 本图的箱体固定支架是与半圆横担抱箍、半圆抱箍及螺栓相配合。

　　　3. 材料表中的角钢材料为 Q235。

图 19－34－1　箱体固定支架加工图

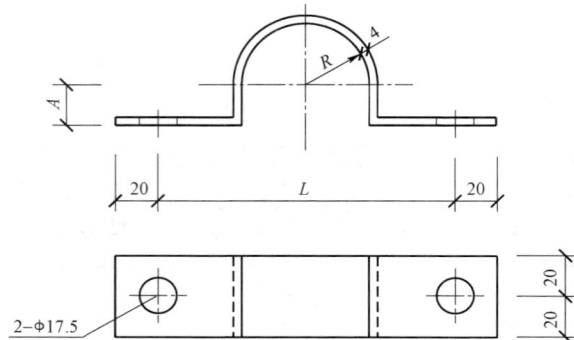

选 用 表

物料编码	型号	R（mm）	A	规 格	L	长度（mm）	单位（块）	质量(kg)	ZCYJV22-0.6/1kV		ZCYJV22-8.7/15kV	钢管	适用范围
									四芯（mm²）	五芯（mm²）	三芯（mm²）		
500019063	KBG4-40	20	10	一40×4		223	1	0.28	25～50	25～50			
500018853	KBG4-50	25	15	一40×4		239	1	0.31	70～120	70～95			
500018854	KBG4-64	32	21	一40×4	140	259	1	0.33	150～185	120～150			上杆电缆用
500018855	KBG4-70	35	25	一40×4		270	1	0.34	240	185	70～120		
500018856	KBG4-80	40	30	一40×4		286	1	0.36		240	150～185		
500035114	KBG4-90	45	35	一40×4		302	1	0.38			240～300		
500018852	KBG4-110	55	45	一40×4		423	1	0.53			400	φ100	钢管卡抱上杆电缆保护管用
500035115	KBG4-160	80	70	一40×4	230	502	1	0.63				φ150	
500069002	KBG4-200	100	90	一40×4		565	1	0.71				φ200	

注：每块电缆卡抱配单头螺栓 M16×40 各 2 件。

图 6-55 电缆卡抱制造图（KBG4）（TJ-BG-01）

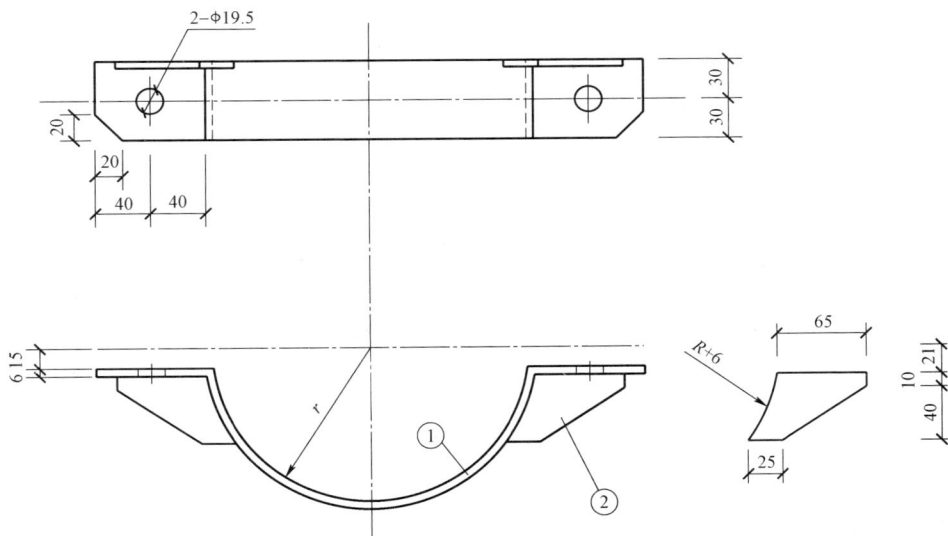

选 用 表

物料编码	型号	r (mm)	下料长度 (mm)	质量 (kg)	单位 (块)	总重 (kg)
500019003	BG6－160	80	390	1.10	1	1.50
500018830	BG6－200	100	457	1.29	1	1.69
500059292	BG6－210	105	470	1.33	1	1.73
500018864	BG6－220	110	484	1.37	1	1.77
500018831	BG6－240	120	514	1.45	1	1.85
500019005	BG6－260	130	545	1.54	1	1.94
500019006	BG6－280	140	576	1.63	1	2.03
500018832	BG6－300	150	608	1.72	1	2.12
500019007	BG6－320	160	638	1.81	1	2.21
500018833	BG6－340	170	670	1.90	1	2.30
500018834	BG6－360	180	701	1.98	1	2.38
500018835	BG6－380	190	733	2.07	1	2.47
500018836	BG6－400	200	764	2.16	1	2.56
500018837	BG6－420	210	796	2.25	1	2.65
500019008	BG6－440	220	827	2.34	1	2.74
500019009	BG6－460	230	859	2.43	1	2.83
500019010	BG6－480	240	890	2.52	1	2.92
500019011	BG6－500	250	921	2.61	1	3.01

材 料 表

编号	名称	规格	单位	数量	质量 (kg)	备注
①	扁钢	—60×6×L	块	1	见选用表	
②	加劲板	—50×5×100	块	2	0.4	

图 6－56　半圆抱箍制造图（BG6）（TJ－BG－02）

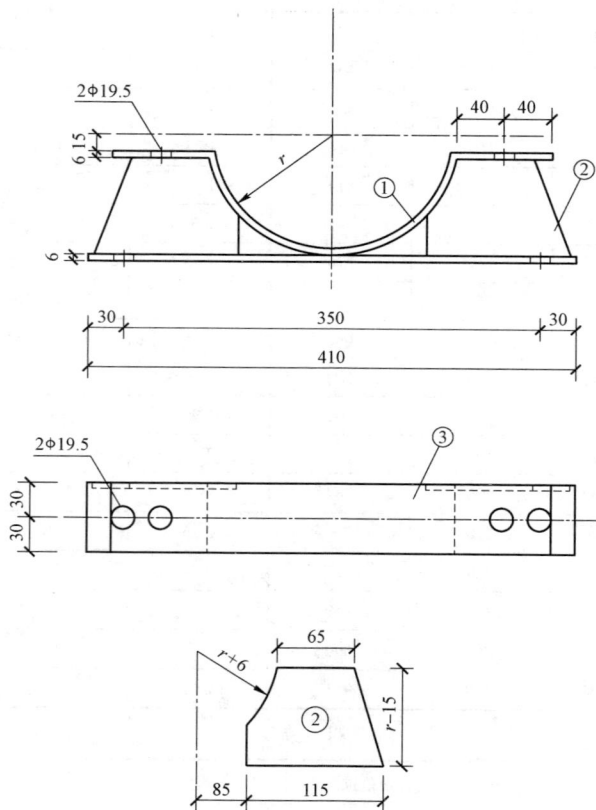

选 用 表

物料编码	型号	r (mm)	下料长度 (mm)	质量 (kg)	单位 (块)	总重 (kg)
500018890	HBG6－160	80	390	1.10	1	3.06
500018891	HBG6－200	100	457	1.29	1	3.25
500126943	HBG6－210	105	470	1.33	1	3.34
500019098	HBG6－220	110	484	1.37	1	3.42
500018892	HBG6－240	120	514	1.45	1	3.60
500019099	HBG6－260	130	545	1.54	1	3.78
500018893	HBG6－280	140	576	1.63	1	3.97
500019100	HBG6－300	150	608	1.72	1	4.15
500019101	HBG6－320	160	638	1.81	1	4.34
500019102	HBG6－340	170	670	1.90	1	4.52
500019103	HBG6－360	180	701	1.98	1	4.69
500019104	HBG6－380	190	733	2.07	1	4.88
500019105	HBG6－400	200	764	2.16	1	5.06
500019106	HBG6－420	210	796	2.25	1	5.25

材 料 表

编号	名称	规格	单位	数量	质量 (kg)	备注
①	扁钢	—60×6×L	块	1	见选用表	
②	加劲板	—120×5×（r−15)	块	2		
③	扁钢	—60×6×410	块	1	1.16	

图 6－58　半圆横担抱箍制造图（HBG6）（TJ－BG－04）

·188·国网福建省电力有限公司配电网工程通用设计　成套化铁附件加工图

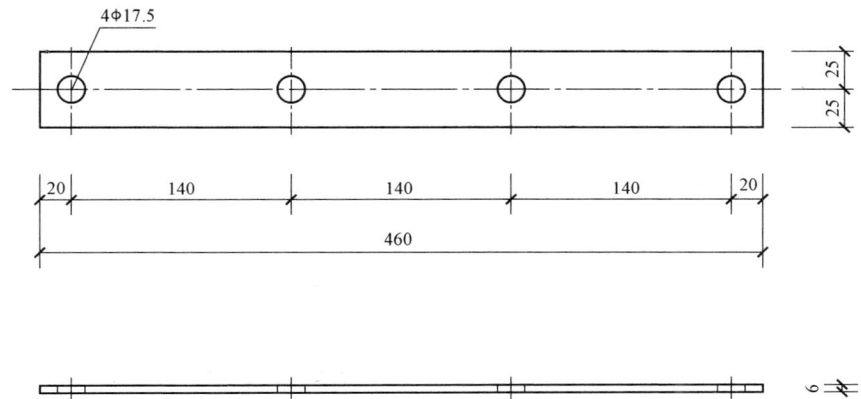

选　用　表

物料编码	型号	规格	L长度（mm）	单位（块）	质量（kg）
500127019	YB5-460P	—50×5	460	1	0.91

图6-66　压板制造图（YB5-460P）（TJ-LT-03）

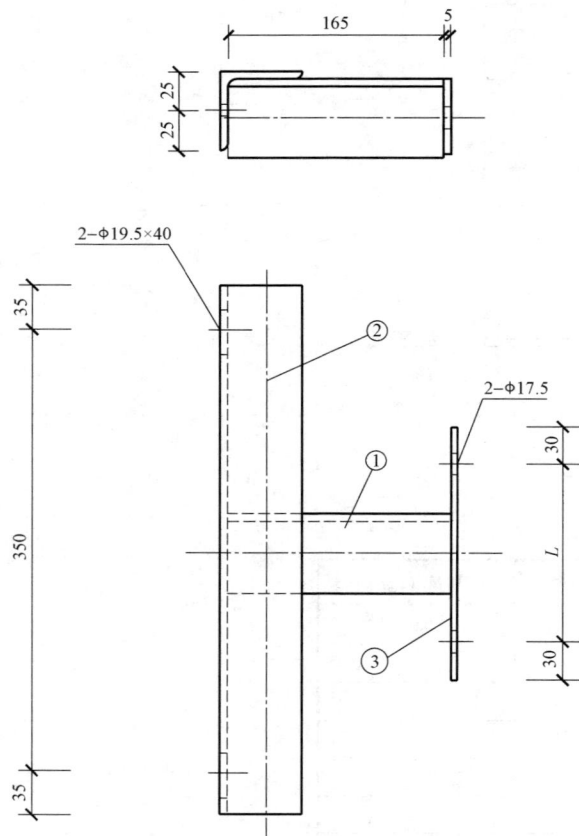

选 用 表

物料编码	型号	适用范围	单位（副）	质量（kg）
500055071	DLJ5－165	杆上电缆固定架	1	2.60
500055059	DLJ5－165G	杆上电缆保护管固定架	1	2.77

材 料 表

编号	名称	规格	L（mm）	单位	数量	质量（kg）	备注
①	角钢	L50×5×165		块	1	0.62	
②	角钢	L50×5×420		块	1	1.58	
③	扁钢	—50×5×200	140	块	1	0.40	用于固定电缆
	扁钢	—50×5×290	230	块	1	0.57	用于固定钢管

图 6－70　杆上电缆固定架制造图（DLJ5－165）（TJ－ZJ－02）

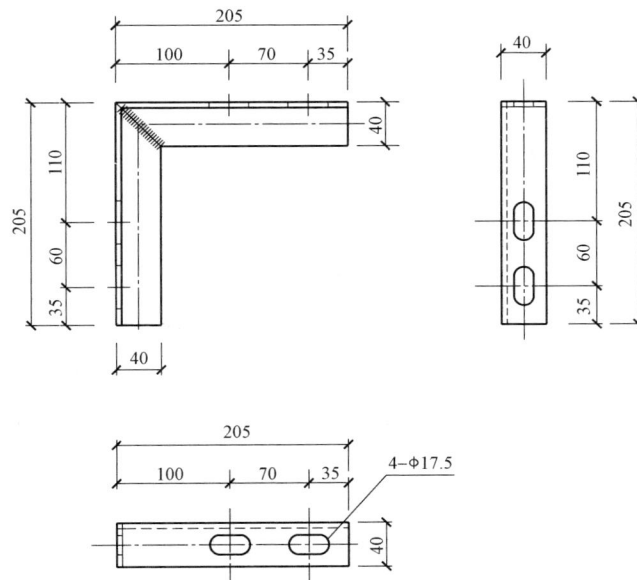

窄基塔电缆固定架夹铁

材 料 表

型号	序号	名称	规格（mm）	长度（mm）	数量	单重（kg）	总重（kg）	备注
JT4-205	1	角钢	L40×4	410	2	0.99	2.6	
	2	螺栓	M16	40	4	0.16		

说明：1. 铁件均需热镀锌。

2. 材料表中的角钢材料为 Q235。

3. 每套电缆固定架配 2 套固定架夹铁。

TJ-GJ-01 窄基塔电缆固定架夹铁制造图

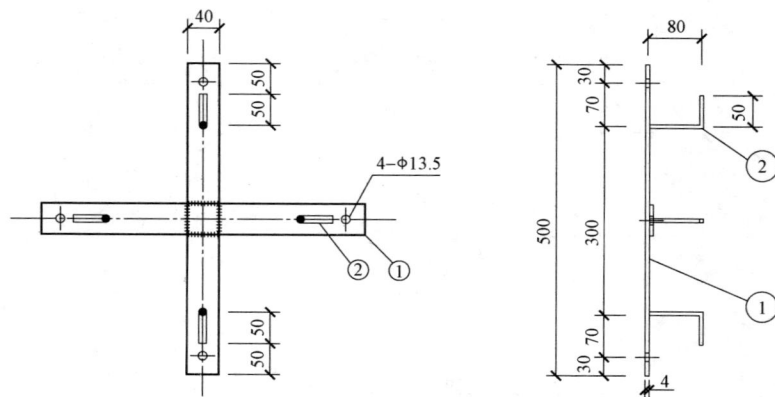

40

80

4-Φ13.5

50 50

50 50

50 50

30 30
70

500 300

30 70

4

50

② ①

②

①

材　料　表

型号	编号	名称	规格	长度(mm)	单位	数量	质量 (kg)			备注
							单重	合重	总重	
YLJ1-500	①	扁钢	—40×4	500	块	2	0.63	1.26	1.6	
	②	圆钢	φ6	130	支	4	0.07	0.28		
	③	单头螺栓	M12	40	个	1	0.07	0.07		

说明：1. 铁件均需热镀锌。

2. 材料表中材料为 Q235。

TJ-GJ-02　余缆架

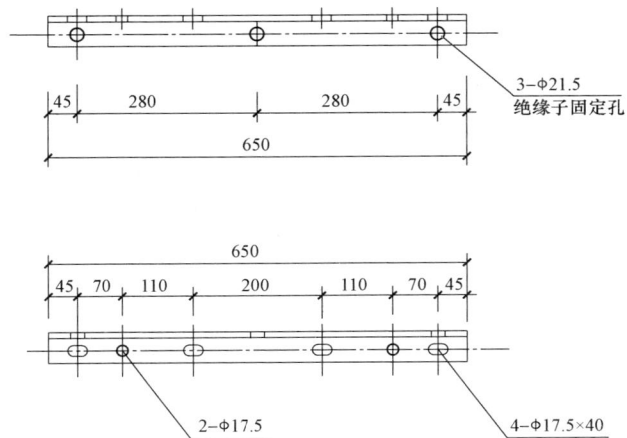

3-φ21.5
绝缘子固定孔

45 | 280 | 280 | 45
650

650
45 | 70 | 110 | 200 | 110 | 70 | 45

2-φ17.5   4-φ17.5×40

材 料 表

型号	名称	规格	长度 (mm)	单位	数量	质量 (kg)		适用范围	备注
						单重	合重		
DGJ2-65	角钢	L50×5	650	块	1	2.45	2.5	a. 适用于支柱式或共箱式柱上开关电缆过渡引线架 b. 适用于支柱式柱上开关独立 TV 固定架	

说明：1. 共箱式柱上开关电缆过渡引线架配套为 DGJ1-90：2 块，DGJ2-65：1 块，两种互为组合。

支柱式柱上开关电缆过渡引线架配套为 DGJ1-90：1 块，DGJ2-65：2 块，两种互为组合。

2. 铁件均需热镀锌。

3. 材料表中材料为 Q235。

TJ-GJ-07 电缆头过渡引线架（Ⅱ）

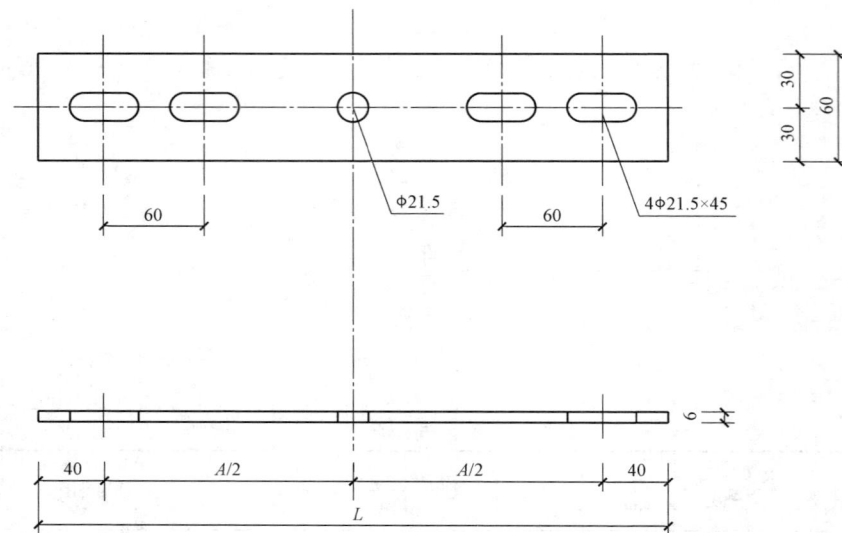

Φ21.5

60

4Φ21.5×45

60

30 30 60

6

40   A/2   A/2   40

L

选　用　表

物料编码	型号	规格	A (mm)	L长度 (mm)	单位（块）	重量（kg）
500019896	LT6−350P	−60×6	270	350	1	0.99
500065869	LT6−380P	−60×6	300	380	1	1.07
500019917	LT6−400P	−60×6	320	400	1	1.12
50008207.7	LT6−420P	−60×6	340	420	1	1.18

图 6−65　扁钢连铁制造图（LT6−P）（TJ−LT−02）

（四）设备固定支架成套（电缆过渡引线架）

序号 141－电缆头过线架（Ⅰ）（共箱式开关）

序号	一级物料主表						二级子表清单							总重（kg）
	商品名称	规格型号	单位	商品图片	归类	国网配电网工程典型设计对应图号	物料名称	物料描述	单位	数量	单重（kg）	合重（kg）	物料归类	《成套化铁附件加工图通用设计》对应加工图号	
141	设备固定支架成套铁附件	电缆头过线架（Ⅰ）（共箱式开关）	套	141.pdf	杆上设备	2016版图 15－13－2	电缆头过渡引线架（Ⅰ）	DGJ1－90，Q235，角钢 L50×5×900	块	2	3.4	6.8	支构架	TJ－GJ－06	10.6
							电缆头过渡引线架（Ⅱ）	DGJ2－65，Q235，角钢 L50×5×650	块	1	2.5	2.5	支构架	TJ－GJ－07	
							单头螺栓	M16×40，两平一弹一帽	件	6	0.22	1.3	螺栓类	TJ－GZ－06	

序号 142－电缆头过线架（Ⅱ）（支柱式开关）

序号	一级物料主表						二级子表清单							总重（kg）
	商品名称	规格型号	单位	商品图片	归类	国网配电网工程典型设计对应图号	物料名称	物料描述	单位	数量	单重（kg）	合重（kg）	物料归类	《成套化铁附件加工图通用设计》对应加工图号	
142	设备固定支架成套铁附件	电缆头过线架（Ⅱ）（支柱式开关）	套	142.pdf	杆上设备	2016版图 15－13、图 15－13－1	电缆头过渡引线架（Ⅰ）	DGJ1－90，Q235，角钢 L50×5×900	块	1	3.4	3.4	支构架	TJ－GJ－06	9.7
							电缆头过渡引线架（Ⅱ）	DGJ2－65，Q235，角钢 L50×5×650	块	2	2.5	5.0	支构架	TJ－GJ－07	
							单头螺栓	M16×40，两平一弹一帽	件	6	0.22	1.3	螺栓类	TJ－GZ－06	

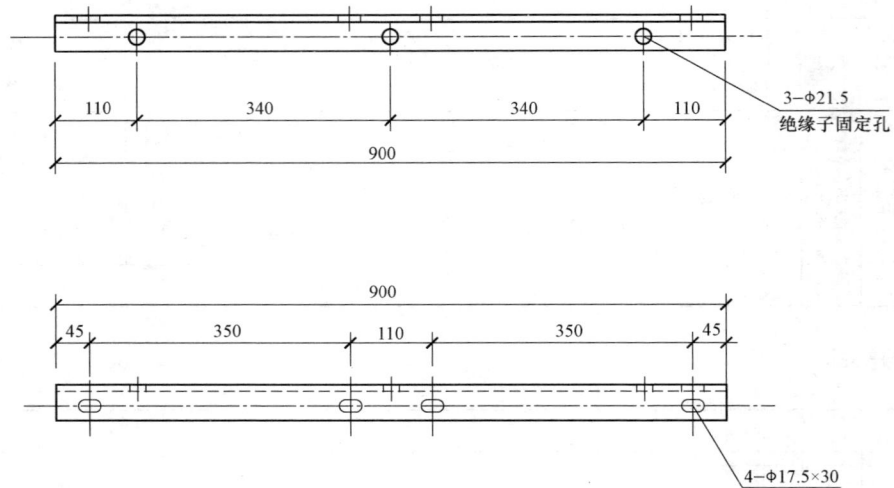

3－φ21.5
绝缘子固定孔

110 | 340 | 340 | 110
900

900
45 | 350 | 110 | 350 | 45

4－φ17.5×30

材 料 表

型号	名称	规格	长度 (mm)	单位	数量	质量（kg）		适用范围	备注
						单重	合重		
DGJ1－90	角钢	L50×5	900	块	1	3.39	3.4	适用于共箱式柱上开关电缆过渡引线架	

说明：1. 共箱式柱上开关电缆过渡引线架配套为 DGJ1－90：2 块，DGJ2－65：1 块，两种互为组合。

支柱式柱上开关电缆过渡引线架配套为 DGJ1－90：1 块，DGJ2－65：2 块，两种互为组合。

2. 铁件均需热镀锌。

3. 材料表中材料为 Q235。

TJ－GJ－06　电缆过渡引线架（Ⅰ）

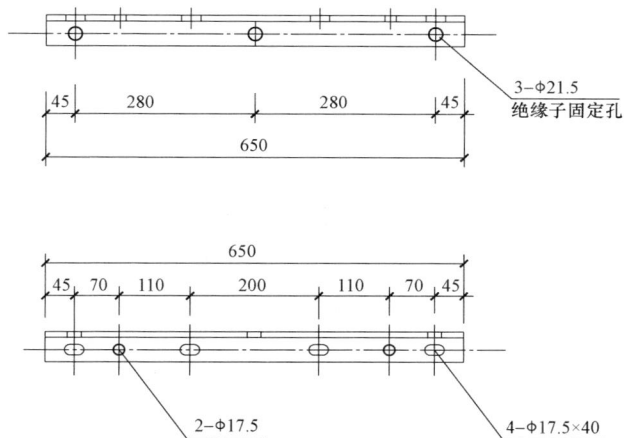

$3-\phi21.5$
绝缘子固定孔

45　280　280　45
650

650
45　70　110　200　110　70　45

$2-\phi17.5$　　$4-\phi17.5\times40$

材 料 表

型号	名称	规格	长度 (mm)	单位	数量	质量 (kg)		适用范围	备注
						单重	合重		
DGJ2-65	角钢	L50×5	650	块	1	2.45	2.5	a. 适用于支柱式或共箱式柱上开关电缆过渡引线架 b. 适用于支柱式柱上开关独立 TV 固定架	

说明：1. 共箱式柱上开关电缆过渡引线架配套为 DGJ1-90：2 块，DGJ2-65：1 块，两种互为组合。

支柱式柱上开关电缆过渡引线架配套为 DGJ1-90：1 块，DGJ2-65：2 块，两种互为组合。

2. 铁件均需热镀锌。

3. 材料表中材料为 Q235。

TJ－GJ－07　电缆头过渡引线架（Ⅱ）

（五）柱上配电变台成套铁附件（利旧设备，新建台架）

序号 143−ZA−1−ZX 方案，柱上配电变台，双杆梢径 190，杆高 15m

序号	一级物料主表						二级子表清单							总重（kg）
	商品名称	规格型号	单位	商品图片	归类	国网配电网工程典型设计对应图号	物料名称	物料描述	单位	数量	单重（kg）	合重（kg）	物料归类	《成套化铁附件加工图通用设计》对应加工图号	
143	柱上配电变台成套铁附件	ZA−1−ZX 方案，柱上配电变台，双杆梢径190，杆高15m	套	143.pdf	变台成套	2016年版变台图6−13	变压器双杆支持架	［14−3000	副	2	50.52	101	支构架	图6−71，TJ−ZJ−03	311.58
							熔丝具安装架	RJ7−170，Q235，扁钢—160×7×170	副	6	1.5	9	支构架	图6−69，TJ−ZJ−01	
							双杆熔丝具架	SRJ6−3000，Q235，角钢 L63×6×3000	块	4	17.16	68.6	横担类	图6−72，TJ−ZJ−04	
							电缆卡抱	KBG4−80，Q235，扁钢—40×4×286	块	2	0.36	0.7	抱箍类	图6−55，TJ−BG−01	
							电缆卡抱	KBG4−64，Q235，扁钢—40×4×259	块	2	0.33	0.7	抱箍类	图6−55，TJ−BG−01	
							杆上电缆固定架	DLJ5−165，Q235，角钢 L50×5×165，L50×5×420，扁钢—50×5×200	副	2	2.6	5.2	支构架	图6−70，TJ−ZJ−02	
							抱箍	BG6−220，Q235，扁钢—60×6×484，—50×5×100	块	2	1.77	3.5	抱箍类	图6−56，TJ−BG−02	
							抱箍	BG6−260，Q235，扁钢—60×6×545，—50×5×100	块	2	1.94	3.9	抱箍类	图6−56，TJ−BG−02	
							抱箍	BG6−280，Q235，扁钢—60×6×576，—50×5×100	块	2	2.03	4.1	抱箍类	图6−56，TJ−BG−02	
							抱箍	BG6−300，Q235，扁钢—60×6×608，—50×5×100	块	2	2.12	4.2	抱箍类	图6−56，TJ−BG−02	
							抱箍	BG6−320，Q235，扁钢—60×6×638，—50×5×100	块	1	2.21	2.2	抱箍类	图6−56，TJ−BG−02	
							抱箍	BG8−320，Q235，扁钢—100×10×638，—50×5×100	块	4	3.6	14.4	抱箍类	图6−57，TJ−BG−03	
							抱箍	BG6−300，Q235，扁钢—60×6×608，—50×5×100	块	1	2.12	2.1	抱箍类	图6−56，TJ−BG−02	
							横担抱箍	HBG6−300，Q235，扁钢—60×6×608，—120×5×135，—60×6×410	块	1	4.15	4.2	抱箍类	图6−58，TJ−BG−04	

序号	商品名称	规格型号	单位	商品图片	归类	国网配电网工程典型设计对应图号	物料名称	物料描述	单位	数量	单重（kg）	合重（kg）	物料归类	《成套化铁附件加工图通用设计》对应加工图号	总重（kg）
							横担抱箍	HBG6－280，Q235，扁钢－60×6×576，－120×5×125，－60×6×410	块	2	3.97	7.9	抱箍类	图6-58，TJ-BG-04	
							横担抱箍	HBG6－220，Q235，扁钢－60×6×484，－120×5×95，－60×6×410	块	2	3.42	6.8	抱箍类	图6-58，TJ-BG-04	
							横担抱箍	HBG6－300，Q235，扁钢－60×6×608，－120×5×135，－60×6×410	块	2	4.15	8.3	抱箍类	图6-58，TJ-BG-04	
							横担抱箍	HBG6－320，Q235，扁钢－60×6×638，－120×5×145，－60×6×410	块	1	4.34	4.3	抱箍类	图6-58，TJ-BG-04	
							横担抱箍	HBG6－260，Q235，扁钢－60×6×545，－120×5×115，－60×6×410	块	2	3.78	7.6	抱箍类	图6-58，TJ-BG-04	
							压板	YB5－740J，Q235，角钢L50×5×740	块	2	2.79	5.6	支构架	图6-67，TJ-LT-04	
143	柱上配电变台成套铁附件	ZA－1－ZX方案，柱上配电变台，双杆梢径190，杆高15m	套	143.pdf	变台成套	2016年版变台图6－13	JP柜夹铁	YB7－740J，Q235，扁钢－80×8×740	块	2	3.72	7.4	支构架	图6-67-2，TJ-LT-06	311.58
							压板	YB6－740J，Q235，角钢L63×6×740	块	2	4.23	8.5	支构架	图6-67-1，TJ-LT-05	
							变压器标识牌固定架	BPZJ4－450，Q235，扁钢－40×4×450	副	1	0.57	0.6	支构架	图6-76，TJ-ZJ-08	
							单头螺栓	M16×50，两平一弹一帽	件	36	0.24	8.6	螺栓类	TJ-GZ-06	
							单头螺栓	M16×80，两平一弹一帽	件	20	0.3	6	螺栓类	TJ-GZ-06	
							单头螺栓	M10×40，两平一弹一帽	件	26	0.08	2.1	螺栓类	TJ-GZ-06	
							单头螺栓	M12×40，两平一弹一帽	件	32	0.12	3.8	螺栓类	TJ-GZ-06	
							单头螺栓	M14×40，两平一弹一帽	件	16	0.15	0.18	螺栓类	TJ-GZ-06	
							单头螺栓	M18×80，两平一弹一帽	件	4	0.4	1.6	螺栓类	TJ-GZ-06	
							双头螺栓	M20×400，两平两弹四帽	件	4	1.58	6.3	螺栓类	TJ-GZ-07	
							双头螺栓	M16×200，两平两弹四帽	件	4	0.55	2.2	螺栓类	TJ-GZ-07	

序号 144－ZA－1－ZX 方案，柱上配电变台，双杆梢径 190，杆高 12m

序号	一级物料主表						二级子表清单							总重（kg）
	商品名称	规格型号	单位	商品图片	归类	国网配电网工程典型设计对应图号	物料名称	物料描述	单位	数量	单重（kg）	合重（kg）	物料归类	《成套化铁附件加工图通用设计》对应加工图号	
144	柱上配电变台成套铁附件	ZA－1－ZX 方案，柱上配电变台，双杆梢径 190，杆高 12m	套	144.pdf	变台成套	2016 年版变台图 6－15	变压器双杆支持架	［14－3000	副	2	50.52	101	支构架	图 6－71，TJ－ZJ－03	276.78
							熔丝具安装架	RJ7－170，Q235，扁钢—160×7×170	副	6	1.5	9	支构架	图 6－69，TJ－ZJ－01	
							双杆熔丝具架	SRJ6－3000，Q235，角钢 L63×6×3000	块	3	17.16	51.5	横担类	图 6－72，TJ－ZJ－04	
							电缆卡抱	KBG4－80，Q235，扁钢—40×4×286	块	2	0.36	0.7	抱箍类	图 6－55，TJ－BG－01	
							电缆卡抱	KBG4－64，Q235，扁钢—40×4×259	块	2	0.33	0.7	抱箍类	图 6－55，TJ－BG－01	
							杆上电缆固定架	DLJ5－165，Q235，角钢 L50×5×165，L50×5×420；扁钢—50×5×200	副	2	2.6	5.2	支构架	图 6－70，TJ－ZJ－02	
							抱箍	BG6－220，Q235，扁钢—60×6×484，—50×5×100	块	2	1.77	3.5	抱箍类	图 6－56，TJ－BG－02	
							抱箍	BG6－240，Q235，扁钢—60×6×514，—50×5×100	块	2	1.85	3.7	抱箍类	图 6－56，TJ－BG－02	
							抱箍	BG6－260，Q235，扁钢—60×6×545，—50×5×100	块	2	1.94	3.9	抱箍类	图 6－56，TJ－BG－02	
							抱箍	BG6－280，Q235，扁钢—60×6×576，—50×5×100	块	2	2.03	4.1	抱箍类	图 6－56，TJ－BG－02	
							抱箍	BG8－280，Q235，扁钢—100×10×576，—50×5×100	块	4	3.29	13.2	抱箍类	图 6－57，TJ－BG－03	
							横担抱箍	HBG6－280，Q235，扁钢—60×6×576，—120×5×125，—60×6×410	块	2	3.97	7.9	抱箍类	图 6－58，TJ－BG－04	
							横担抱箍	HBG6－220，Q235，扁钢—60×6×484，—120×5×95，—60×6×410	块	2	3.42	6.8	抱箍类	图 6－58，TJ－BG－04	
							横担抱箍	HBG6－240，Q235，扁钢—60×6×514，—120×5×105，—60×6×410	块	2	3.6	7.2	抱箍类	图 6－58，TJ－BG－04	
							横担抱箍	HBG6－260，Q235，扁钢—60×6×545，—120×5×115，—60×6×410	块	2	3.78	7.6	抱箍类	图 6－58，TJ－BG－04	

序号	一级物料主表						二级子表清单							总重（kg）
	商品名称	规格型号	单位	商品图片	归类	国网配电网工程典型设计对应图号	物料名称	物料描述	单位	数量	单重（kg）	合重（kg）	物料归类	《成套化铁附件加工图通用设计》对应加工图号	
144	柱上配电变台成套铁附件	ZA-1-ZX 方案，柱上配电变台，双杆梢径190，杆高12m	套	144.pdf	变台成套	2016 年版变台图 6-15	压板	YB5-740J，Q235，角钢 L50×5×740	块	2	2.79	5.6	支构架	图 6-67，TJ-LT-04	276.78
							JP 柜夹铁	YB7-740J，Q235，扁钢—80×8×740	块	2	3.72	7.4	支构架	图 6-67-2，TJ-LT-06	
							压板	YB6-740J，Q235，角钢 L63×6×740	块	2	4.23	8.5	支构架	图 6-67-1，TJ-LT-05	
							变压器标识牌固定架	BPZJ4-450，Q235，扁钢—40×4×450	副	1	0.57	0.6	支构架	图 6-76，TJ-ZJ-08	
							单头螺栓	M16×50，两平一弹一帽	件	32	0.24	7.7	螺栓类	TJ-GZ-06	
							单头螺栓	M16×80，两平一弹一帽	件	16	0.3	4.8	螺栓类	TJ-GZ-06	
							单头螺栓	M10×40，两平一弹一帽	件	26	0.08	2.1	螺栓类	TJ-GZ-06	
							单头螺栓	M12×40，两平一弹一帽	件	32	0.12	3.8	螺栓类	TJ-GZ-06	
							单头螺栓	M14×40，两平一弹一帽	件	16	0.15	0.18	螺栓类	TJ-GZ-06	
							单头螺栓	M18×80，两平一弹一帽	件	4	0.4	1.6	螺栓类	TJ-GZ-06	
							双头螺栓	M20×400，两平两弹四帽	件	4	1.58	6.3	螺栓类	TJ-GZ-07	
							双头螺栓	M16×200，两平两弹四帽	件	4	0.55	2.2	螺栓类	TJ-GZ-07	

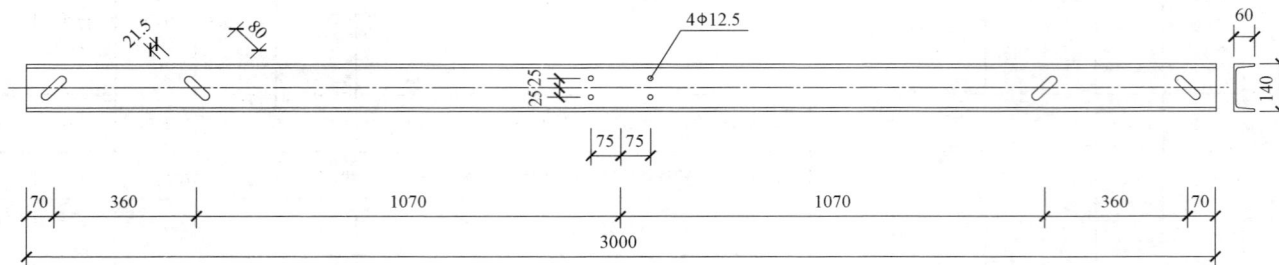

选 用 表

物料编码	型号	名称	单位	数量	质量（kg）	备注
500035224	[14－3000	变压器台架	1903副	1	101.04	

材 料 表

序号	名称	规格	单位	数量	质量（kg）	备注
1	槽钢	[14－3000	块	2	100.24	
2	方垫片	—50×5×50	块	8	0.8	中心开孔φ21.5

注：对肖螺栓 M20×350（400）为选配件每副配对肖螺栓四支

图 6－71　变压器双杆支持架加工图（SPJ14－3000）（TJ－ZJ－03）

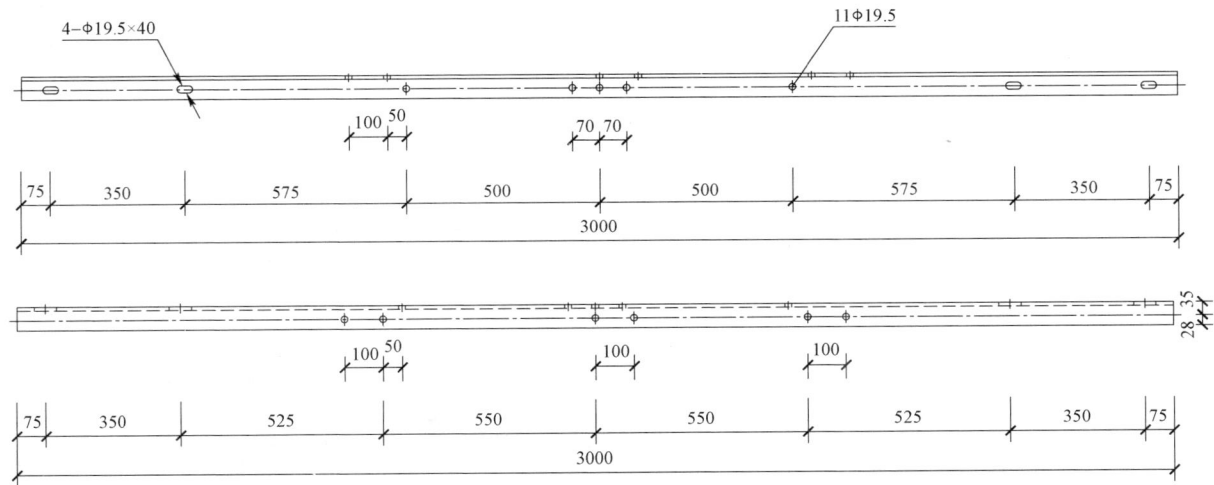

选 用 表

物料编码	型号	名称	单位	数量	质量（kg）	备注
500018274	SRJ6－3000	双杆熔丝具架	块	1	17.16	双杆避雷器、引线担

材 料 表

序号	名称	规格	单位	数量	质量（kg）	备注
1	角钢	L63×6×3000	块	1	17.16	

图 6－72　双杆熔丝具架加工图（SRJ6－3000）（TJ－ZJ－04）

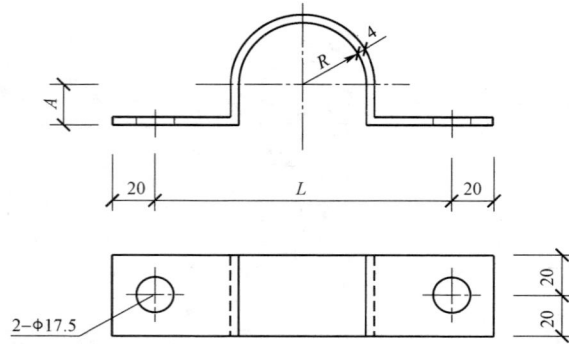

选 用 表

物料编码	型号	R（mm）	A	规格	L	长度（mm）	单位（块）	质量（kg）	ZCYJV22-0.6/1kV		ZCYJV22-8.7/15kV	钢管	适用范围
									四芯（mm²）	五芯（mm²）	三芯（mm²）		
500019063	KBG4-40	20	10	—40×4		223	1	0.28	25～50	25～50			
500018853	KBG4-50	25	15	—40×4		239	1	0.31	70～120	70～95			
500018854	KBG4-64	32	21	—40×4	140	259	1	0.33	150～185	120～150			上杆电缆用
500018855	KBG4-70	35	25	—40×4		270	1	0.34	240	185	70～120		
500018856	KBG4-80	40	30	—40×4		286	1	0.36		240	150～185		
500035114	KBG4-90	45	35	—40×4		302	1	0.38			240～300		
500018852	KBG4-110	55	45	—40×4		423	1	0.53			400	φ100	
500035115	KBG4-160	80	70	—40×4	230	502	1	0.63				φ150	钢管卡抱上杆电缆保护管用
500069002	KBG4-200	100	90	—40×4		565	1	0.71				φ200	

注：每块电缆卡抱配单头螺栓 M16×40 各 2 件。

图 6-55　电缆卡抱制造图（KBG4）（TJ-BG-01）

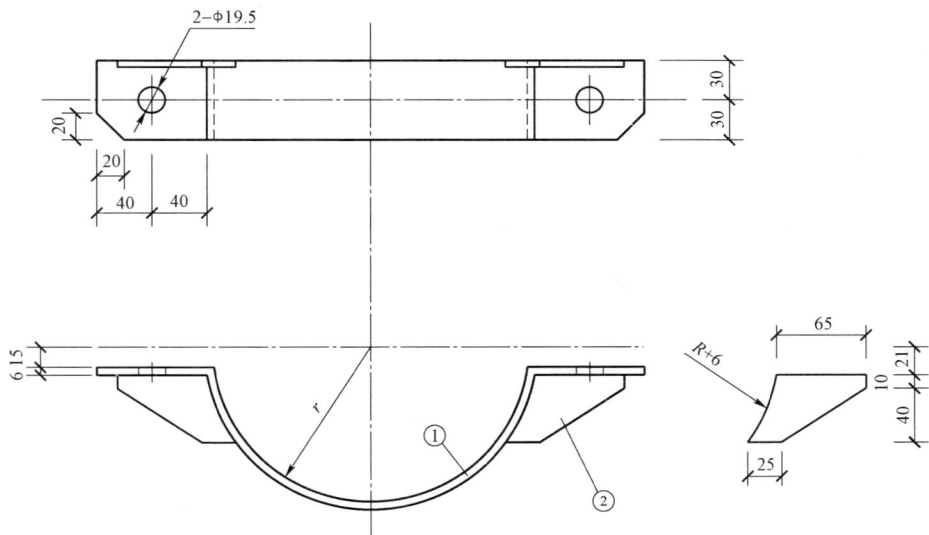

物料编码	型号	r (mm)	下料长度 (mm)	质量 (kg)	单位 (块)	总重 (kg)
500019003	BG6-160	80	390	1.10	1	1.50
500018830	BG6-200	100	457	1.29	1	1.69
500059292	BG6-210	105	470	1.33	1	1.73
500018864	BG6-220	110	484	1.37	1	1.77
500018831	BG6-240	120	514	1.45	1	1.85
500019005	BG6-260	130	545	1.54	1	1.94
500019006	BG6-280	140	576	1.63	1	2.03
500018832	BG6-300	150	608	1.72	1	2.12
500019007	BG6-320	160	638	1.81	1	2.21
500018833	BG6-340	170	670	1.90	1	2.30
500018834	BG6-360	180	701	1.98	1	2.38
500018835	BG6-380	190	733	2.07	1	2.47
500018836	BG6-400	200	764	2.16	1	2.56
500018837	BG6-420	210	796	2.25	1	2.65
500019008	BG6-440	220	827	2.34	1	2.74
500019009	BG6-460	230	859	2.43	1	2.83
500019010	BG6-480	240	890	2.52	1	2.92
500019011	BG6-500	250	921	2.61	1	3.01

材 料 表

编号	名称	规格	单位	数量	质量（kg）	备注
①	扁钢	—60×6×L	块	1	见选用表	
②	加劲板	—50×5×100	块	2	0.4	

图 6-56 半圆抱箍制造图（BG6）（TJ-BG-02）

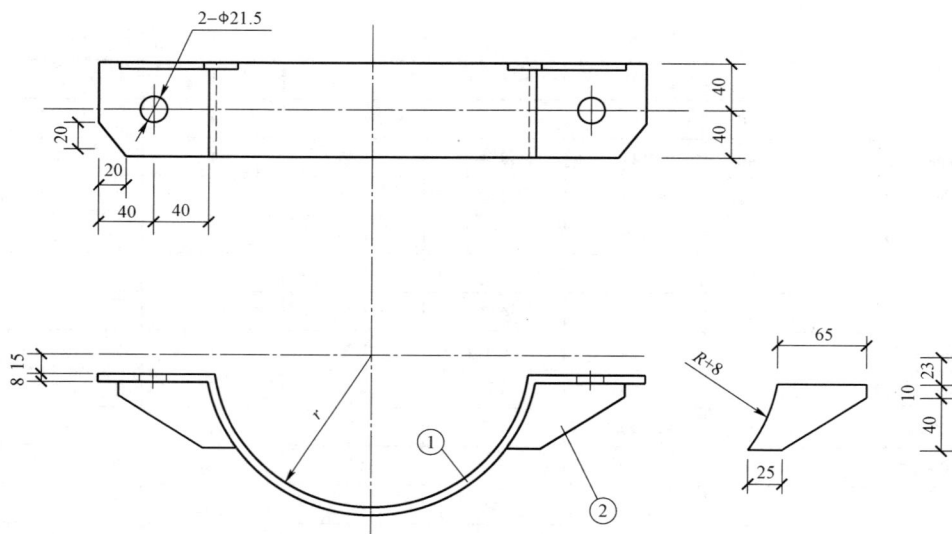

选 用 表

物料编码	型号	r (mm)	下料长度 (mm)	质量 (kg)	单位 (块)	总重 (kg)
500018778	BG8－200	100	457	2.29	1	2.69
500123895	BG8－210	105	470	2.36	1	2.76
500018779	BG8－220	110	484	2.43	1	2.83
500018780	BG8－240	120	514	2.58	1	2.98
500018781	BG8－260	130	545	2.74	1	3.14
500018782	BG8－280	140	576	2.89	1	3.29
500018783	BG8－300	150	608	3.05	1	3.45
500018784	BG8－320	160	638	3.20	1	3.60
500018785	BG8－340	170	670	3.36	1	3.76
500018786	BG8－360	180	701	3.52	1	3.92
500018787	BG8－380	190	733	3.68	1	4.08
500018788	BG8－400	200	764	3.84	1	4.24
500018789	BG8－420	210	796	4.00	1	4.40
500019033	BG8－440	220	827	4.15	1	4.55
500019034	BG8－460	230	859	4.31	1	4.71
500019035	BG8－480	240	890	4.47	1	4.87

材 料 表

编号	名称	规格	单位	数量	质量 (kg)	备注
①	扁钢	一100×10×L	块	1	见选用表	
②	加劲板	一50×5×100	块	2	0.4	

图 6－57　半圆抱箍制造图（BG8）（TJ－BG－03）

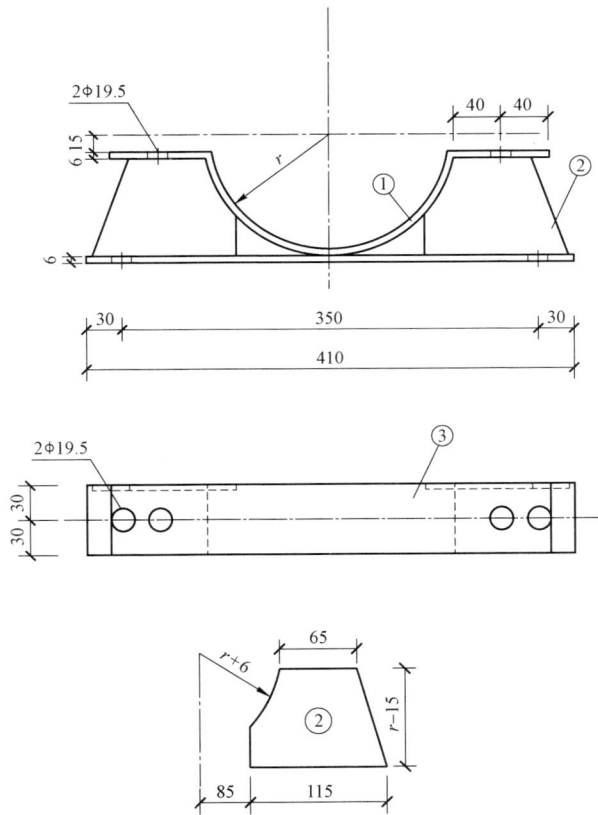

选 用 表

物料编码	型号	r (mm)	下料长度 (mm)	质量 (kg)	单位 (块)	总重 (kg)
500018890	HBG6－160	80	390	1.10	1	3.06
500018891	HBG6－200	100	457	1.29	1	3.25
500126943	HBG6－210	105	470	1.33	1	3.34
500019098	HBG6－220	110	484	1.37	1	3.42
500018892	HBG6－240	120	514	1.45	1	3.60
500019099	HBG6－260	130	545	1.54	1	3.78
500018893	HBG6－280	140	576	1.63	1	3.97
500019100	HBG6－300	150	608	1.72	1	4.15
500019101	HBG6－320	160	638	1.81	1	4.34
500019102	HBG6－340	170	670	1.90	1	4.52
500019103	HBG6－360	180	701	1.98	1	4.69
500019104	HBG6－380	190	733	2.07	1	4.88
500019105	HBG6－400	200	764	2.16	1	5.06
500019106	HBG6－420	210	796	2.25	1	5.25

材 料 表

编号	名称	规格	单位	数量	质量（kg）	备注
①	扁钢	─60×6×L	块	1	见选用表	
②	加劲板	─120×5×（r－15）	块	2		
③	扁钢	─60×6×410	块	1	1.16	

图 6－58 半圆横担抱箍制造图（HBG6）（TJ－BG－04）

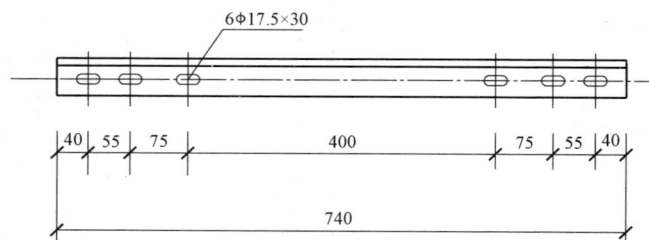

6φ17.5×30

40 · 55 · 75 · 400 · 75 · 55 · 40

740

选 用 表

物料编码	型号	规格	L长度（mm）	单位（块）	质量（kg）	备注
500126963	YB5－740J	L50×5	740	1	2.79	用于固定变压器

图 6－67　压板制造图（YB5－740J）（TJ－LT－04）

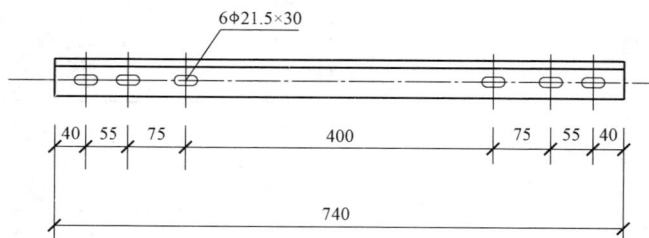

6φ21.5×30

40 · 55 · 75 · 400 · 75 · 55 · 40

740

选 用 表

物料编码	型号	规格	L长度（mm）	单位（块）	质量（kg）	备注
500019922	YB6－740J	L63×6	740	1	4.23	用于固定JP柜，吊装上端

图 6－67－1　压板制造图（YB6－740J）（TJ－LT－05）

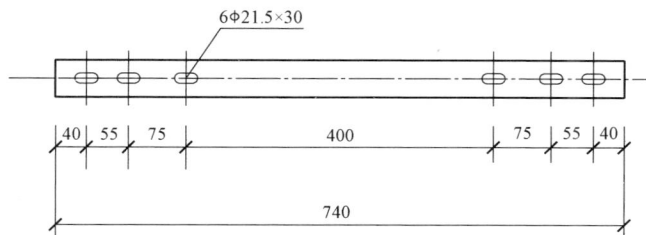

$6\phi21.5\times30$

40 | 55 | 75 | 400 | 75 | 55 | 40

740

选 用 表

物料编码	型号	规格	L长度（mm）	单位（块）	质量（kg）	备注
500068159	YB7－740J	一80×8	740	1	3.72	用于固定JP柜，下方夹铁

图 6－67－2 压板制造图（YB7－740J）（TJ－LT－06）

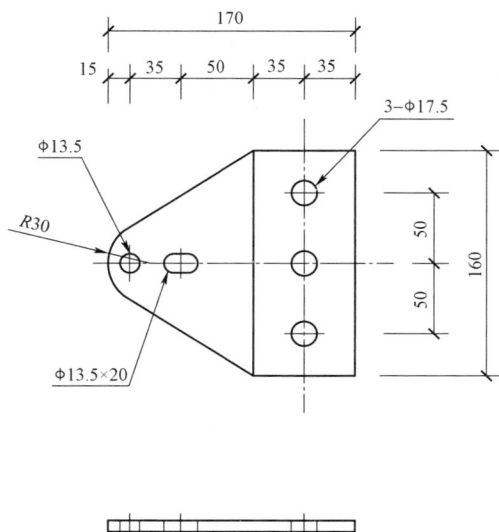

170

15 | 35 | 50 | 35 | 35

$3-\phi17.5$

$\phi13.5$

$R30$

$\phi13.5\times20$

50

50

160

选 用 表

物料编码	型号	适用范围	单位（副）	质量（kg）
500027705	RJ7－170	熔丝具安装架	1	1.5

材 料 表

序号	名称	规格	单位	数量	质量（kg）	备注
1	扁钢	一160×7×170	块	1	1.50	

图 6－69 熔丝具安装架制造图（RJ7－170）（TJ－ZJ－01）

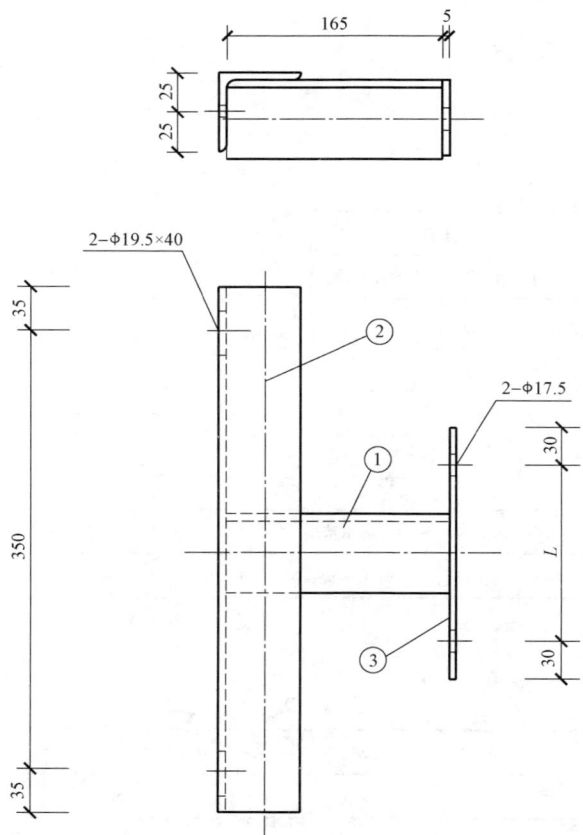

选 用 表

物料编码	型号	适用范围	单位（副）	质量（kg）
500055071	DLJ5－165	杆上电缆固定架	1	2.60
500055059	DLJ5－165G	杆上电缆保护管固定架	1	2.77

材 料 表

编号	名称	规格	L（mm）	单位	数量	质量（kg）	备注
①	角钢	L50×5×165		块	1	0.62	
②	角钢	L50×5×420		块	1	1.58	
③	扁钢	—50×5×200	140	块	1	0.40	用于固定电缆
③	扁钢	—50×5×290	230	块	1	0.57	用于固定钢管

图 6－70　杆上电缆固定架制造图（DLJ5－165）（TJ－ZJ－02）

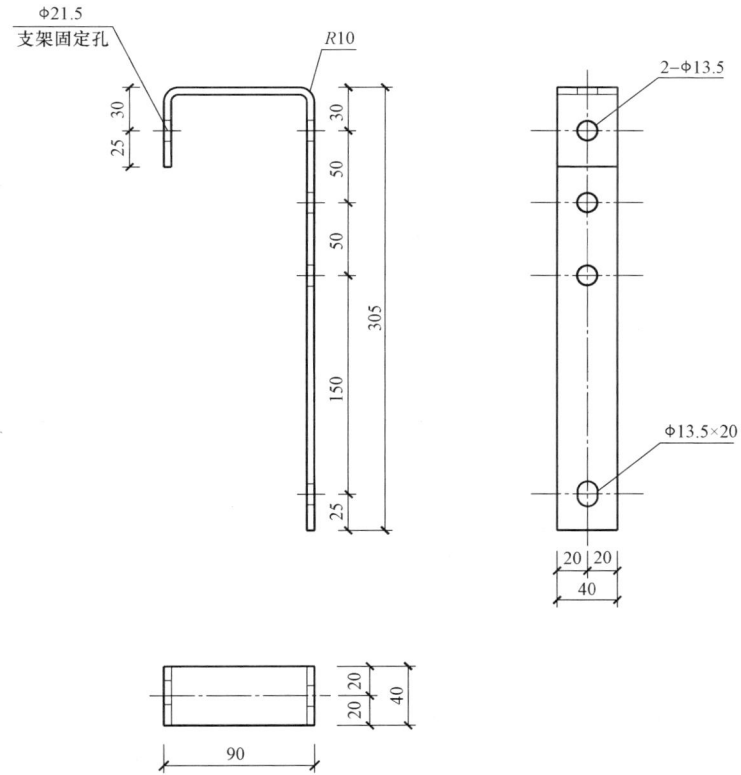

Φ21.5
支架固定孔

R10

2-Φ13.5

Φ13.5×20

选　用　表

物料编码	型号	规格	L长度（mm）	单位（块）	质量（kg）	备注
500019334	BPZJ4-450	—40×4	450	1	0.57	变压器标识牌固定架用

图 6-76　变压器标识牌固定架制造图（BPZJ4-450）（TJ-ZJ-08）

（六）设备固定支架成套（低压分支箱）

序号 145-FZX-15，低压电缆分支箱，杆上悬挂，梢径 150

序号	一级物料主表						二级子表清单							总重(kg)
	商品名称	规格型号	单位	商品图片	归类	国网配电网工程典型设计对应图号	物料名称	物料描述	单位	数量	单重(kg)	合重(kg)	物料归类	《成套化铁附件加工图通用设计》对应加工图号	
145	设备固定支架成套铁附件	FZX-15，低压电缆分支箱，杆上悬挂，梢径150	套	145.pdf	电缆铁附件	2018年版图19-14-1	箱体固定支架	SBZJ-1000，Q235，角钢L50×5×1000	副	2	3.8	7.6	支构架	图19-34-1	30.8
							杆上电缆固定架	DLJ5-165，Q235，角钢L50×5×165，L50×5×420；扁钢—50×5×200	副	1	2.6	2.6	支构架	图6-70，TJ-ZJ-02	
							电缆卡抱	KBG4-64，Q235，扁钢—40×4×259	块	2	0.33	0.7	抱箍类	图6-55，TJ-BG-01	
							横担抱箍	HBG6-160，Q235，扁钢—60×6×390，—120×5×65，—60×6×410	块	3	3.06	9.2	抱箍类	图6-58，TJ-BG-04	
							抱箍	BG6-160，Q235，扁钢—60×6×390，—50×5×100	块	3	1.5	4.5	抱箍类	图6-56，TJ-BG-02	
							压板	YB5-460P，Q235，扁钢—50×5×460	块	1	0.91	0.9	支构架	图6-66，TJ-LT-03	
							单头螺栓	M16×50，两平一弹一帽	件	12	0.24	2.9	螺栓类	TJ-GZ-06	
							单头螺栓	M16×80，两平一弹一帽	件	8	0.3	2.4	螺栓类	TJ-GZ-06	

序号 146-FZX-19，低压电缆分支箱，杆上悬挂，梢径 190

序号	一级物料主表						二级子表清单							总重(kg)
	商品名称	规格型号	单位	商品图片	归类	国网配电网工程典型设计对应图号	物料名称	物料描述	单位	数量	单重(kg)	合重(kg)	物料归类	《成套化铁附件加工图通用设计》对应加工图号	
146	设备固定支架成套铁附件	FZX-19，低压电缆分支箱，杆上悬挂，梢径190	套	146.pdf	电缆铁附件	2018年版图19-14-1	箱体固定支架	SBZJ-1000，Q235，角钢L50×5×1000	副	2	3.8	7.6	支构架	图19-34-1	30.9
							杆上电缆固定架	DLJ5-165，Q235，角钢L50×5×165，L50×5×420；扁钢—50×5×200	副	1	2.6	2.6	支构架	图6-70，TJ-ZJ-02	
							电缆卡抱	KBG4-64，Q235，扁钢—40×4×259	块	2	0.33	0.7	抱箍类	图6-55，TJ-BG-01	
							横担抱箍	HBG6-200，Q235，扁钢—60×6×457，—120×5×85，—60×6×410	块	3	3.25	9.8	抱箍类	图6-58，TJ-BG-04	

序号	一级物料主表						二级子表清单							总重（kg）
	商品名称	规格型号	单位	商品图片	归类	国网配电网工程典型设计对应图号	物料名称	物料描述	单位	数量	单重（kg）	合重（kg）	物料归类	《成套化铁附件加工图通用设计》对应加工图号	
146	设备固定支架成套铁附件	FZX-19，低压电缆分支箱，杆上悬挂，梢径190	套	146.pdf	电缆铁附件	2018年版图19-14-1	抱箍	BG6-200，Q235，扁钢—60×6×457，—50×5×100	块	3	1.69	5.1	抱箍类	图6-56，TJ-BG-02	30.9
							压板	YB5-460P，Q235，扁钢—50×5×460	块	1	0.91	0.9	支构架	图6-66，TJ-LT-03	
							单头螺栓	M16×50，两平一弹一帽	件	10	0.24	2.4	螺栓类	TJ-GZ-06	
							单头螺栓	M16×80，两平一弹一帽	件	6	0.3	1.8	螺栓类	TJ-GZ-06	

序号147-FZX-23，低压电缆分支箱，杆上悬挂，梢径230

序号	一级物料主表						二级子表清单							总重（kg）
	商品名称	规格型号	单位	商品图片	归类	国网配电网工程典型设计对应图号	物料名称	物料描述	单位	数量	单重（kg）	合重（kg）	物料归类	《成套化铁附件加工图通用设计》对应加工图号	
147	设备固定支架成套铁附件	FZX-23，低压电缆分支箱，杆上悬挂，梢径230	套	147.pdf	电缆铁附件	2018年版图19-14-1	箱体固定支架	SBZJ-1000，Q235，角钢L50×5×1000	副	2	3.8	7.6	支构架	图19-34-1	32.4
							杆上电缆固定架	DLJ5-165，Q235，角钢L50×5×165，L50×5×420；扁钢—50×5×200	副	1	2.6	2.6	支构架	图6-70，TJ-ZJ-02	
							电缆卡抱	KBG4-64，Q235，扁钢—40×4×259	块	2	0.33	0.7	抱箍类	图6-55，TJ-BG-01	
							横担抱箍	HBG6-240，Q235，扁钢—60×6×514，—120×5×105，—60×6×410	块	3	3.6	10.8	抱箍类	图6-58，TJ-BG-04	
							抱箍	BG6-240，Q235，扁钢—60×6×514，—50×5×100	块	3	1.85	5.6	抱箍类	图6-56，TJ-BG-02	
							压板	YB5-460P，Q235，扁钢—50×5×460	块	1	0.91	0.9	支构架	图6-66，TJ-LT-03	
							单头螺栓	M16×50，两平一弹一帽	件	10	0.24	2.4	螺栓类	TJ-GZ-06	
							单头螺栓	M16×80，两平一弹一帽	件	6	0.3	1.8	螺栓类	TJ-GZ-06	

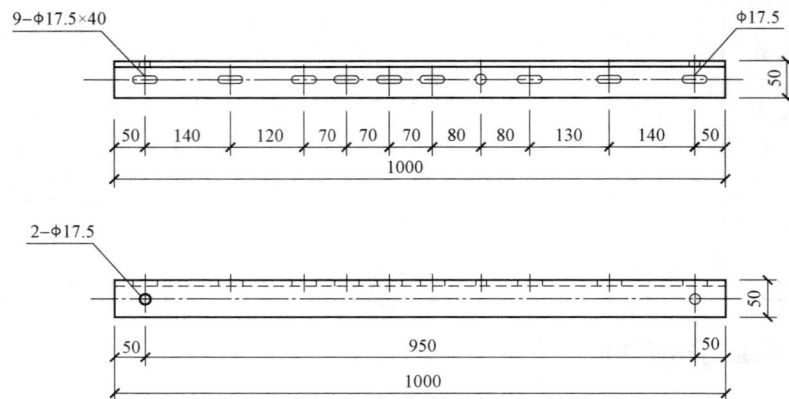

箱体固定支架

材 料 表

编号	材料名称	物料编码	规格	长度 (mm)	数量	质量 (kg)		适用范围	备注
						单重	总重		
SBZJ－1000	箱体固定支架	500019259	L50×5	1000	1	3.77	3.8	(a) 低压电缆分支箱固定支架 (b) 柱上断路器TV控制箱固定支架 (c) 低压两条电缆上杆固定支架	

说明：1. 铁件均需热镀锌。

2. 本图的箱体固定支架是与半圆横担抱箍、半圆抱箍及螺栓相配合。

3. 材料表中的角钢材料为 Q235。

图 19－34－1　箱体固定支架加工图

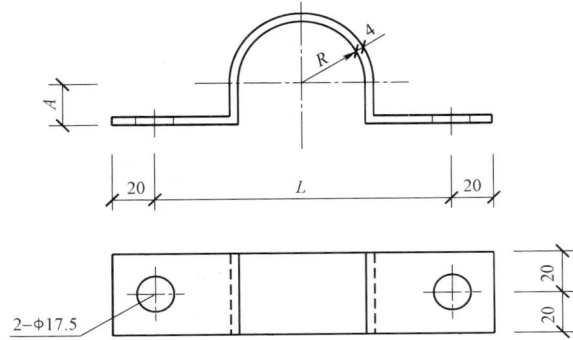

选 用 表

物料编码	型号	R (mm)	A	规格	L	长度 (mm)	单位 (块)	质量 (kg)	ZCYJV22-0.6/1kV		ZCYJV22-8.7/15kV	钢管	适用范围
									四芯（mm²）	五芯（mm²）	三芯（mm²）		
500019063	KBG4-40	20	10	—40×4		223	1	0.28	25～50	25～50			
500018853	KBG4-50	25	15	—40×4		239	1	0.31	70～120	70～95			
500018854	KBG4-64	32	21	—40×4	140	259	1	0.33	150～185	120～150			上杆电缆用
500018855	KBG4-70	35	25	—40×4		270	1	0.34	240	185	70～120		
500018856	KBG4-80	40	30	—40×4		286	1	0.36		240	150～185		
500035114	KBG4-90	45	35	—40×4		302	1	0.38			240～300		
500018852	KBG4-110	55	45	—40×4		423	1	0.53			400	φ100	钢管卡抱上杆 电缆保护管用
500035115	KBG4-160	80	70	—40×4	230	502	1	0.63				φ150	
500069002	KBG4-200	100	90	—40×4		565	1	0.71				φ200	

注：每块电缆卡抱配单头螺栓 M16×40 各 2 件。

图 6-55 电缆卡抱制造图（KBG4）（TJ-BG-01）

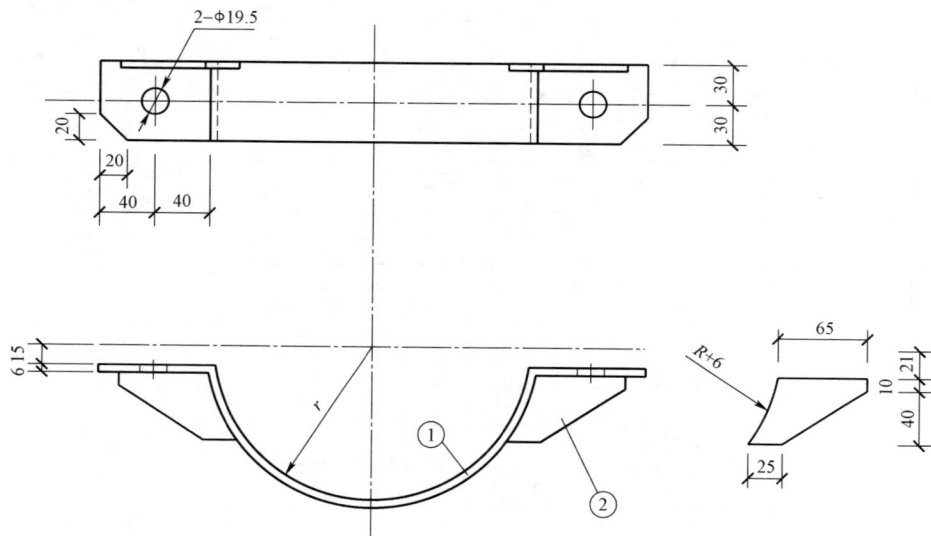

选　用　表

物料编码	型号	r（mm）	下料长度（mm）	质量（kg）	单位（块）	总重（kg）
500019003	BG6－160	80	390	1.10	1	1.50
500018830	BG6－200	100	457	1.29	1	1.69
500059292	BG6－210	105	470	1.33	1	1.73
500018864	BG6－220	110	484	1.37	1	1.77
500018831	BG6－240	120	514	1.45	1	1.85
500019005	BG6－260	130	545	1.54	1	1.94
500019006	BG6－280	140	576	1.63	1	2.03
500018832	BG6－300	150	608	1.72	1	2.12
500019007	BG6－320	160	638	1.81	1	2.21
500018833	BG6－340	170	670	1.90	1	2.30
500018834	BG6－360	180	701	1.98	1	2.38
500018835	BG6－380	190	733	2.07	1	2.47
500018836	BG6－400	200	764	2.16	1	2.56
500018837	BG6－420	210	796	2.25	1	2.65
500019008	BG6－440	220	827	2.34	1	2.74
500019009	BG6－460	230	859	2.43	1	2.83
500019010	BG6－480	240	890	2.52	1	2.92
500019011	BG6－500	250	921	2.61	1	3.01

材　料　表

编号	名称	规格	单位	数量	质量（kg）	备注
①	扁钢	—60×6×L	块	1	见上表	
②	加劲板	—50×5×100	块	2	0.4	

图 6－56　半圆抱箍制造图（BG6）（TJ－BG－02）

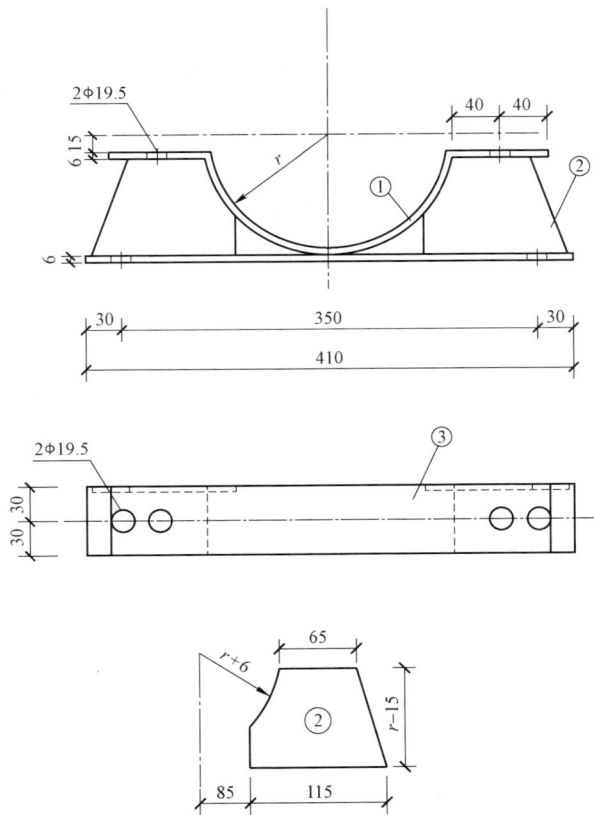

选 用 表

物料编码	型号	r (mm)	下料长度 (mm)	质量 (kg)	单位 (块)	总重 (kg)
500018890	HBG6－160	80	390	1.10	1	3.06
500018891	HBG6－200	100	457	1.29	1	3.25
500126943	HBG6－210	105	470	1.33	1	3.34
500019098	HBG6－220	110	484	1.37	1	3.42
500018892	HBG6－240	120	514	1.45	1	3.60
500019099	HBG6－260	130	545	1.54	1	3.78
500018893	HBG6－280	140	576	1.63	1	3.97
500019100	HBG6－300	150	608	1.72	1	4.15
500019101	HBG6－320	160	638	1.81	1	4.34
500019102	HBG6－340	170	670	1.90	1	4.52
500019103	HBG6－360	180	701	1.98	1	4.69
500019104	HBG6－380	190	733	2.07	1	4.88
500019105	HBG6－400	200	764	2.16	1	5.06
500019106	HBG6－420	210	796	2.25	1	5.25

材 料 表

编号	名称	规格	单位	数量	质量 (kg)	备注
①	扁钢	—60×6×L	块	1	见选用表	
②	加劲板	—120×5×（r－15）	块	2		
③	扁钢	—60×6×410	块	1	1.16	

图 6－58 半圆横担抱箍制造图（HBG6）（TJ－BG－04）

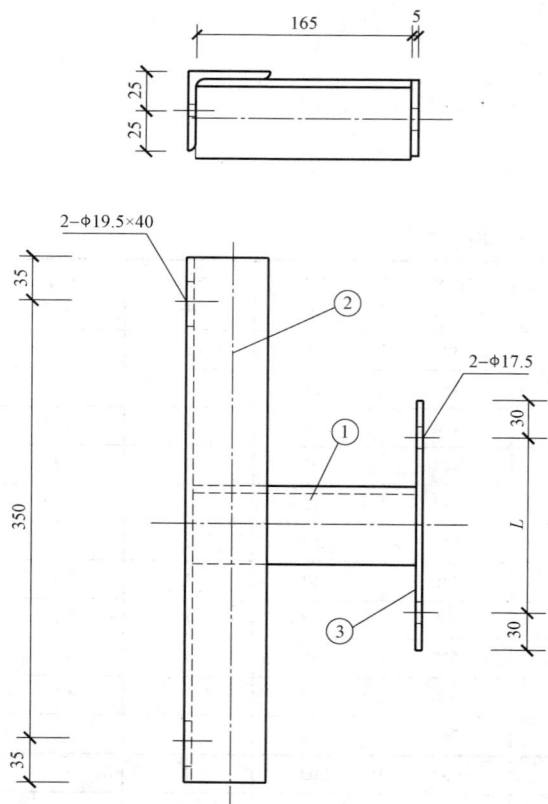

选 用 表

物料编码	型号	适用范围	单位 （副）	质量 （kg）
500055071	DLJ5－165	杆上电缆固定架	1	2.60
500055059	DLJ5－165G	杆上电缆保护管固定架	1	2.77

材 料 表

编号	名称	规格	L（mm）	单位	数量	质量（kg）	备注
①	角钢	L50×5×165		块	1	0.62	
②	角钢	L50×5×420		块	1	1.58	
③	扁钢	—50×5×200	140	块	1	0.40	用于固定电缆
	扁钢	—50×5×290	230	块	1	0.57	用于固定钢管

图 6－70 杆上电缆固定架制造图（DLJ5－165）（TJ－ZJ－02）

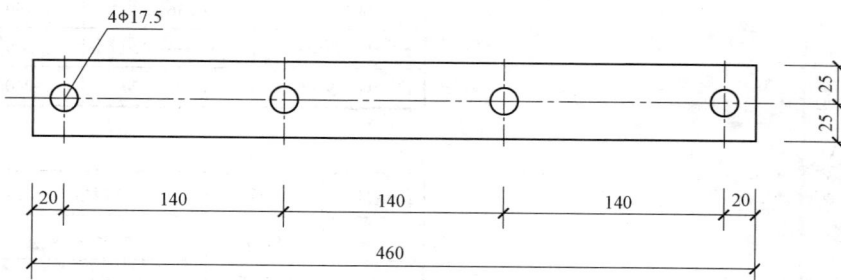

选 用 表

物料编码	型号	规格	L长度（mm）	单位（块）	质量（kg）
500127019	YB5－460P	—50×5	460	1	0.91

图 6－66 压板制造图（YB5－460P）（TJ－LT－03）

（七）设备固定支架成套（设备基础槽钢、角钢）

序号148－槽钢，[6.3，2500mm

序号	一级物料主表						二级子表清单								总重(kg)
	商品名称	规格型号	单位	商品图片	归类	国网配电网工程典型设计对应图号	物料名称	物料描述	单位	数量	单重(kg)	合重(kg)	物料归类	《成套化铁附件加工图通用设计》对应加工图号	
148	设备固定支架成套铁附件	槽钢，[6.3，2500mm	套	148.pdf	设备基础槽钢	2016年版站房图6-22，电缆图8-1-1	槽钢	Q235，槽钢，镀锌，[6.3，2500mm	副	1	16.58	16.6	基础预埋件	图6-71-1	16.6

序号149－槽钢，[8，3000mm

序号	一级物料主表						二级子表清单								总重(kg)
	商品名称	规格型号	单位	商品图片	归类	国网配电网工程典型设计对应图号	物料名称	物料描述	单位	数量	单重(kg)	合重(kg)	物料归类	《成套化铁附件加工图通用设计》对应加工图号	
149	设备固定支架成套铁附件	槽钢，[8，3000mm	套	149.pdf	设备基础槽钢	2016年版站房图6-22，电缆图8-1-1	槽钢	Q235，槽钢，镀锌，[8，3000mm	副	1	24.14	24.1	基础预埋件	图6-71-1	24.1

序号150－槽钢，[10，3000mm

序号	一级物料主表						二级子表清单								总重(kg)
	商品名称	规格型号	单位	商品图片	归类	国网配电网工程典型设计对应图号	物料名称	物料描述	单位	数量	单重(kg)	合重(kg)	物料归类	《成套化铁附件加工图通用设计》对应加工图号	
150	设备固定支架成套铁附件	槽钢，[10，3000mm	套	150.pdf	设备基础槽钢	2016年版站房图6-22，电缆图8-1-1	槽钢	Q235，槽钢，镀锌，[10，3000mm	副	1	30.02	30	基础预埋件	图6-71-1	30

序号 151－槽钢，［12，3000mm

序号	一级物料主表							二级子表清单							总重（kg）
	商品名称	规格型号	单位	商品图片	归类	国网配电网工程典型设计对应图号		物料名称	物料描述	单位	数量	单重（kg）	合重（kg）	物料归类	《成套化铁附件加工图通用设计》对应加工图号	
151	设备固定支架成套铁附件	槽钢，［12，3000mm	套	151.pdf	设备基础槽钢	2016年版站房图6－22，电缆图8－1－1		槽钢	Q235，槽钢，镀锌，［12，3000mm	副	1	36.95	37	基础预埋件	图6－71－1	37

序号 152－角钢，L50×5，3000mm

序号	一级物料主表							二级子表清单							总重（kg）
	商品名称	规格型号	单位	商品图片	归类	国网配电网工程典型设计对应图号		物料名称	物料描述	单位	数量	单重（kg）	合重（kg）	物料归类	《成套化铁附件加工图通用设计》对应加工图号	
152	设备固定支架成套铁附件	角钢，L50×5，3000mm	套	152.pdf	设备基础角钢	2016年版电缆图8－1－1		角钢	Q235，角钢，镀锌，L50×5，3000mm	副	1	11.31	11.3	基础预埋件	图6－71－2	11.3

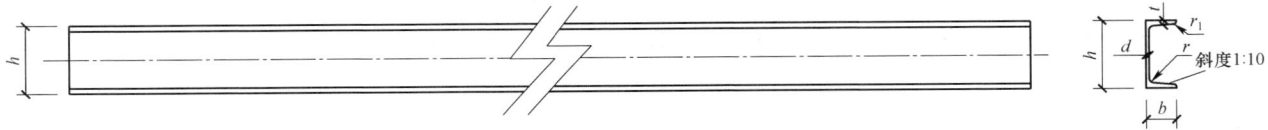

热轧槽钢尺寸规格表

型号	尺寸（mm）						截面积（cm²）	理论质量（kg/m）
	h	b	d	t	r	r_1		
5	50	37	4.5	7.0	7.0	3.5	6.928	5.438
6.3	63	40	4.8	7.5	7.5	3.8	8.451	6.634
8	80	43	5.0	8.0	8.0	4.0	10.248	8.045
10	100	48	5.3	8.5	8.5	4.2	12.748	10.007
12	120	53	5.5	9.0	9.0	4.5	15.362	12.059
14a	140	58	6.0	9.5	9.5	4.8	18.516	14.535
14b		60	8.0				21.316	16.733

注：表中的 h 为高度；b 为腿宽度；d 为腰厚度；t 为平均腰厚度；r 为内圆弧半径；r_1 为腿端圆弧半径。

说明：1. 铁件均需热镀锌。

2. 材料表中的角钢材料为 Q235。

图 6-71-1 槽钢加工图

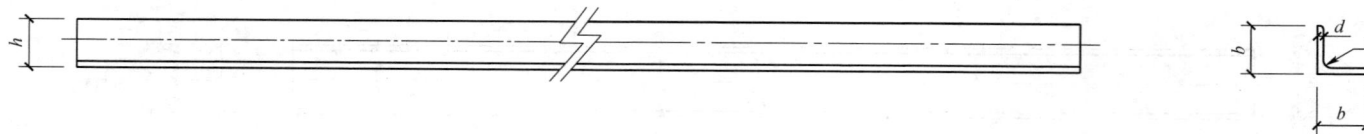

热轧等边角钢尺寸规格表

型号	尺寸（mm）			截面积（cm²）	理论质量（kg/m）
	b	d	r		
4.0	40	4	5	3.086	2.423
5.0	50	5	5.5	4.803	3.770
5.6	56	5	6	5.415	4.251
6.3	63	6	7	7.288	5.721
7.0	70	7	8	9.424	7.398
7.5	75	8	9	11.503	9.030
8.0	80	8	9	12.303	9.568

注：表中的 b 为腿宽度；d 为边厚度；r 为内圆弧半径。

说明：1. 铁件均需热镀锌。

2. 材料表中的角钢材料为 Q235。

图 6-71-2　等边角钢加工图

接户、进户线支架成套铁附件

（一）接户线支架

序号153－二线直线，L50×5，1100mm，墙装，Π型

序号	一级物料主表						二级子表清单								总重（kg）
	商品名称	规格型号	单位	商品图片	归类	国网配电网工程典型设计对应图号	物料名称	物料描述	单位	数量	单重（kg）	合重（kg）	物料归类	《成套化铁附件加工图通用设计》对应加工图号	
153	接户、进户线支架成套铁附件	二线直线，L50×5，1100mm，墙装，Π型	套	153.pdf	接户线铁附件	2018年版图19-2a，图19-18-1	二线墙装Π型墙担	Q235，角钢L50×5×1100	副	1	4.15	4.2	墙担类	图19-20	5.5
							单头螺栓	M16×120，两平一弹一帽	件	2	0.39	0.8	螺栓类	TJ-GZ-06	
							膨胀螺栓	M12×100，不锈钢	根	2	0.24	0.5	螺栓类	TJ-GZ-06	

序号154－二线直线，L50×5，700mm，墙装，丁字型

序号	一级物料主表						二级子表清单								总重（kg）
	商品名称	规格型号	单位	商品图片	归类	国网配电网工程典型设计对应图号	物料名称	物料描述	单位	数量	单重（kg）	合重（kg）	物料归类	《成套化铁附件加工图通用设计》对应加工图号	
154	接户、进户线支架成套铁附件	二线直线，L50×5，700mm，墙装，丁字型	套	154.pdf	接户线铁附件	2018年版图19-18，图19-18-2，图19-18-3	二线墙装丁字型墙担	Q235，角钢L50×5×300，L50×5×400	副	1	2.64	2.6	墙担类	图19-26	3.9
							单头螺栓	M16×120，两平一弹一帽	件	2	0.39	0.8	螺栓类	TJ-GZ-06	
							膨胀螺栓	M12×100，不锈钢	根	2	0.24	0.5	螺栓类	TJ-GZ-06	

序号 155－二线直线，—5×60，750mm，墙装，垂直

序号	一级物料主表						二级子表清单							总重（kg）
	商品名称	规格型号	单位	商品图片	归类	国网配电网工程典型设计对应图号	物料名称	物料描述	单位	数量	单重（kg）	合重（kg）	物料归类	《成套化铁附件加工图通用设计》对应加工图号	
155	接户、进户线支架成套铁附件	二线直线，—5×60，750mm，墙装，垂直	套	155.pdf	接户线铁附件	2018年版图19－18，图19－18－4，图19－18－5	二线墙装垂直墙担	Q235，扁钢—5×60×600，—5×60×150，—20×10×20，圆钢Φ14×350	副	1	2.23	2.2	墙担类	图19－30	2.7
							膨胀螺栓	M12×100，不锈钢	根	2	0.24	0.5	螺栓类	TJ－GZ－06	

材 料 表

序号	物料编码	名称	规格	单位	数量	质量（kg）	备注
1	500073117	角钢	L50×5×1100	块	1	4.15	

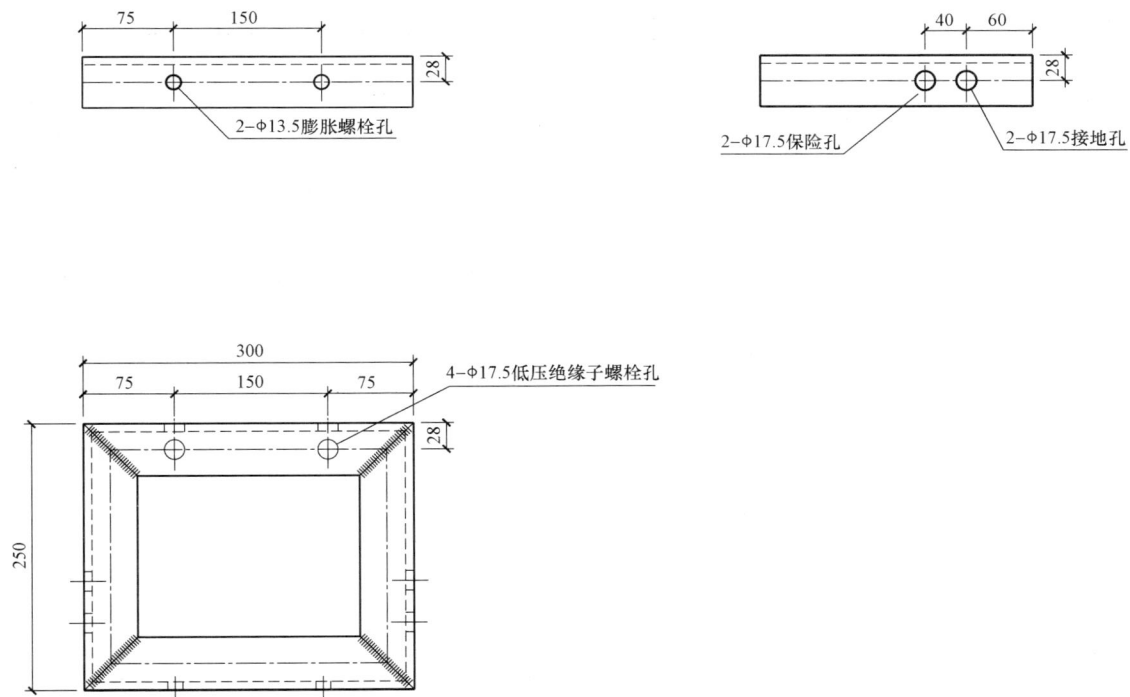

2-Φ13.5膨胀螺栓孔

2-Φ17.5保险孔　2-Φ17.5接地孔

4-Φ17.5低压绝缘子螺栓孔

说明：1. 铁件均需热镀锌。

　　　2. 材料表中的角钢材料为 Q235。

图 19－20　二线墙装 Π 型支架加工图

材 料 表

编号	物料编码	名称	规格	单位	数量	单重（kg）	总重（kg）	备注
①		角钢	L50×5×400	块	1	1.51		
②	500019479	角钢	L50×5×300	块	1	1.13	3.05	
③		圆钢	φ12×460	块	1	0.41		

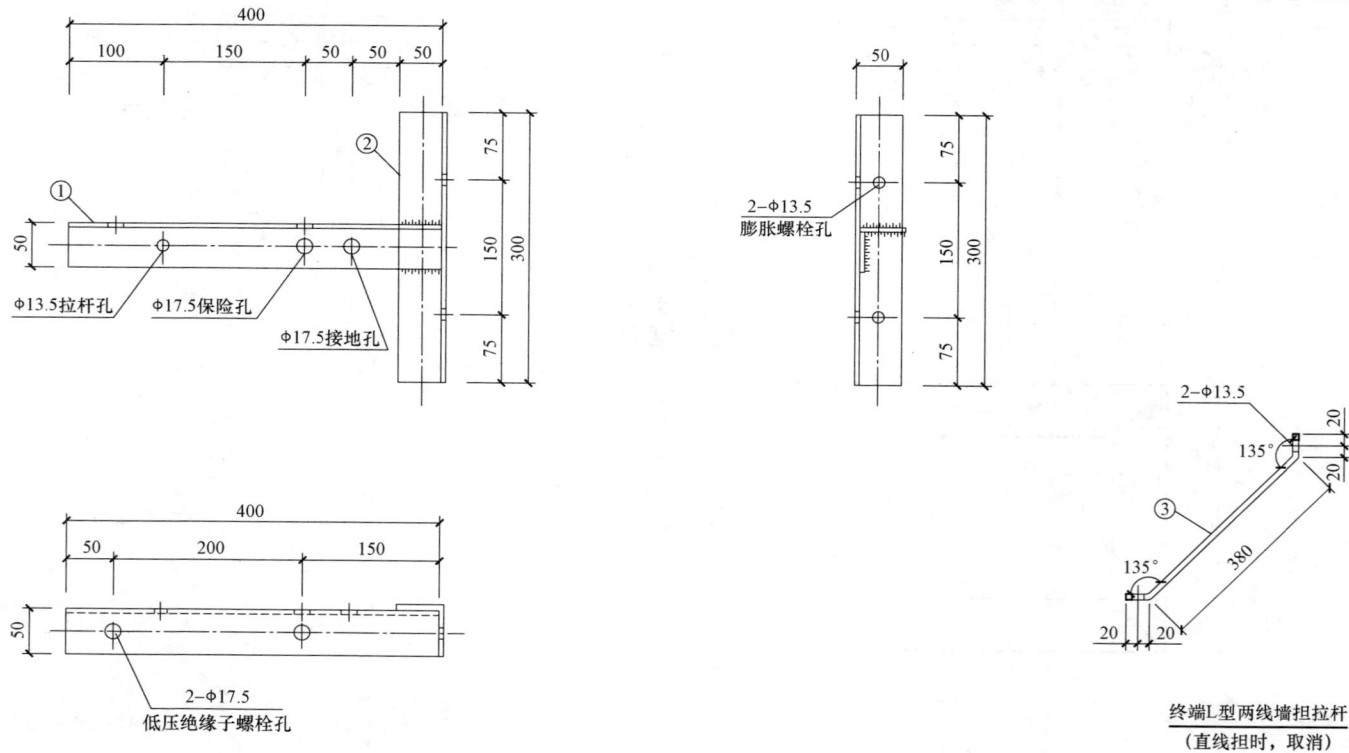

说明：1. 铁件均需热镀锌。

2. 材料表中的角钢材料为 Q235。

图 19-26　二线墙装丁字型支架加工图

材 料 表

编号	物料编码	名称	规格	单位	数量	单重（kg）	总重（kg）	备注
①	500033835	扁钢	—60×5×600	块	1	1.42	2.23	
②		扁钢	—60×5×150	块	1	0.36		
③		扁钢	—20×10×20	块	1	0.03		
		圆钢	φ14×350	条	1	0.42		

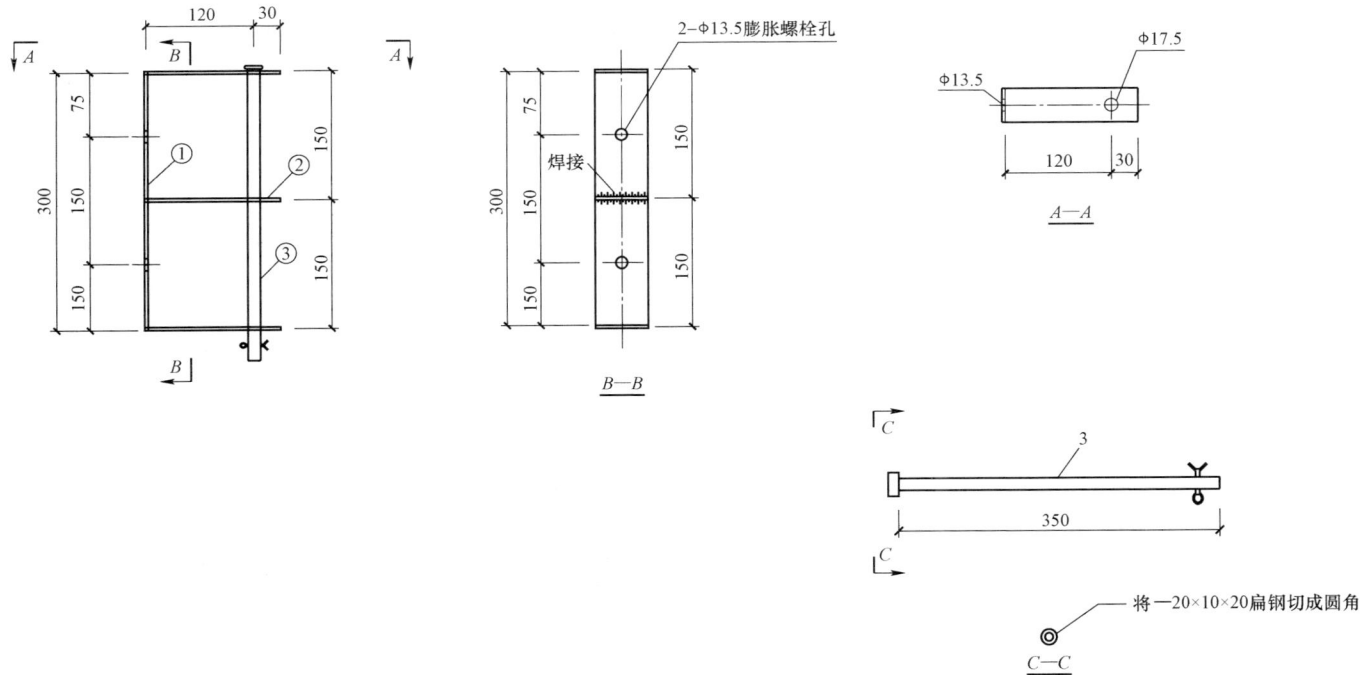

说明：1. 铁件均需热镀锌。

2. 材料表中的角钢材料为 Q235。

图 19-30 二线垂直布置支架加工图

序号 156 – 四线直线，L50×5，1700mm，墙装，Ⅱ型

序号	商品名称	规格型号	单位	商品图片	归类	国网配电网工程典型设计对应图号	物料名称	物料描述	单位	数量	单重(kg)	合重(kg)	物料归类	《成套化铁附件加工图通用设计》对应加工图号	总重(kg)
156	接户、进户线支架成套铁附件	四线直线，L50×5，1700mm，墙装，Ⅱ型	套	156.pdf	接户线铁附件	2018年版图19-1a，图19-17-1	四线墙装Ⅱ型墙担	Q235，角钢L50×5×1700	副	1	6.41	6.4	墙担类	图19-21	9
							单头螺栓	M16×120，两平一弹一帽	件	4	0.39	1.6	螺栓类	TJ-GZ-06	
							膨胀螺栓	M12×100，不锈钢	根	4	0.24	1	螺栓类	TJ-GZ-06	

序号 157 – 四线直线，L50×5，1150mm，L50×5，550mm，墙装，L型

序号	商品名称	规格型号	单位	商品图片	归类	国网配电网工程典型设计对应图号	物料名称	物料描述	单位	数量	单重(kg)	合重(kg)	物料归类	《成套化铁附件加工图通用设计》对应加工图号	总重(kg)
157	接户、进户线支架成套铁附件	四线直线，L50×5，1150mm，L50×5，550mm，墙装，L型	套	157.pdf	接户线铁附件	2018年版图19-17，图19-17-2，图19-17-3	四线墙装L型墙担	Q235，角钢L50×5×800，L50×5×350，L50×5×550	副	1	6.41	6.4	墙担类	图19-25	9
							单头螺栓	M16×120，两平一弹一帽	件	4	0.39	1.6	螺栓类	TJ-GZ-06	
							膨胀螺栓	M12×100，不锈钢	根	4	0.24	1	螺栓类	TJ-GZ-06	

序号 158 – 四线直线，—5×60，1050mm，墙装，垂直

序号	商品名称	规格型号	单位	商品图片	归类	国网配电网工程典型设计对应图号	物料名称	物料描述	单位	数量	单重(kg)	合重(kg)	物料归类	《成套化铁附件加工图通用设计》对应加工图号	总重(kg)
158	接户、进户线支架成套铁附件	四线直线，—5×60，1050mm，墙装，垂直	套	158.pdf	接户线铁附件	2018年版图19-17，图19-17-4，图19-17-5	四线墙装垂直墙担	Q235，扁钢—5×60×900，—5×60×150，—20×10×20，圆钢φ14×650	副	1	4.02	4	墙担类	图19-29	5
							膨胀螺栓	M12×100，不锈钢	根	4	0.24	1	螺栓类	TJ-GZ-06	

（二）墙担拉杆、拉铁

序号 159–墙担垂直拉铁，扁钢，—4×30，300mm

序号	一级物料主表						二级子表清单								总重(kg)
	商品名称	规格型号	单位	商品图片	归类	国网配电网工程典型设计对应图号	物料名称	物料描述	单位	数量	单重(kg)	合重(kg)	物料归类	《成套化铁附件加工图通用设计》对应加工图号	
159	墙担垂直拉铁	扁钢，—4×30，300mm	套	159.pdf	接户电缆、墙担	2018年版图19-15，图19-16	墙担垂直拉铁	扁钢，镀锌，—4×30，300mm	块	1	1.52	1.5	墙担类	图19-36	0.28

序号 160–墙担拉杆，圆钢，φ12，460mm

序号	一级物料主表						二级子表清单								总重(kg)
	商品名称	规格型号	单位	商品图片	归类	国网配电网工程典型设计对应图号	物料名称	物料描述	单位	数量	单重(kg)	合重(kg)	物料归类	《成套化铁附件加工图通用设计》对应加工图号	
160	墙担拉杆	圆钢，φ12，460mm	套	160.pdf	接户电缆、墙担	2018年版图19-17	墙担拉杆	圆钢，镀锌，φ12，460mm	根	1	0.41	0.4	墙担类	图19-35	0.4

序号 161–墙担拉杆，圆钢，φ16，960mm

序号	一级物料主表						二级子表清单								总重(kg)
	商品名称	规格型号	单位	商品图片	归类	国网配电网工程典型设计对应图号	物料名称	物料描述	单位	数量	单重(kg)	合重(kg)	物料归类	《成套化铁附件加工图通用设计》对应加工图号	
161	墙担拉杆	圆钢φ16，960mm	套	161.pdf	接户电缆、墙担	2018年版图19-18	墙担拉杆	圆钢，镀锌，φ16，960mm	根	1	1.52	1.5	墙担类	图19-35	1.5

材 料 表

型号	物料编码	编号	名称	规格 (mm)	长度	数量	单重 (kg)
拉杆L－1	500019961	①	圆钢	φ12	460	1	0.41
拉杆L－2	500019988	②	圆钢	φ16	960	1	1.52

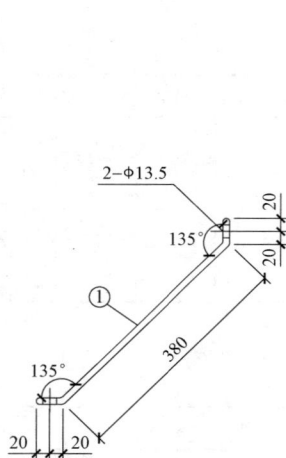

终端两线墙担拉杆 L-1
（直线担时，取消）

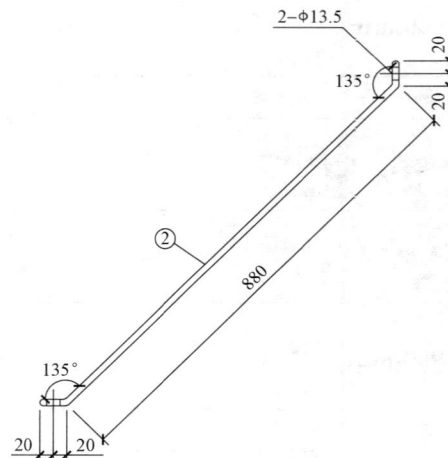

终端四线墙担拉杆 L-2
（直线担时，取消）

说明：1. 所有铁件均采用热镀锌防腐。

2. 材料表中的角钢材料为 Q235。

图 19－35　墙担拉杆加工图

材 料 表

序号	物料编码	名称	规格	单位	数量	单重（kg）	总重（kg）	备注
1	500020032	扁钢	—30×4×300	块	1	0.28	0.28	

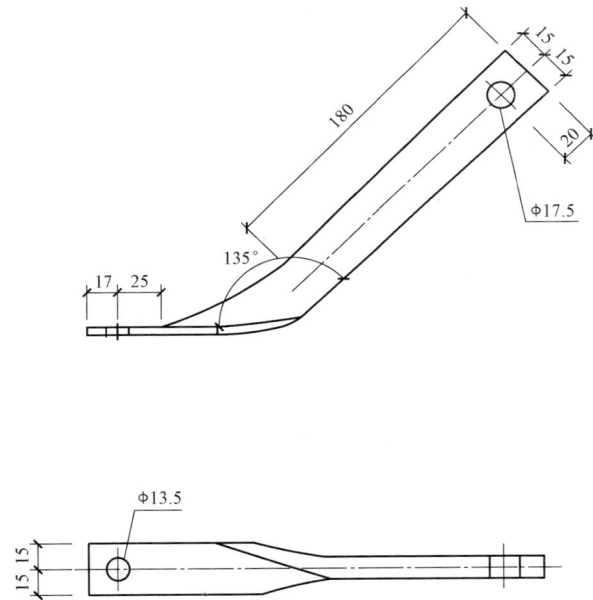

说明：1. 铁件均需热镀锌。

2. 材料表中的角钢材料为 Q235。

图 19－36 垂直拉铁加工图

材 料 表

序号	物料编码	名称	规格	单位	数量	质量（kg）	备注
1	500081879	角钢	L50×5×1700	块	1	6.41	

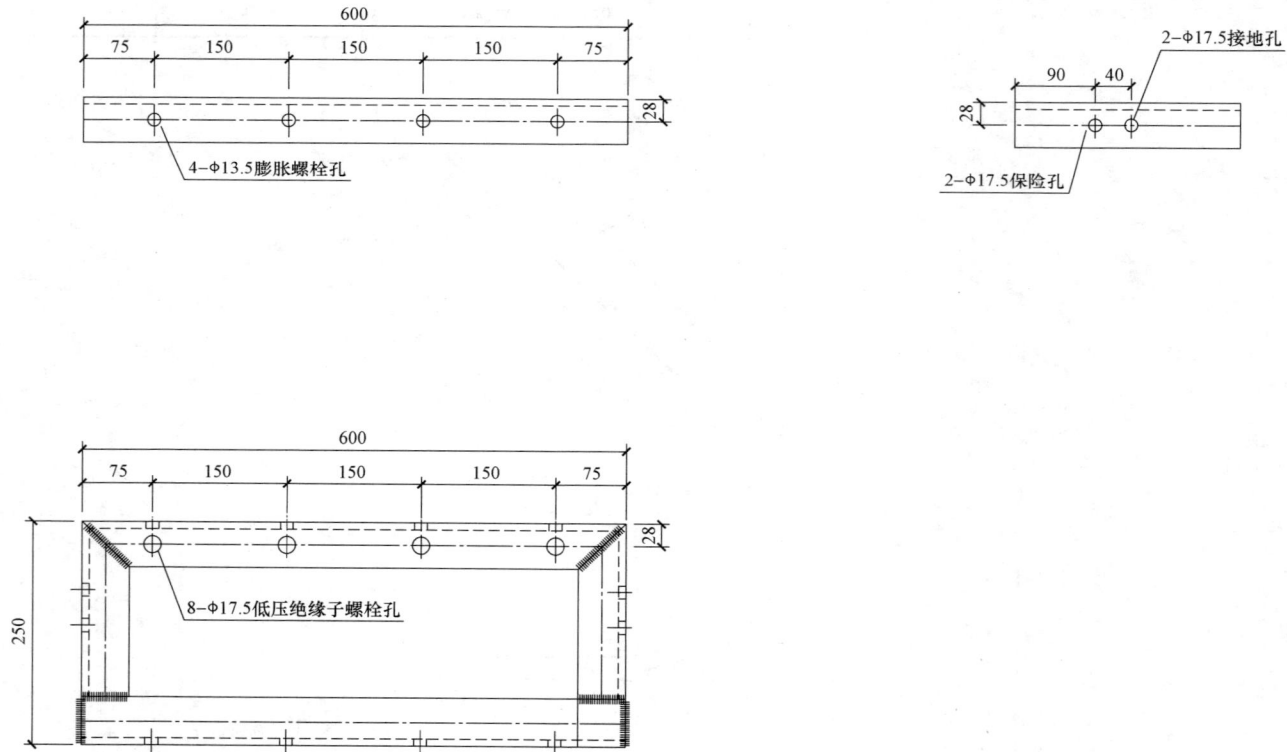

说明：1. 铁件均需热镀锌。

2. 材料表中的角钢材料为Q235。

图 19-21　四线墙装Ⅱ型支架加工图

材　料　表

编号	物料编码	名称	规格	单位	数量	质量（kg）	备注
①		角钢	L50×5×1150	块	1	4.34	
②	500082536	角钢	L50×5×550	块	1	2.07	
③		圆钢	φ16×960	块	1	1.52	直线时该项取消

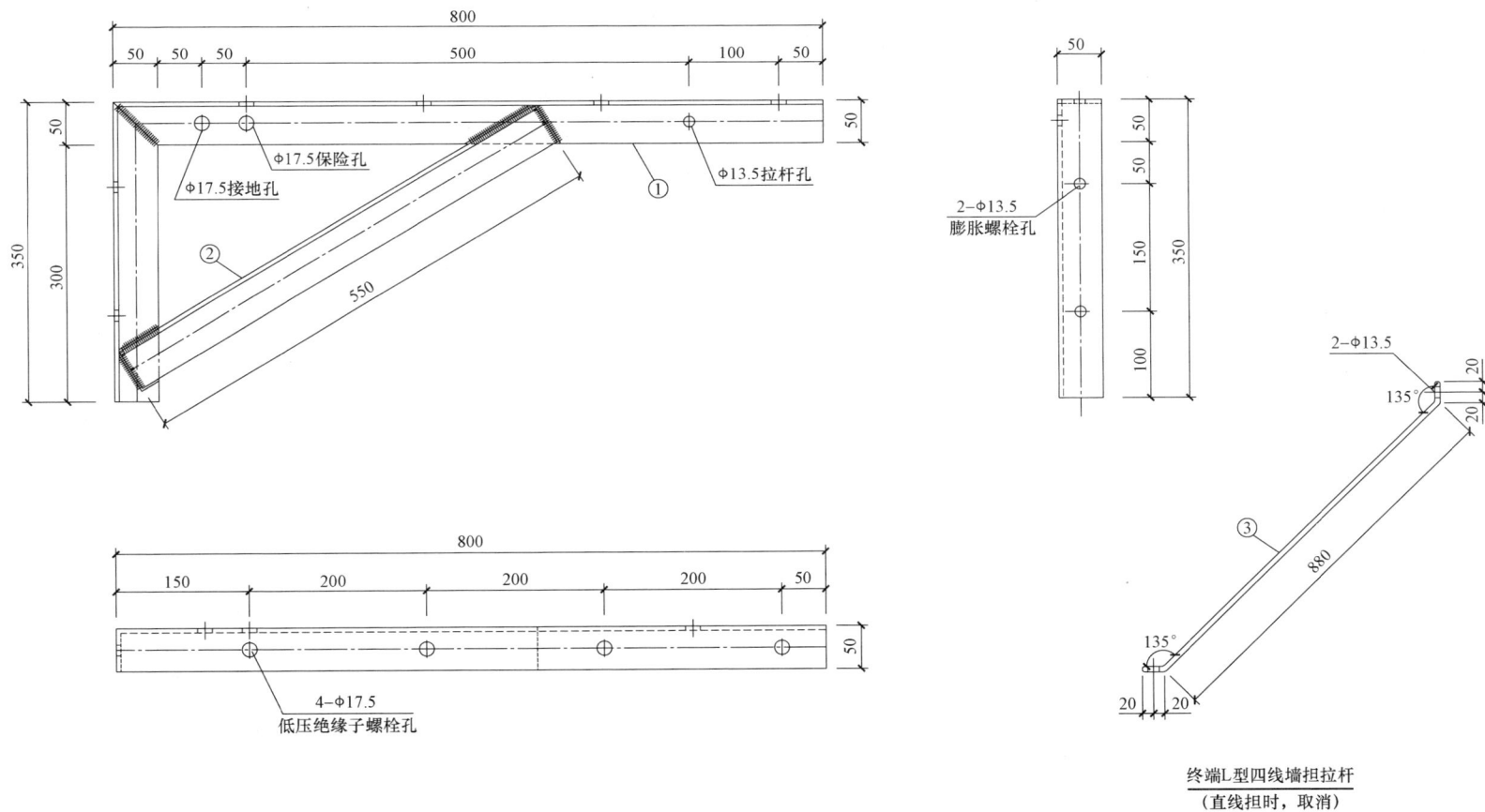

φ17.5保险孔
φ17.5接地孔
φ13.5拉杆孔

2-φ13.5
膨胀螺栓孔

2-φ13.5
135°
135°

终端L型四线墙担拉杆
（直线担时，取消）

4-φ17.5
低压绝缘子螺栓孔

说明：1. 铁件均需热镀锌。

　　　2. 材料表中的角钢材料为 Q235。

图 19-25　四线墙装 L 型支架加工图

材 料 表

编号	物料编码	名称	规格	单位	数量	单重（kg）	总重（kg）	备注
①	500082010	扁钢	—60×5×900	块	1	2.13	4.02	
②		角钢	—60×5×150	块	3	0.36		
③		扁钢	—20×10×20	块	1	0.03		
		圆钢	φ14×650	条	1	0.78		

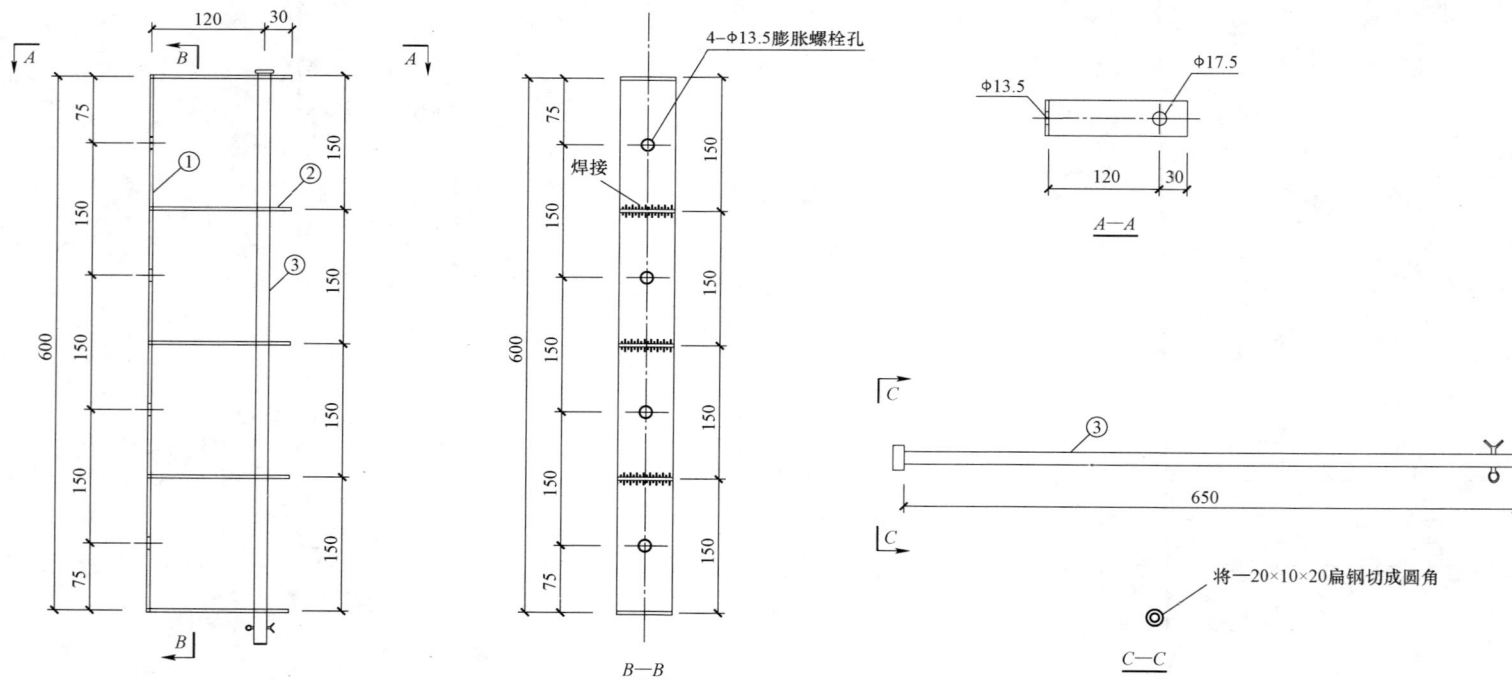

4-φ13.5膨胀螺栓孔

焊接

将一20×10×20扁钢切成圆角

说明：1. 铁件均需热镀锌。

2. 材料表中的角钢材料为Q235。

图 19-29 四线垂直布置支架加工图

（三）进户线支架

序号162－直线，—5×50，300mm，圆钢 ф8，70mm，L 型

序号	一级物料主表						二级子表清单							总重（kg）
	商品名称	规格型号	单位	商品图片	归类	国网配电网工程典型设计对应图号	物料名称	物料描述	单位	数量	单重（kg）	合重（kg）	物料归类	《成套化铁附件加工图通用设计》对应加工图号	
162	进户线支架成套铁附件	直线，—5×50，300mm，圆钢 ф8，70mm，L 型	套	162.pdf	接户线铁附件	2018 年版图19－19－1	进户线 L 型支架	Q235，扁钢—5×50×300，圆钢 ф8×70	副	1	0.61	0.6	墙担类	图 19－23－1	1.26
							单头螺栓	M12×80，两平一弹一帽	件	1	0.16	0.16	螺栓类	TJ－GZ－06	
							膨胀螺栓	M12×100，不锈钢	根	2	0.24	0.5	螺栓类	TJ－GZ－06	

序号163－直线，—5×50，520mm，圆钢 ф8，70mm，[型

序号	一级物料主表						二级子表清单							总重（kg）
	商品名称	规格型号	单位	商品图片	归类	国网配电网工程典型设计对应图号	物料名称	物料描述	单位	数量	单重（kg）	合重（kg）	物料归类	《成套化铁附件加工图通用设计》对应加工图号	
163	进户线支架成套铁附件	直线，—5×50，520mm，圆钢 ф8，70mm，[型	套	163.pdf	接户线铁附件	2018 年版图19－19－2	进户线同字型支架	Q235，扁钢—5×50×510，圆钢 ф8×70	副	1	1.06	1.1	墙担类	图 19－23－2	2
							单头螺栓	M12×140，两平一弹一帽	件	2	0.21	0.4	螺栓类	TJ－GZ－06	
							膨胀螺栓	M12×100，不锈钢	根	2	0.24	0.5	螺栓类	TJ－GZ－06	

材 料 表

序号	物料编码	名称	规格	单位	数量	质量（kg）	备注
1	500035285	扁钢	—5×50×300	块	1	0.58	
2		圆钢	φ8×70	支	1	0.03	

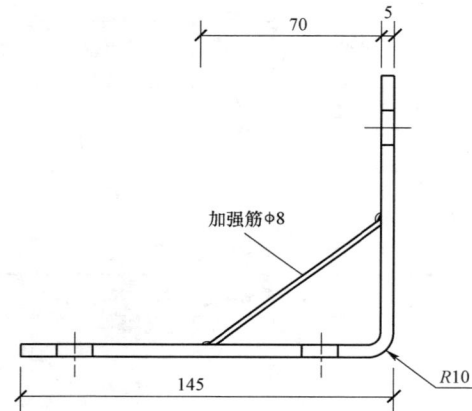

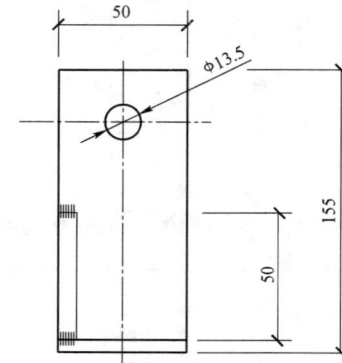

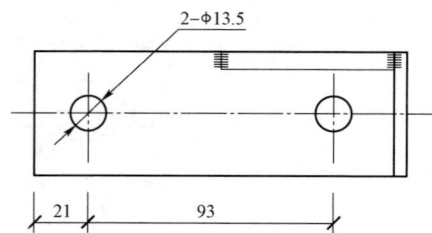

加强筋φ8

70　5

145

R10

50

Φ13.5

155

50

2-Φ13.5

21　93

说明：1. 铁件均需热镀锌。

2. 材料表中的角钢材料为 Q235。

图 19－23－1　进户线 L 型支架加工图

材　料　表

序号	物料编码	名称	规格	单位	数量	质量（kg）	备注
1	500033836	扁钢	—5×50×520	块	1	1.02	
2		圆钢	φ8×70	支	2	0.06	

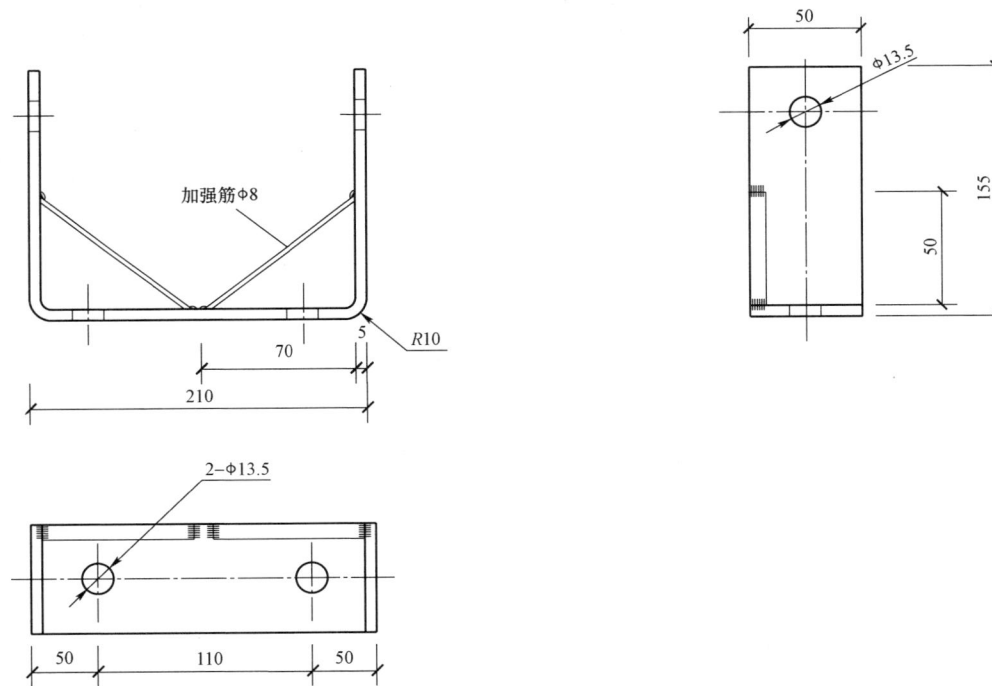

加强筋φ8

70

210

5

R10

50

Φ13.5

155

50

2-Φ13.5

50　110　50

说明：1. 铁件均需热镀锌。

2. 材料表中的角钢材料为 Q235。

图 19－23－2　进户线同型支架加工图

（四）N 型拉板

序号 164 - N 型拉板，—6×40，250mm

序号	一级物料主表						二级子表清单								总重（kg）
	商品名称	规格型号	单位	商品图片	归类	国网配电网工程典型设计对应图号	物料名称	物料描述	单位	数量	单重（kg）	合重（kg）	物料归类	《成套化铁附件加工图通用设计》对应加工图号	
164	N 型拉板	扁钢，镀锌，—6×40，250mm	套	164.pdf	接户线铁附件	2018 年版图 20-11	N 型拉板	扁钢，镀锌，—6×40，250mm	块	8	0.47	3.8	墙担类	图 19-24-1	6.4
							单头螺栓	M16×50，两平一弹一帽	件	4	0.24	1	螺栓类	TJ-GZ-06	
							单头螺栓	M16×120，两平一弹一帽	件	4	0.39	1.6	螺栓类	TJ-GZ-06	

材　料　表

序号	物料编码	名称	规格	单位	数量	质量（kg）	备注
1	500019952	角钢	—40×6×250	块	1	0.47	

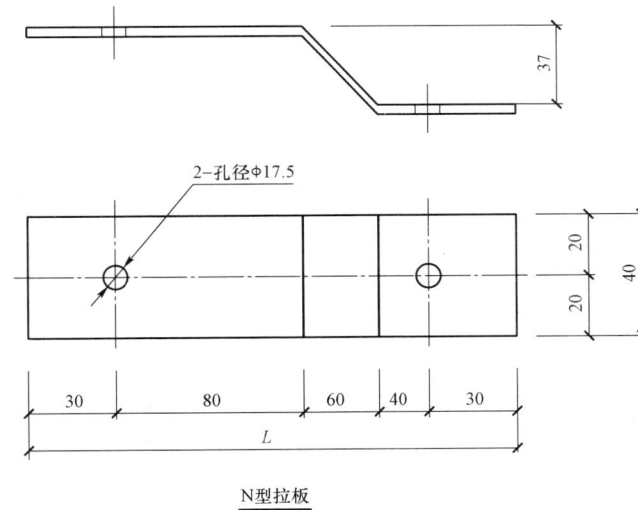

N型拉板

说明：1．铁件均需热镀锌。

2．N型拉板适用于接户线，与ED-2、ED-3蝴蝶瓶配合使用。

3．材料表中的角钢材料为Q235。

图19-24-1　N型拉板加工图

六

拉线组装成套铁附件

（一）拉线抱箍

序号 165－LB$_2$－160，—8×80，D160，0°，加强型

序号	一级物料主表						二级子表清单								总重 (kg)
	商品名称	规格型号	单位	商品图片	归类	国网配电网工程典型设计对应图号	物料名称	物料描述	单位	数量	单重 (kg)	合重 (kg)	物料归类	《成套化铁附件加工图通用设计》对应加工图号	
165	拉线抱箍成套铁附件	LB$_2$－160，—8×80，D160，0°，加强型	套	165.pdf	拉线铁附件	2016年版图9－51～图9－54	拉线抱箍	LB$_2$－160，Q235，扁钢—8×80×397，—8×80×56	块	2	3.25	6.5	抱箍类	图9－56	7.6
							单头螺栓	M20×100，两平一弹一帽	件	2	0.56	1.1	螺栓类	TJ－GZ－06	

序号 166－LB$_2$－200，—8×80，D200，0°，加强型

序号	一级物料主表						二级子表清单								总重 (kg)
	商品名称	规格型号	单位	商品图片	归类	国网配电网工程典型设计对应图号	物料名称	物料描述	单位	数量	单重 (kg)	合重 (kg)	物料归类	《成套化铁附件加工图通用设计》对应加工图号	
166	拉线抱箍成套铁附件	LB$_2$－200，—8×80，D200，0°，加强型	套	166.pdf	拉线铁附件	2016年版图9－51～图9－54	拉线抱箍	LB$_2$－200，Q235，扁钢—8×80×457，—8×80×56	块	2	3.55	7.1	抱箍类	图9－56	8.2
							单头螺栓	M20×100，两平一弹一帽	件	2	0.56	1.1	螺栓类	TJ－GZ－06	

序号 167－LB₂－220，—8×80，D220，0°，加强型

序号	一级物料主表						二级子表清单								总重 (kg)
	商品名称	规格型号	单位	商品图片	归类	国网配电网工程典型设计对应图号	物料名称	物料描述	单位	数量	单重 (kg)	合重 (kg)	物料归类	《成套化铁附件加工图通用设计》对应加工图号	
167	拉线抱箍成套铁附件	LB₂－220，—8×80，D220，0°，加强型	套	167.pdf	拉线铁附件	2016年版图9－51～图9－54	拉线抱箍	LB₂－220，Q235，扁钢—8×80×489，—8×80×56	块	2	3.7	7.4	抱箍类	图9－56	8.5
							单头螺栓	M20×100，两平一弹一帽	件	2	0.56	1.1	螺栓类	TJ－GZ－06	

序号 168－LB₂－240，—8×80，D240，0°，加强型

序号	一级物料主表						二级子表清单								总重 (kg)
	商品名称	规格型号	单位	商品图片	归类	国网配电网工程典型设计对应图号	物料名称	物料描述	单位	数量	单重 (kg)	合重 (kg)	物料归类	《成套化铁附件加工图通用设计》对应加工图号	
168	拉线抱箍成套铁附件	LB₂－240，—8×80，D240，0°，加强型	套	168.pdf	拉线铁附件	2016年版图9－51～图9－54	拉线抱箍	LB₂－240，Q235，扁钢—8×80×520，—8×80×56	块	2	3.9	7.8	抱箍类	图9－56	8.9
							单头螺栓	M20×100，两平一弹一帽	件	2	0.56	1.1	螺栓类	TJ－GZ－06	

序号 169－LB₂－260，—8×80，D260，0°，加强型

序号	一级物料主表						二级子表清单								总重 (kg)
	商品名称	规格型号	单位	商品图片	归类	国网配电网工程典型设计对应图号	物料名称	物料描述	单位	数量	单重 (kg)	合重 (kg)	物料归类	《成套化铁附件加工图通用设计》对应加工图号	
169	拉线抱箍成套铁附件	LB₂－260，—8×80，D260，0°，加强型	套	169.pdf	拉线铁附件	2016年版图9－51～图9－54	拉线抱箍	LB₂－260，Q235，扁钢—8×80×552，—8×80×56	块	2	4	8	抱箍类	图9－56	9.1
							单头螺栓	M20×100，两平一弹一帽	件	2	0.56	1.1	螺栓类	TJ－GZ－06	

序号 170－LB₂－280，—8×80，D280，0°，加强型

序号	一级物料主表						二级子表清单								总重 (kg)
	商品名称	规格型号	单位	商品图片	归类	国网配电网工程典型设计对应图号	物料名称	物料描述	单位	数量	单重 (kg)	合重 (kg)	物料归类	《成套化铁附件加工图通用设计》对应加工图号	
170	拉线抱箍成套铁附件	LB₂－280，—8×80，D280，0°，加强型	套	170.pdf	拉线铁附件	2016年版图9－51～图9－54	拉线抱箍	LB₂－280，Q235，扁钢—8×80×583，—8×80×56	块	2	4.2	8.4	抱箍类	图9－56	9.5
							单头螺栓	M20×100，两平一弹一帽	件	2	0.56	1.1	螺栓类	TJ－GZ－06	

序号 171－LB$_2$－300，—8×80，D300，0°，加强型

序号	一级物料主表						二级子表清单							总重 (kg)
	商品名称	规格型号	单位	商品图片	归类	国网配电网工程典型设计对应图号	物料名称	物料描述	单位	数量	单重 (kg)	合重 (kg)	物料归类	《成套化铁附件加工图通用设计》对应加工图号	
171	拉线抱箍成套铁附件	LB$_2$－300，—8×80，D300，0°，加强型	套	171.pdf	拉线铁附件	2016年版图9－51～图9－54	拉线抱箍	LB$_2$－300，Q235，扁钢—8×80×614，—8×80×56	块	2	4.35	8.7	抱箍类	图9－56	9.8
							单头螺栓	M20×100，两平一弹一帽	件	2	0.56	1.1	螺栓类	TJ－GZ－06	

序号 172－LB$_3$－200，—9×80，D200，0°，加强型

序号	一级物料主表						二级子表清单							总重 (kg)
	商品名称	规格型号	单位	商品图片	归类	国网配电网工程典型设计对应图号	物料名称	物料描述	单位	数量	单重 (kg)	合重 (kg)	物料归类	《成套化铁附件加工图通用设计》对应加工图号	
172	拉线抱箍成套铁附件	LB$_3$－200，—9×80，D200，0°，加强型	套	172.pdf	拉线铁附件	2016年版图9－51～图9－54	拉线抱箍	LB$_3$－200，Q235，扁钢—9×80×477，—9×65×85	块	2	4.25	8.5	抱箍类	图9－57	9.7
							单头螺栓	M22×100，两平一弹一帽	件	2	0.59	1.2	螺栓类	TJ－GZ－06	

序号 173－LB$_3$－220，—9×80，D220，0°，加强型

序号	一级物料主表						二级子表清单							总重 (kg)
	商品名称	规格型号	单位	商品图片	归类	国网配电网工程典型设计对应图号	物料名称	物料描述	单位	数量	单重 (kg)	合重 (kg)	物料归类	《成套化铁附件加工图通用设计》对应加工图号	
173	拉线抱箍成套铁附件	LB$_3$－220，—9×80，D220，0°，加强型	套	173.pdf	拉线铁附件	2016年版图9－51～图9－54	拉线抱箍	LB$_3$－220，Q235，扁钢—9×80×489，—9×65×85	块	2	4.45	8.9	抱箍类	图9－57	10.1
							单头螺栓	M22×100，两平一弹一帽	件	2	0.59	1.2	螺栓类	TJ－GZ－06	

序号 174－LB₃－240，—9×80，D240，0°，加强型

序号	一级物料主表						二级子表清单								总重 (kg)
	商品名称	规格型号	单位	商品图片	归类	国网配电网工程典型设计对应图号	物料名称	物料描述	单位	数量	单重 (kg)	合重 (kg)	物料归类	《成套化铁附件加工图通用设计》对应加工图号	
174	拉线抱箍成套铁附件	LB₃－240，—9×80，D240，0°，加强型	套	174.pdf	拉线铁附件	2016年版 图9－51～ 图9－54	拉线抱箍	LB₃－240，Q235，扁钢—9×80×520，—9×65×85	块	2	4.6	9.2	抱箍类	图9－57	10.4
							单头螺栓	M22×100，两平一弹一帽	件	2	0.59	1.2	螺栓类	TJ－GZ－06	

序号 175－LB₃－260，—9×80，D260，0°，加强型

序号	一级物料主表						二级子表清单								总重 (kg)
	商品名称	规格型号	单位	商品图片	归类	国网配电网工程典型设计对应图号	物料名称	物料描述	单位	数量	单重 (kg)	合重 (kg)	物料归类	《成套化铁附件加工图通用设计》对应加工图号	
175	拉线抱箍成套铁附件	LB₃－260，—9×80，D260，0°，加强型	套	175.pdf	拉线铁附件	2016年版 图9－51～ 图9－54	拉线抱箍	LB₃－260，Q235，扁钢—9×80×552，—9×65×85	块	2	4.8	9.6	抱箍类	图9－57	10.8
							单头螺栓	M22×100，两平一弹一帽	件	2	0.59	1.2	螺栓类	TJ－GZ－06	

序号 176－LB₃－280，—9×80，D280，0°，加强型

序号	一级物料主表						二级子表清单								总重 (kg)
	商品名称	规格型号	单位	商品图片	归类	国网配电网工程典型设计对应图号	物料名称	物料描述	单位	数量	单重 (kg)	合重 (kg)	物料归类	《成套化铁附件加工图通用设计》对应加工图号	
176	拉线抱箍成套铁附件	LB₃－280，—9×80，D280，0°，加强型	套	176.pdf	拉线铁附件	2016年版 图9－51～ 图9－54	拉线抱箍	LB₃－280，Q235，扁钢—9×80×583，—9×65×85	块	2	4.95	9.9	抱箍类	图9－57	11.1
							单头螺栓	M22×100，两平一弹一帽	件	2	0.59	1.2	螺栓类	TJ－GZ－06	

序号 177 - LB₃ - 300，—9 × 80，D300，0°，加强型

序号	一级物料主表						二级子表清单							总重 (kg)
	商品名称	规格型号	单位	商品图片	归类	国网配电网工程典型设计对应图号	物料名称	物料描述	单位	数量	单重 (kg)	合重 (kg)	物料归类	《成套化铁附件加工图通用设计》对应加工图号	
177	拉线抱箍成套铁附件	LB₃-300，—9×80，D300，0°，加强型	套	177.pdf	拉线铁附件	2016年版图9-51～图9-54	拉线抱箍	LB₃-300，Q235，扁钢—9×80×614，—9×65×85	块	2	5.15	10.3	抱箍类	图9-57	11.5
							单头螺栓	M22×100，两平一弹一帽	件	2	0.59	1.2	螺栓类	TJ-GZ-06	

序号 178 - LBG - 200，—8 × 110，D200，60°，加强型

序号	一级物料主表						二级子表清单							总重 (kg)
	商品名称	规格型号	单位	商品图片	归类	国网配电网工程典型设计对应图号	物料名称	物料描述	单位	数量	单重 (kg)	合重 (kg)	物料归类	《成套化铁附件加工图通用设计》对应加工图号	
178	拉线抱箍成套铁附件	LBG-200，—8×110，D200，60°，加强型	套	178.pdf	拉线铁附件	2016年版图10-14、图10-15	拉线抱箍	LBG-200，Q235，扁钢—8×110×475，—6×50×85，—10×90×80，—6×40×90	块	2	4.65	9.3	抱箍类	图10-20	10.5
							单头螺栓	M22×100，两平一弹一帽	件	2	0.59	1.2	螺栓类	TJ-GZ-06	

序号 179 - LBG - 240，—8 × 110，D240，60°，加强型

序号	一级物料主表						二级子表清单							总重 (kg)
	商品名称	规格型号	单位	商品图片	归类	国网配电网工程典型设计对应图号	物料名称	物料描述	单位	数量	单重 (kg)	合重 (kg)	物料归类	《成套化铁附件加工图通用设计》对应加工图号	
179	拉线抱箍成套铁附件	LBG-240，—8×110，D240，60°，加强型	套	179.pdf	拉线铁附件	2016年版图10-14、图10-15	拉线抱箍	LBG-240，Q235，扁钢—8×110×537，—6×50×85，—10×90×80，—6×40×90	块	2	5.1	10.2	抱箍类	图10-20	11.4
							单头螺栓	M22×100，两平一弹一帽	件	2	0.59	1.2	螺栓类	TJ-GZ-06	

序号 180－LBG－360，—8×110，D360，60°，加强型

序号	一级物料主表						二级子表清单								总重 (kg)
	商品名称	规格型号	单位	商品图片	归类	国网配电网工程典型设计对应图号	物料名称	物料描述	单位	数量	单重 (kg)	合重 (kg)	物料归类	《成套化铁附件加工图通用设计》对应加工图号	
180	拉线抱箍成套铁附件	LBG－360，—8×110，D360，60°，加强型	套	180.pdf	拉线铁附件	2016年版图10－14、图10－15	拉线抱箍	LBG－360，Q235，扁钢—8×110×726，—6×50×85，—10×90×80，—6×40×90	块	2	6.4	12.8	抱箍类	图10－20	14.0
							单头螺栓	M22×100，两平一弹一帽	件	2	0.59	1.2	螺栓类	TJ－GZ－06	

序号 181－LBG－390，—8×110，D390，60°，加强型

序号	一级物料主表						二级子表清单								总重 (kg)
	商品名称	规格型号	单位	商品图片	归类	国网配电网工程典型设计对应图号	物料名称	物料描述	单位	数量	单重 (kg)	合重 (kg)	物料归类	《成套化铁附件加工图通用设计》对应加工图号	
181	拉线抱箍成套铁附件	LBG－390，—8×110，D390，60°，加强型	套	181.pdf	拉线铁附件	2016年版图10－14、图10－15	拉线抱箍	LBG－390，Q235，扁钢—8×110×773，—6×50×85，—10×90×80，—6×40×90	块	2	6.7	13.4	抱箍类	图10－20	14.6
							单头螺栓	M22×100，两平一弹一帽	件	2	0.59	1.2	螺栓类	TJ－GZ－06	

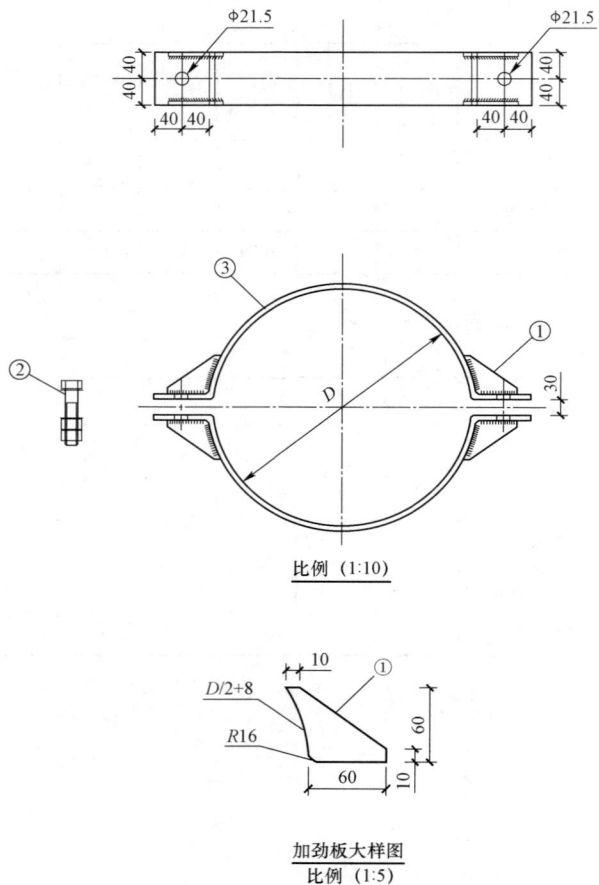

材 料 表

序号	编号	名称	规格	长度(mm)	单位	数量	质量（kg） 单件	质量（kg） 小计	备注
1	①	加劲板	—8×80	56	块	8	0.31	2.5	
2	②	螺栓	M20×100	100	个	2	0.48	1.0	6.8级，双帽双垫，无扣长度为46mm

选 型 表

序号	编号	型号	D(mm)	规格	长度(mm)	单位	数量	质量（kg） 单件	质量（kg） 小计	总质量（kg） ①+②+③	备注
1	③	LB₂-200	200	—8×80	457	块	2	2.30	4.6	8.1	
2	③	LB₂-210	210	—8×80	473	块	2	2.37	4.8	8.2	
3	③	LB₂-220	220	—8×80	489	块	2	2.45	4.9	8.4	
4	③	LB₂-230	230	—8×80	504	块	2	2.53	5.1	8.6	
5	③	LB₂-240	240	—8×80	520	块	2	2.61	5.2	8.8	
6	③	LB₂-250	250	—8×80	536	块	2	2.69	5.4	8.9	适用GJ-80拉线
7	③	LB₂-260	260	—8×80	552	块	2	2.77	5.5	9.0	
8	③	LB₂-270	270	—8×80	567	块	2	2.85	5.7	9.2	
9	③	LB₂-280	280	—8×80	583	块	2	2.93	5.9	9.4	
10	③	LB₂-290	290	—8×80	599	块	2	3.01	6.0	9.5	
11	③	LB₂-300	300	—8×80	614	块	2	3.08	6.2	9.7	

说明：1. 螺栓螺母垫圈参阅国家标准。

2. 钢材为 Q235。

3. 全部铁件必须热镀锌防腐处理。

4. 各构件焊接工艺、焊缝高度及长度应满足相关规程、规范要求。

图 9-56 拉线抱箍加工图 LB₂（2/3）

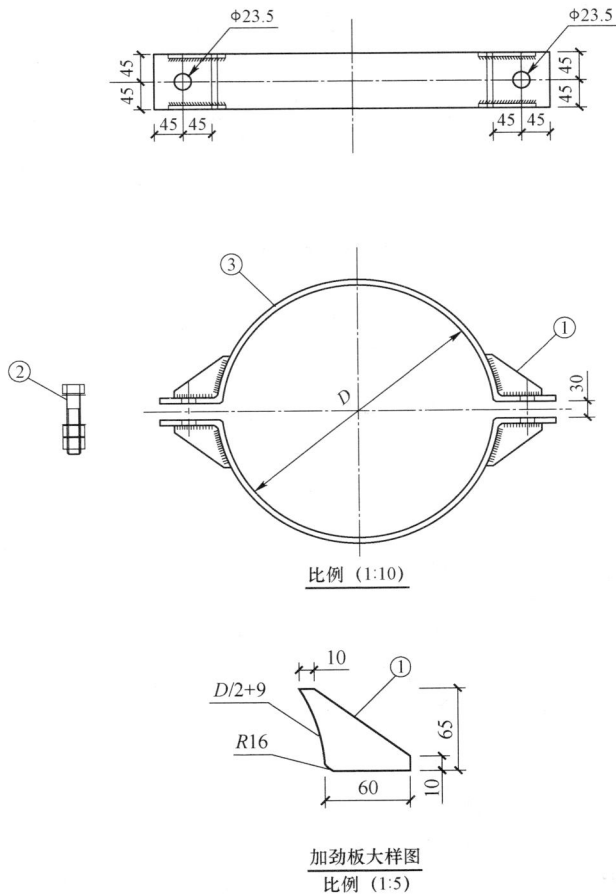

比例（1:10）

加劲板大样图
比例（1:5）

材　料　表

序号	编号	名称	规格	长度(mm)	单位	数量	质量 (kg) 单件	质量 (kg) 小计	备注
1	①	加劲板	—9×65	85	块	8	0.39	3.1	
2	②	螺栓	M22×110	110	个	2	0.62	1.2	6.8级，双帽双垫，无扣长度为48mm

选　型　表

序号	编号	型号	D(mm)	规格	长度(mm)	单位	数量	质量 (kg) 单件	质量 (kg) 小计	总质量 (kg) ①+②+③	备注
1	③	LB₃－200	200	—9×80	477	块	2	2.70	5.4	9.7	
2	③	LB₃－210	210	—9×80	493	块	2	2.79	5.6	9.9	
3	③	LB₃－220	220	—9×80	509	块	2	2.87	5.8	10.0	
4	③	LB₃－230	230	—9×80	524	块	2	2.96	5.9	10.2	
5	③	LB₃－240	240	—9×80	540	块	2	3.05	6.1	10.4	
6	③	LB₃－250	250	—9×80	556	块	2	3.14	6.3	10.6	
7	③	LB₃－260	260	—9×80	572	块	2	3.23	6.5	10.8	
8	③	LB₃－270	270	—9×80	587	块	2	3.32	6.6	10.9	
9	③	LB₃－280	280	—9×80	603	块	2	3.41	6.8	11.1	
10	③	LB₃－290	290	—9×80	619	块	2	3.50	7.0	11.3	
11	③	LB₃－300	300	—9×80	634	块	2	3.58	7.2	11.5	适用GJ－100拉线
12	③	LB₃－310	310	—9×80	650	块	2	3.67	7.4	11.6	
13	③	LB₃－320	320	—9×80	666	块	2	3.76	7.5	11.8	
14	③	LB₃－330	330	—9×80	681	块	2	3.85	7.7	12.0	
15	③	LB₃－340	340	—9×80	697	块	2	3.94	7.9	12.2	
16	③	LB₃－350	350	—9×80	713	块	2	4.03	8.1	12.4	
17	③	LB₃－360	360	—9×80	729	块	2	4.12	8.2	12.5	
18	③	LB₃－370	370	—9×80	744	块	2	4.21	8.4	12.7	
19	③	LB₃－380	380	—9×80	760	块	2	4.29	8.6	12.9	
20	③	LB₃－390	390	—9×80	776	块	2	4.38	8.8	13.1	

说明：1. 螺栓螺母垫圈参阅国家标准。

2. 钢材为 Q235。

3. 全部铁件必须热镀锌防腐处理。

4. 各构件焊接工艺、焊缝高度及长度应满足相关规程、规范要求。

图 9－57　拉线抱箍加工图 LB₃（3/3）

材 料 表

编号	名称	规格	长度(mm)	单位	数量	质量 (kg) 单件	质量 (kg) 小计	备注
①	抱箍板	—8×110	见选型表	块	2	—	—	钢板
②	扁钢	—50×6	85	块	4	0.20	0.8	
③	扁钢	—90×10	80	块	2	0.57	1.2	
④	钢板	—6×40	90	块	4	0.17	0.7	
⑤	合口螺栓	M22×100		套	2	0.59	1.2	6.8级，双帽双垫，无扣长度46mm

选 型 表

序号	名称	D (mm)	规格	长度 (mm)	单位	数量	质量 (kg) 单件	质量 (kg) 小计	总质量 (kg) ①+②+③+④+⑤	备注
1	抱箍板	195	—8×110	467	块	2	3.23	6.5	10.4	
2	抱箍板	200	—8×110	475	块	2	3.29	6.6	10.5	
3	抱箍板	205	—8×110	483	块	2	3.34	6.7	10.6	
4	抱箍板	235	—8×110	530	块	2	3.67	7.4	11.3	
5	抱箍板	240	—8×110	537	块	2	3.71	7.5	11.4	
6	抱箍板	245	—8×110	545	块	2	3.77	7.6	11.5	
7	抱箍板	250	—8×110	553	块	2	3.83	7.7	11.6	
8	抱箍板	355	—8×110	718	块	2	4.96	10.0	13.9	
9	抱箍板	360	—8×110	726	块	2	5.02	10.1	14.0	
10	抱箍板	365	—8×110	734	块	2	5.08	10.2	14.1	
11	抱箍板	370	—8×110	742	块	2	5.13	10.3	14.2	
12	抱箍板	375	—8×110	750	块	2	5.19	10.4	14.3	
13	抱箍板	380	—8×110	757	块	2	5.23	10.5	14.4	
14	抱箍板	385	—8×110	765	块	2	5.29	10.6	14.5	
15	抱箍板	390	—8×110	773	块	2	5.34	10.7	14.6	
16	抱箍板	395	—8×110	781	块	2	5.40	10.8	14.7	
17	抱箍板	400	—8×110	789	块	2	5.46	11.0	14.9	

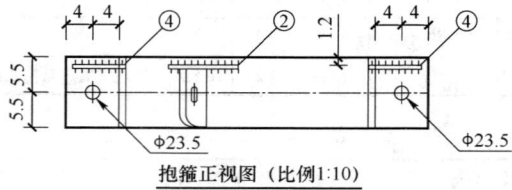

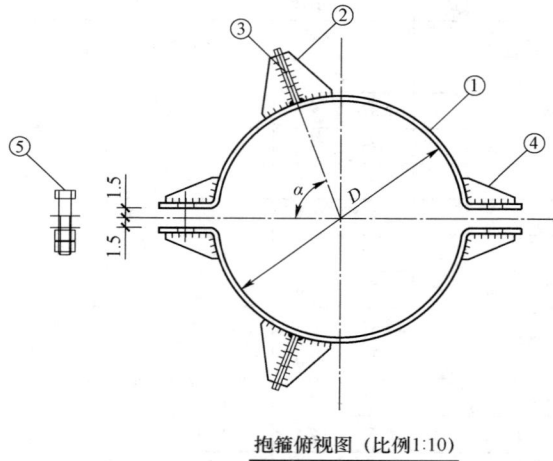

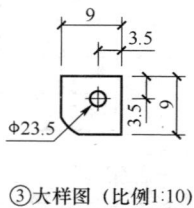

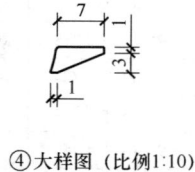

抱箍正视图（比例1:10）

抱箍俯视图（比例1:10）

②大样图（比例1:10）　　③大样图（比例1:10）　　④大样图（比例1:10）

注：1. 各种零件材质均采用 Q235，焊条采用 E43；各种零件均需热弯、热镀锌。

2. ①、②、③焊接时焊脚高度不应小于 8mm，其余部件焊脚高度不应小于 6mm。

3. 焊缝施焊时应采用引弧板施焊。

4. 图中 α 表示拉线对横担角度，本次典设取 45°、60°、70°和 90°；使用过程中应予以明确。

5. 当用做防滑抱箍时，可不对②、③件进行加工；使用过程中根据实际情况添加橡胶垫进行防滑。

图 10－20　LBG 型拉线抱箍加工图

（二）弓形拉横担

序号182-LHD-150，∟63×6，1600mm，D150，单侧

序号	一级物料主表						二级子表清单								总重(kg)
	商品名称	规格型号	单位	商品图片	归类	国网配电网工程典型设计对应图号	物料名称	物料描述	单位	数量	单重(kg)	合重(kg)	物料归类	《成套化铁附件加工图通用设计》对应加工图号	
182	弓形拉横担成套铁附件	LHD-150，L63×6，1600mm，D150，单侧	套	182.pdf	拉线铁附件	TJ-GZ-04	弓形拉横担	LHD-150，φ150～190梢杆，Q235，角钢L63×6×1600，扁钢—50×5×180	块	2	10.65	21.3	横担类	TJ-GZ-04	30.8
							拉线棒	Q235，φ20，2100mm，双耳	根	1	6.67	6.7	拉线类	TJ-GZ-05	
							单头螺栓	M18×70，两平一弹一帽	件	2	0.38	0.8	螺栓类	TJ-GZ-06	
							双头螺栓	M18×280，两平两弹四帽	件	2	0.98	2	螺栓类	TJ-GZ-07	

序号183-LHD-190，∟63×6，1600mm，D190，单侧

序号	一级物料主表						二级子表清单								总重(kg)
	商品名称	规格型号	单位	商品图片	归类	国网配电网工程典型设计对应图号	物料名称	物料描述	单位	数量	单重(kg)	合重(kg)	物料归类	《成套化铁附件加工图通用设计》对应加工图号	
183	弓形拉横担成套铁附件	LHD-190，L63×6，1600mm，D190，单侧	套	183.pdf	拉线铁附件	TJ-GZ-04	弓形拉横担	LHD-190，φ190～230梢杆，Q235，角钢L63×6×1600，扁钢—50×5×220	块	2	10.73	21.5	横担类	TJ-GZ-04	31.1
							拉线棒	Q235，φ20，2100mm，双耳	根	1	6.67	6.7	拉线类	TJ-GZ-05	
							单头螺栓	M18×70，两平一弹一帽	件	2	0.38	0.8	螺栓类	TJ-GZ-06	
							双头螺栓	M18×320，两平两弹四帽	件	2	1.06	2.1	螺栓类	TJ-GZ-07	

序号184-LHD-230，∟63×6，1600mm，D230，单侧

序号	一级物料主表						二级子表清单								总重(kg)
	商品名称	规格型号	单位	商品图片	归类	国网配电网工程典型设计对应图号	物料名称	物料描述	单位	数量	单重(kg)	合重(kg)	物料归类	《成套化铁附件加工图通用设计》对应加工图号	
184	弓形拉横担成套铁附件	LHD-230，L63×6，1600mm，D230，单侧	套	184.pdf	拉线铁附件	TJ-GZ-04	弓形拉横担	LHD-230，φ230～270梢杆，Q235，角钢L63×6×1600，扁钢—50×5×260	块	2	10.81	21.6	横担类	TJ-GZ-04	31.4
							拉线棒	Q235，φ20，2100mm，双耳	根	1	6.67	6.7	拉线类	TJ-GZ-05	
							单头螺栓	M18×70，两平一弹一帽	件	2	0.38	0.8	螺栓类	TJ-GZ-06	
							双头螺栓	M18×360，两平两弹四帽	件	2	1.14	2.3	螺栓类	TJ-GZ-07	

弓形拉横担制造图

材 料 表

杆径 (mm)	型号	编号	材料名称	规格 (mm)	单位	数量	质量 (kg) 单件	质量 (kg) 小计	合计质量 (kg) ①+②+③+④+⑤	适用范围	备注
φ150	LHD-150	①	角钢	L63×6×1600	块	2	10.30	20.6	28.6	φ150～190梢杆	
		②	扁钢	—50×5×180	块	2	0.35	0.7			
		③	拉线棒	φ18×2100	根	1	5.08	5.1			
		④	单头螺栓	M18×70	个	2	0.32	0.6			
		⑤	双头螺栓	M18×280	个	2	0.80	1.6			
φ190	LHD-190	①	角钢	L63×6×1600	块	2	10.30	20.6	29.0	φ190～230梢杆	
		②	扁钢	—50×5×220	块	2	0.43	0.9			
		③	拉线棒	φ18×2100	根	1	5.08	5.1			
		④	单头螺栓	M18×70	个	2	0.32	0.6			
		⑤	双头螺栓	M18×320	个	2	0.90	1.8			
φ230	LHD-230	①	角钢	L63×6×1600	块	2	10.30	20.6	29.3	φ230～270梢杆	
		②	扁钢	—50×5×260	块	2	0.51	1.0			
		③	拉线棒	φ18×2100	根	1	5.08	5.1			
		④	单头螺栓	M18×70	个	2	0.32	0.6			
		⑤	双头螺栓	M18×340	个	2	1.00	2.0			

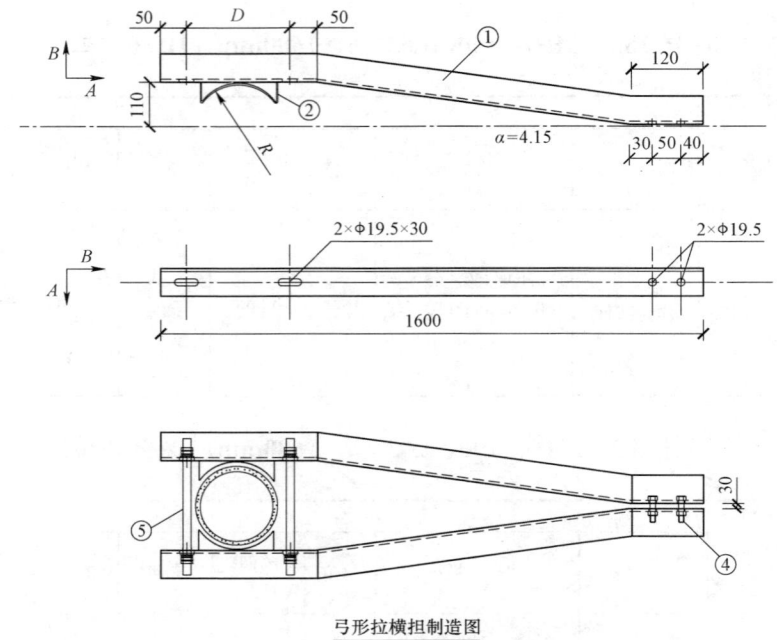

说明：1. 铁件均需热镀锌。

2. 如同一根杆中使用双侧横担,加工孔时应镜像加工。

3. 图中 R 的尺寸是根据铁件安装在距混凝土杆顶的不同高度和电杆梢径来决定的。

4. 拉杆制造图详见图 TJ-GZ-05。

5. 材料表中的角钢材料为 Q235，焊条规格为 E50。

TJ-GZ-04 弓形拉横担加工图

直径φ	A	B	r	适用拉线规格
18	75	100	17	GJ－35
20	80	110	17	GJ－50
22	100	140	17	GJ－80
24	110	150	19	GJ－100
26	120	160	20	GJ－100
30	130	180	25	2XGJ－80
32	140	200	25	2XGJ－100

型号	垂直埋深（m） 45°	50°	55°	60°	规格	L(mm)	下料长(mm)	质量(kg)
φ18－21			1.4	1.4	φ18	2100	2540	5.08
φ18－24	1.4	1.4	1.6	1.6		2400	2840	5.68
φ18－27	1.6	1.6	1.8	1.8 2.0		2700	3140	6.28
φ18－30	1.8	1.8 2.0	2.0	2.2		3000	3440	6.88
φ18－33	2.0	2.2	2.2			3300	3740	7.48
φ18－36	2.2					3600	4040	8.08
φ20－24			1.6	1.6	φ20	2400	2870	7.08
φ20－27	1.6	1.6	1.8	1.8 2.0		2700	3170	7.82
φ20－30	1.8	1.8 2.0	2.0	2.2		3000	3470	8.56
φ20－33	2.0	2.2	2.2	2.4		3300	3770	9.30
φ20－36	2.2	2.4	2.4			3600	4070	10.04
φ20－39	2.4					3900	4370	10.78
φ22－27			1.8	1.8 2.0	φ22	2700	3290	9.82
φ22－30	1.8	1.8 2.0	2.0	2.2		3000	3590	10.71
φ22－33	2.0	2.2	2.2	2.4		3300	3890	11.61
φ22－36	2.2	2.4	2.4 2.6	2.6		3600	4190	12.50
φ22－39	2.4	2.6				3900	4490	13.40
φ22－42	2.6					4200	4790	14.29

型号	垂直埋深（m） 45°	50°	55°	60°	规格	L(mm)	下料长(mm)	质量(kg)
φ24－27			1.8	1.8 2.0	φ24	2700	3350	11.89
φ24－30	1.8	1.8 2.0	2.0	2.2		3000	3650	12.96
φ24－33	2.0	2.2	2.2	2.4		3300	3950	14.02
φ24－36	2.2	2.4	2.4 2.6	2.6		3600	4250	15.09
φ24－39	2.4	2.6				3900	4550	16.15
φ24－42	2.6					4200	4850	17.22
φ26－27				2.0	φ26	2700	3400	14.18
φ26－30		2.0	2.0	2.2		3000	3700	15.42
φ26－33	2.0	2.2	2.2	2.4		3300	4000	16.70
φ26－36	2.2	2.4	2.4 2.6	2.6		3600	4300	17.95
φ26－39	2.4	2.6	2.6	2.8		3900	4600	19.20
φ26－42	2.6	2.8	2.8			4200	4900	20.40
φ26－45	2.8					4500	5200	21.70
φ30－27				2.0	φ30	2700	3460	19.20
φ30－30		2.0	2.0	2.2		3000	3760	20.85
φ30－33	2.0	2.2	2.2	2.4		3300	4060	22.50
φ30－36	2.2	2.4	2.4 2.6	2.6		3600	4360	24.20
φ30－39	2.4	2.6	2.6	2.8		3900	4660	25.80
φ30－42	2.6	2.8	2.8			4200	4960	27.50
φ30－45	2.8					4500	5260	29.20
φ32－27				2.0	φ32	2700	3520	22.24
φ32－30		2.0	2.0	2.2		3000	3820	24.14
φ32－33	2.0	2.2	2.2	2.4		3300	4120	26.05
φ32－36	2.2	2.4	2.4 2.6	2.6		3600	4420	27.95
φ32－39	2.4	2.6	2.6	2.8		3900	4720	29.81
φ32－42	2.6	2.8	2.8			4200	5020	31.71
φ32－45	2.8					4500	5320	33.62

φ0.25 φ0.25 φ0.75

A－A

说明：1. 铁件均需热镀锌。

2. 材料表中的材料为Q235。

双面焊接

B A L

TJ－GZ－05 φ18～φ32 拉线棒加工图

（三）拉线棒

序号 185－Φ20，2500mm，双耳

序号	一级物料主表						二级子表清单								总重 (kg)
	商品名称	规格型号	单位	商品图片	归类	国网配电网工程典型设计对应图号	物料名称	物料描述	单位	数量	单重 (kg)	合重 (kg)	物料归类	《成套化铁附件加工图通用设计》对应加工图号	
185	拉线棒	Φ20，2500mm，双耳	套	185.pdf	拉线铁附件	TJ－GZ－05	拉线棒	Q235，Φ20，2500mm，双耳	根	1	7.38	7.4	拉线类	TJ－GZ－05	7.4

序号 186－Φ20，3000mm，双耳

序号	一级物料主表						二级子表清单								总重 (kg)
	商品名称	规格型号	单位	商品图片	归类	国网配电网工程典型设计对应图号	物料名称	物料描述	单位	数量	单重 (kg)	合重 (kg)	物料归类	《成套化铁附件加工图通用设计》对应加工图号	
186	拉线棒	Φ20，3000mm，双耳	套	186.pdf	拉线铁附件	TJ－GZ－05	拉线棒	Q235，Φ20，3000mm，双耳	根	1	8.56	8.6	拉线类	TJ－GZ－05	8.6

序号 187－Φ22，2700mm，双耳

序号	一级物料主表						二级子表清单								总重 (kg)
	商品名称	规格型号	单位	商品图片	归类	国网配电网工程典型设计对应图号	物料名称	物料描述	单位	数量	单重 (kg)	合重 (kg)	物料归类	《成套化铁附件加工图通用设计》对应加工图号	
187	拉线棒	Φ22，2700mm，双耳	套	187.pdf	拉线铁附件	TJ－GZ－05	拉线棒	Q235，Φ22，2700mm，双耳	根	1	9.82	9.8	拉线类	TJ－GZ－05	9.8

序号 188－Φ22，3000mm，双耳

序号	一级物料主表						二级子表清单								总重 (kg)
	商品名称	规格型号	单位	商品图片	归类	国网配电网工程典型设计对应图号	物料名称	物料描述	单位	数量	单重 (kg)	合重 (kg)	物料归类	《成套化铁附件加工图通用设计》对应加工图号	
188	拉线棒	Φ22，3000mm，双耳	套	188.pdf	拉线铁附件	TJ－GZ－05	拉线棒	Q235，Φ22，3000mm，双耳	根	1	10.71	10.7	拉线类	TJ－GZ－05	10.7

序号 189−φ22，3600mm，双耳

序号	一级物料主表						二级子表清单								总重 (kg)
	商品名称	规格型号	单位	商品图片	归类	国网配电网工程典型设计对应图号	物料名称	物料描述	单位	数量	单重 (kg)	合重 (kg)	物料归类	《成套化铁附件加工图通用设计》对应加工图号	
189	拉线棒	φ22，3600mm，双耳	套	189.pdf	拉线铁附件	TJ−GZ−05	拉线棒	Q235，φ22，3600mm，双耳	根	1	12.5	12.5	拉线类	TJ−GZ−05	12.5

序号 190−φ26，3000mm，双耳

序号	一级物料主表						二级子表清单								总重 (kg)
	商品名称	规格型号	单位	商品图片	归类	国网配电网工程典型设计对应图号	物料名称	物料描述	单位	数量	单重 (kg)	合重 (kg)	物料归类	《成套化铁附件加工图通用设计》对应加工图号	
190	拉线棒	φ26，3000mm，双耳	套	190.pdf	拉线铁附件	TJ−GZ−05	拉线棒	Q235，φ26，3000mm，双耳	根	1	15.42	15.4	拉线类	TJ−GZ−05	15.4

序号 191−φ26，3600mm，双耳

序号	一级物料主表						二级子表清单								总重 (kg)
	商品名称	规格型号	单位	商品图片	归类	国网配电网工程典型设计对应图号	物料名称	物料描述	单位	数量	单重 (kg)	合重 (kg)	物料归类	《成套化铁附件加工图通用设计》对应加工图号	
191	拉线棒	φ26，3600mm，双耳	套	191.pdf	拉线铁附件	TJ−GZ−05	拉线棒	Q235，φ26，3600mm，双耳	根	1	17.95	18	拉线类	TJ−GZ−05	18

序号 192−φ30，3000mm，双耳

序号	一级物料主表						二级子表清单								总重 (kg)
	商品名称	规格型号	单位	商品图片	归类	国网配电网工程典型设计对应图号	物料名称	物料描述	单位	数量	单重 (kg)	合重 (kg)	物料归类	《成套化铁附件加工图通用设计》对应加工图号	
192	拉线棒	φ30，3000mm，双耳	套	192.pdf	拉线铁附件	TJ−GZ−05	拉线棒	Q235，φ30，3000mm，双耳	根	1	20.85	20.9	拉线类	TJ−GZ−05	20.9

序号 193−φ30，3600mm，双耳

序号	一级物料主表						二级子表清单								总重(kg)
	商品名称	规格型号	单位	商品图片	归类	国网配电网工程典型设计对应图号	物料名称	物料描述	单位	数量	单重(kg)	合重(kg)	物料归类	《成套化铁附件加工图通用设计》对应加工图号	
193	拉线棒	φ30，3600mm，双耳	套	193.pdf	拉线铁附件	TJ−GZ−05	拉线棒	Q235，φ30，3600mm，双耳	根	1	24.2	24.2	拉线类	TJ−GZ−05	24.2

直径φ	f	B	r	适用拉线规格
18	75	100	17	GJ－35
20	80	110	17	GJ－50
22	100	140	17	GJ－80
24	110	150	19	GJ－100
26	120	160	20	GJ－100
30	130	180	25	2XGJ－80
32	140	200	25	2XGJ－100

型号	垂直埋深 (m) 45°	50°	55°	60°	规格	L (mm)	下料长 (mm)	质量 (kg)
φ18－21			1.4	1.4	φ18	2100	2540	5.08
φ18－24	1.4	1.4	1.6	1.6		2400	2840	5.68
φ18－27	1.6	1.6	1.8	1.8　2.0		2700	3140	6.28
φ18－30	1.8	1.8　2.0	2.0	2.2		3000	3440	6.88
φ18－33	2.0	2.2	2.2			3300	3740	7.48
φ18－36	2.2					3600	4040	8.08
φ20－24			1.6	1.6	φ20	2400	2870	7.08
φ20－27	1.6	1.6	1.8	1.8　2.0		2700	3170	7.82
φ20－30	1.8	1.8　2.0	2.0	2.2		3000	3470	8.56
φ20－33	2.0	2.2	2.2	2.4		3300	3770	9.30
φ20－36	2.2	2.4	2.4			3600	4070	10.04
φ20－39	2.4					3900	4370	10.78
φ22－27			1.8	1.8　2.0	φ22	2700	3290	9.82
φ22－30	1.8	1.8　2.0	2.0	2.2		3000	3590	10.71
φ22－33	2.0	2.2	2.2	2.4		3300	3890	11.61
φ22－36	2.2	2.4	2.4　2.6	2.6		3600	4190	12.50
φ22－39	2.4	2.6				3900	4490	13.40
φ22－42	2.6					4200	4790	14.29

型号	垂直埋深 (m) 45°	50°	55°	60°	规格	L (mm)	下料长 (mm)	质量 (kg)
φ24－27			1.8	1.8　2.0	φ24	2700	3350	11.89
φ24－30	1.8	1.8　2.0	2.0	2.2		3000	3650	12.96
φ24－33	2.0	2.2	2.2	2.4		3300	3950	14.02
φ24－36	2.2	2.4	2.4　2.6	2.6		3600	4250	15.09
φ24－39	2.4	2.6				3900	4550	16.15
φ24－42	2.6					4200	4850	17.22
φ26－27				2.0	φ26	2700	3400	14.18
φ26－30		2.0	2.0	2.2		3000	3700	15.42
φ26－33	2.0	2.2	2.2	2.4		3300	4000	16.70
φ26－36	2.2	2.4	2.4　2.6	2.6		3600	4300	17.95
φ26－39	2.4	2.6	2.6	2.8		3900	4600	19.20
φ26－42	2.6	2.8	2.8			4200	4900	20.40
φ26－45	2.8					4500	5200	21.70
φ30－27				2.0	φ30	2700	3460	19.20
φ30－30		2.0	2.0	2.2		3000	3760	20.85
φ30－33	2.0	2.2	2.2	2.4		3300	4060	22.50
φ30－36	2.2	2.4	2.4　2.6	2.6		3600	4360	24.20
φ30－39	2.4	2.6	2.6	2.8		3900	4660	25.80
φ30－42	2.6	2.8	2.8			4200	4960	27.50
φ30－45	2.8					4500	5260	29.20
φ32－27				2.0	φ32	2700	3520	22.24
φ32－30		2.0	2.0	2.2		3000	3820	24.14
φ32－33	2.0	2.2	2.2	2.4		3300	4120	26.05
φ32－36	2.2	2.4	2.4　2.6	2.6		3600	4420	27.95
φ32－39	2.4	2.6	2.6	2.8		3900	4720	29.81
φ32－42	2.6	2.8	2.8			4200	5020	31.71
φ32－45	2.8					4500	5320	33.62

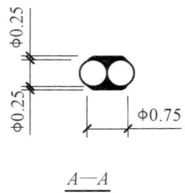

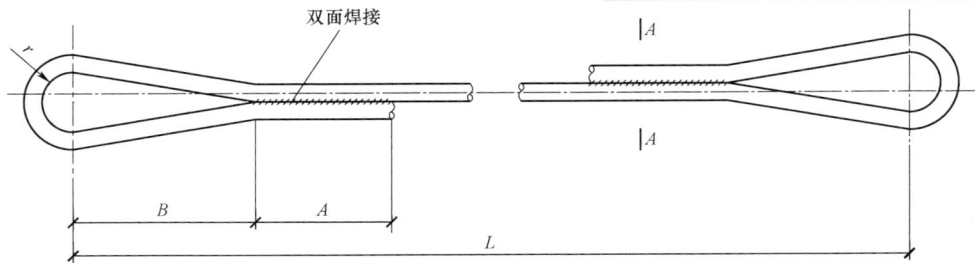

Φ0.25
Φ0.25
Φ0.75
A—A

双面焊接

说明：1. 铁件均需热镀锌。
　　　2. 材料表中的材料为 Q235。

TJ－GZ－05　φ18～φ32 拉线棒加工图

七

卡盘 U 型抱箍与杆上电缆保护管

（一）卡盘 U 型抱箍

序号 194－卡盘 U 型抱箍 U20－310

序号	一级物料主表						二级子表清单							总重(kg)
	商品名称	规格型号	单位	商品图片	归类	国网配电网工程典型设计对应图号	物料名称	物料描述	单位	数量	单重(kg)	合重(kg)	物料归类	《成套化铁附件加工图通用设计》对应加工图号	
194	卡盘 U 型抱箍	U20－310，卡盘 U 型螺栓	套	194.pdf	基础铁附件	TJ－ZJ－07	U 型抱箍，卡盘	U20－310，Q235，圆钢 φ22×1375，钢板—8×65×65：2 块，配螺母 AM20：4 个	副	1	4.4	4.4	抱箍类	TJ－ZJ－07	4.4

序号 195－卡盘 U 型抱箍 U20－350

序号	一级物料主表						二级子表清单							总重(kg)
	商品名称	规格型号	单位	商品图片	归类	国网配电网工程典型设计对应图号	物料名称	物料描述	单位	数量	单重(kg)	合重(kg)	物料归类	《成套化铁附件加工图通用设计》对应加工图号	
195	卡盘 U 型抱箍	U20－350，卡盘 U 型螺栓	套	195.pdf	基础铁附件	TJ－ZJ－07	U 型抱箍，卡盘	U20－350，Q235，圆钢 φ22×1450，钢板—8×65×65：2 块，配螺母 AM20：4 个	副	1	4.6	4.6	抱箍类	TJ－ZJ－07	4.6

序号 196－卡盘 U 型抱箍 U20－370

	一级物料主表						二级子表清单							总重(kg)
序号	商品名称	规格型号	单位	商品图片	归类	国网配电网工程典型设计对应图号	物料名称	物料描述	单位	数量	单重（kg）	合重（kg）	物料归类	《成套化铁附件加工图通用设计》对应加工图号	
196	卡盘 U 型抱箍	U20－370，卡盘 U 型螺栓	套	196.pdf	基础铁附件	TJ－ZJ－07	U 型抱箍,卡盘	U20－370，Q235，圆钢 Φ22×1505，钢板—8×65×65：2块，配螺母 AM20：4 个	副	1	4.7	4.7	抱箍类	TJ－ZJ－07	4.7

序号 197－卡盘 U 型抱箍 U20－420

	一级物料主表						二级子表清单							总重(kg)
序号	商品名称	规格型号	单位	商品图片	归类	国网配电网工程典型设计对应图号	物料名称	物料描述	单位	数量	单重（kg）	合重（kg）	物料归类	《成套化铁附件加工图通用设计》对应加工图号	
197	卡盘 U 型抱箍	U20－430，卡盘 U 型螺栓	套	197.pdf	基础铁附件	TJ－ZJ－07	U 型抱箍,卡盘	U20－430，Q235，圆钢 Φ22×1660，钢板—8×65×65：2块，配螺母 AM20：4 个	副	1	5.1	5.1	抱箍类	TJ－ZJ－07	5.1

序号 198－卡盘 U 型抱箍 U20－450

	一级物料主表						二级子表清单							总重(kg)
序号	商品名称	规格型号	单位	商品图片	归类	国网配电网工程典型设计对应图号	物料名称	物料描述	单位	数量	单重（kg）	合重（kg）	物料归类	《成套化铁附件加工图通用设计》对应加工图号	
198	卡盘 U 型抱箍	U20－450，卡盘 U 型螺栓	套	198.pdf	基础铁附件	TJ－ZJ－07	U 型抱箍,卡盘	U20－450，Q235，圆钢 Φ22×1710，钢板—8×65×65：2块，配螺母 AM20：4 个	副	1	5.2	5.2	抱箍类	TJ－ZJ－07	5.2

材　料　表

序号	物料编码	型号	半径 r	圆钢 规格（mm）	数量	合重（kg）	钢板 规格（mm）	数量	合重（kg）	螺母 规格（mm）	数量	合重（kg）	合计总重（kg）	备注
1	500123868	U20-310	145	φ20×1345	1	3.4	—8×65×65	2	0.7	AM20	4	0.3	4.4	
2	500082542	U20-350	165	φ20×1450	1	3.6	—8×65×65	2	0.7	AM20	4	0.3	4.6	
3	500123877	U20-370	175	φ20×1505	1	3.7	—8×65×65	2	0.7	AM20	4	0.3	4.7	
4	500123869	U20-430	200	φ20×1660	1	4.1	—8×65×65	2	0.7	AM20	4	0.3	5.1	
5	500068255	U20-450	215	φ20×1710	1	4.2	—8×65×65	2	0.7	AM20	4	0.3	5.2	

选　用　表

型号	r（mm）	适用主杆直径（mm）	φ190 10m	φ190 12m	φ190 15m	φ190 18m	φ230 12m	φ230 15m	φ230 18m
U20-310	145	300～320	2						
U20-350	165	340～360		2					
U20-370	175	360～380			2	1	2		
U20-420	200	420～440				1		2	1
U20-450	215	440～460							1

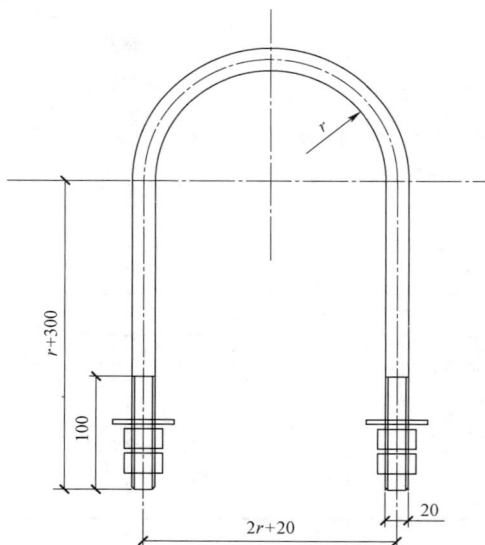

卡盘U型抱箍加工图

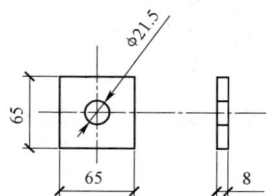

卡盘钢板垫片加工图

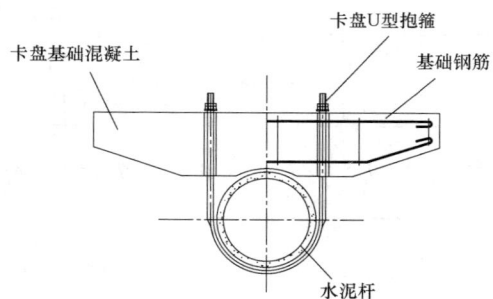

卡盘与U型抱箍组合图

注：1. 该卡盘U型抱箍用于固定水泥杆基础下部的卡盘。

2. 每副卡盘U型抱箍配带钢板垫片2块，螺母4个。

3. 本图所有钢材均采用Q235，且需热镀锌处理。

图 6-75　卡盘 U 型抱箍加工图（U20）（TJ-ZJ-07）

（二）杆上电缆保护管

序号 199－DLHG－114A（φ114×3.2×2500），镀锌钢管

序号	一级物料主表							二级子表清单							总重（kg）
	商品名称	规格型号	单位	商品图片	归类	国网配电网工程典型设计对应图号		物料名称	物料描述	单位	数量	单重（kg）	合重（kg）	物料归类	《成套化铁附件加工图通用设计》对应加工图号
199	杆上电缆保护管	DLHG－114A（φ114×3.2×2500），镀锌钢管（两半圆拼装）	套	199.pdf	电缆铁附件	2016 年版图 AZ－XT－06		杆上电缆保护管	DLHG－114A，镀锌钢管，外径 φ114，壁厚 3.2mm，长度 2.5m，扁钢—5×50×50	根	1	22.44	22.4	支构架	TJ－HG－01	23.7
								单头螺栓	M16×40，两平一弹一帽	件	6	0.22	1.3	螺栓类	TJ－GZ－06	

注：序号 199 适用于低压电缆上墙或 JP 柜下地电缆保护管。

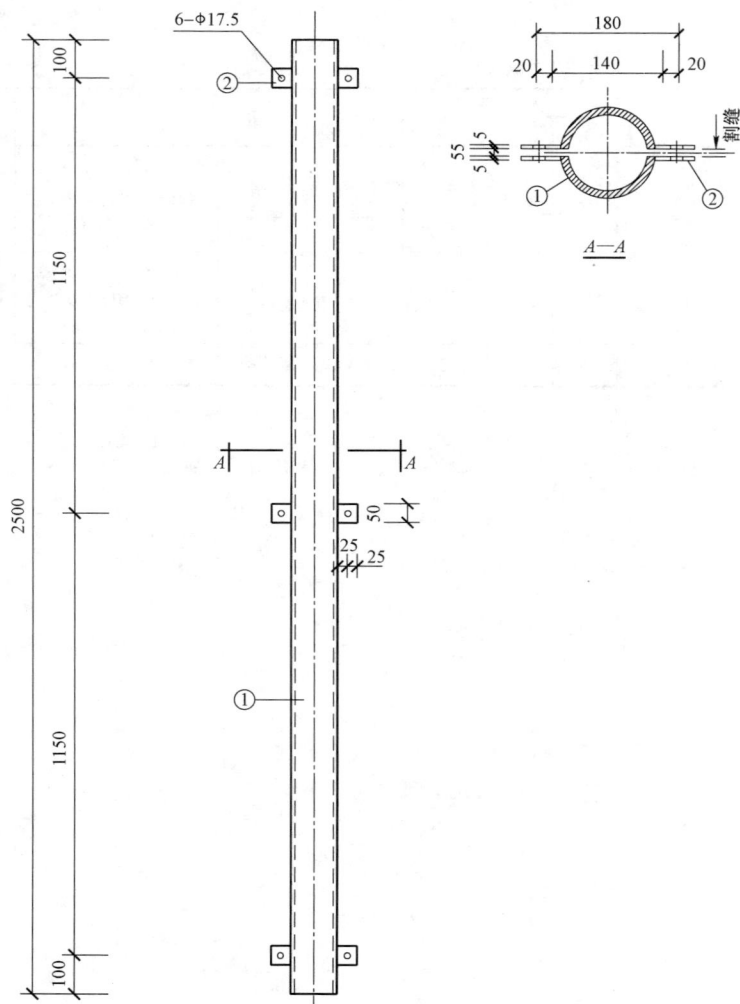

选 用 表

物料编码	型号	外径×壁厚×长度 (mm)	质量 (kg)	单位 (1909：根)	总重 (kg)
500030212	DLHG－114A	114×3.2×2500	21.85	1	22.44
500029928	DLHG－140A	140×3.5×2500	29.45	1	30.04
500067768	DLHG－168A	168×4.0×2500	39.75	1	40.34

材 料 表

编号	名称	规格	单位	数量	质量（kg）	备注
①	钢管	见选用表	根	1	见选用表	
②	扁钢	—5×50×50	块	12	0.59	

说明：本图适用于变台 JP 柜下地电缆保护管。

图 6-63　杆上电缆保护管制造图（DLHG－A）（TJ－HG－01）

国家电网有限公司 STATE GRID CORPORATION OF CHINA

八

接 地 装 置

序号 200－接地圆钢，φ8，2500mm

序号	一级物料主表						二级子表清单								总重(kg)
	商品名称	规格型号	单位	商品图片	归类	国网配电网工程典型设计对应图号	物料名称	物料描述	单位	数量	单重(kg)	合重(kg)	物料归类	《成套化铁附件加工图通用设计》对应加工图号	
200	接地圆钢	接地铁，圆钢 φ8，2500mm	副	200.pdf	接地装置	2016 年版图 20－3E	接地圆钢	JDS－2500，接地铁，圆钢，镀锌，φ8，2500mm	副	1	1.31	1.3	接地类	图 20－5	1.3

序号 201－接地圆钢，φ12，4000mm

序号	一级物料主表						二级子表清单								总重(kg)
	商品名称	规格型号	单位	商品图片	归类	国网配电网工程典型设计对应图号	物料名称	物料描述	单位	数量	单重(kg)	合重(kg)	物料归类	《成套化铁附件加工图通用设计》对应加工图号	
201	接地圆钢	接地铁，圆钢，φ12，4000mm	副	201.pdf	接地装置	2016 年版图 20－3A，图 20－4A	接地圆钢	JDS－4000，接地铁，圆钢，镀锌，φ12，4000mm	副	1	3.93	3.9	接地类	图 20－5	3.9

序号 202－接地角钢，L50×5，2500mm

序号	一级物料主表						二级子表清单							总重 (kg)
	商品名称	规格型号	单位	商品图片	归类	国网配电网工程典型设计对应图号	物料名称	物料描述	单位	数量	单重 (kg)	合重 (kg)	物料归类	《成套化铁附件加工图通用设计》对应加工图号	
202	接地角钢	接地铁，角钢，L50×5，2500mm	副	202.pdf	接地装置	2016 年版电缆图 8－16	垂直接地铁	JDZ－2500，接地铁，角钢，镀锌，Q235，L50×5，2500mm	副	1	9.43	9.4	接地类	图 20－5	9.4

序号 203－接地扁钢，—4×40，6000mm

序号	一级物料主表						二级子表清单							总重 (kg)
	商品名称	规格型号	单位	商品图片	归类	国网配电网工程典型设计对应图号	物料名称	物料描述	单位	数量	单重 (kg)	合重 (kg)	物料归类	《成套化铁附件加工图通用设计》对应加工图号	
203	接地扁钢	接地铁，扁钢，—4×40，6000mm	副	203.pdf	接地装置	2016 年版电缆图 8－16；图 20－3B，图 20－4B	水平接地铁	JDP－6m，接地铁，扁钢，镀锌，Q235，—4×40，6000mm	副	1	7.56	7.6	接地类	图 20－5	7.6

序号 204－接地扁钢，—5×50，6000mm

序号	一级物料主表						二级子表清单							总重 (kg)
	商品名称	规格型号	单位	商品图片	归类	国网配电网工程典型设计对应图号	物料名称	物料描述	单位	数量	单重 (kg)	合重 (kg)	物料归类	《成套化铁附件加工图通用设计》对应加工图号	
204	接地扁钢	接地铁，扁钢，—5×50，6000mm	副	204.pdf	接地装置	2016 年版电缆图 8－16	水平接地铁	JDP－6m，接地铁，扁钢，镀锌，Q235，—5×50，6000mm	副	1	11.76	11.8	接地类	图 20－5	11.8

接地圆钢、垂直接地铁、水平接地铁材料表

名　　称	型号	编号	材料编码	规格（mm）	单位	数量	质量（kg）		备注
							单重	总重	
接地圆钢（Ⅰ）	JDS－4000	①	500075103	—40×4×250	副	1	0.32	3.87	防雷接地引上线
		②		φ12×4000		1	3.55		
接地圆钢（Ⅱ）	JDS－2500	①	500065767	—40×4×250	副	1	0.32	1.31	金属箱体接地引线
		②		φ8×2500		1	0.99		
垂直接地铁	JDZ－2500	③	500020107	L50×5×2500	副	1	9.43	9.43	
水平接地铁	JDP－6m	④	500020173	—40×4×6000	副	1	7.56	7.56	L=6000

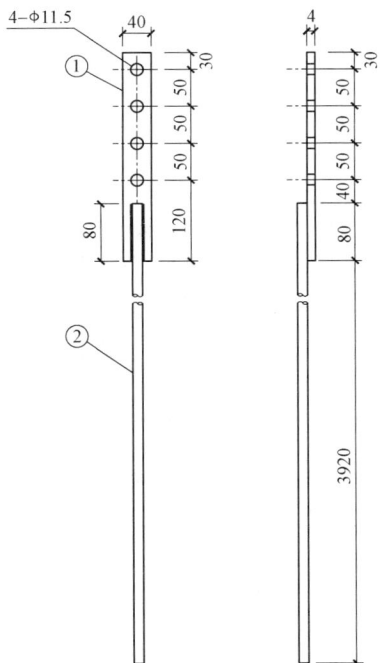

接地圆钢加工图（Ⅰ）
（杆上接地）

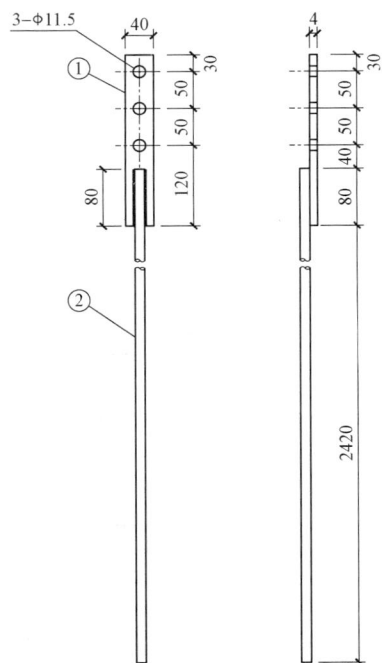

接地圆钢加工图（Ⅰ）
（挂墙式金属箱体）

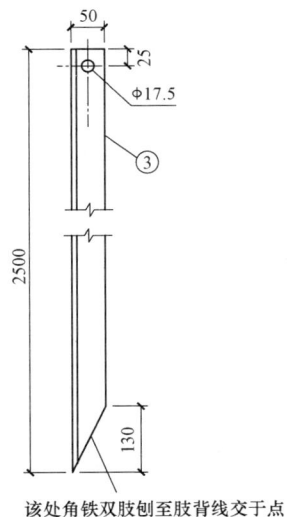

该处角铁双肢刨至肢背线交于点

垂直接地铁加工图

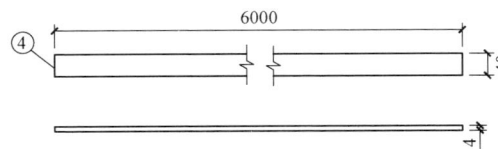

水平接地铁加工图

说明：1. 铁件均需热镀锌。

　　　2. 材料表中材料为 Q235。

图 20－5　接地圆钢、垂直接地铁、水平接地铁加工示意图

九

国家电网有限公司
StateGRID
CORPORATION OF CHINA

地 脚 螺 栓

序号 205 – 地脚螺栓，M24，960mm

序号	一级物料主表						二级子表清单							总重(kg)
	商品名称	规格型号	单位	商品图片	归类	国网配电网工程典型设计对应图号	物料名称	物料描述	单位	数量	单重(kg)	合重(kg)	物料归类	《成套化铁附件加工图通用设计》对应加工图号	
205	地脚螺栓	M24，960mm，无表面处理	套	205.pdf	基础铁附件	2016年版图13－9	地脚螺栓	M24，960mm，无表面处理	套	1	6.49	6.5	螺栓类	图13－116	6.5

序号 206 – 地脚螺栓，M27，1075mm

序号	一级物料主表						二级子表清单							总重(kg)
	商品名称	规格型号	单位	商品图片	归类	国网配电网工程典型设计对应图号	物料名称	物料描述	单位	数量	单重(kg)	合重(kg)	物料归类	《成套化铁附件加工图通用设计》对应加工图号	
206	地脚螺栓	M27，1075mm，无表面处理	套	206.pdf	基础铁附件	2016年版图13－9	地脚螺栓	M27，1075mm，无表面处理	套	1	8.42	8.4	螺栓类	图13－116	8.4

序号 207 – 地脚螺栓，M30，1190mm

序号	一级物料主表						二级子表清单							总重(kg)
	商品名称	规格型号	单位	商品图片	归类	国网配电网工程典型设计对应图号	物料名称	物料描述	单位	数量	单重(kg)	合重(kg)	物料归类	《成套化铁附件加工图通用设计》对应加工图号	
207	地脚螺栓	M30，1190mm，无表面处理	套	207.pdf	基础铁附件	2016年版图13－9	地脚螺栓	M30，1190mm，无表面处理	套	1	10.55	10.6	螺栓类	图13－116	10.6

序号 208－地脚螺栓，M36，1410mm

序号	一级物料主表							二级子表清单								总重 (kg)
	商品名称	规格型号	单位	商品图片	归类	国网配电网工程典型设计对应图号		物料名称	物料描述	单位	数量	单重 (kg)	合重 (kg)	物料归类	《成套化铁附件加工图通用设计》对应加工图号	
208	地脚螺栓	M36，1410mm，无表面处理	套	208.pdf	基础铁附件	2016 年版图 13－9		地脚螺栓	M36，1410mm，无表面处理	套	1	18.06	18.1	螺栓类	图 13－116	18.1

序号 209－地脚螺栓，M42，1630mm

序号	一级物料主表							二级子表清单								总重 (kg)
	商品名称	规格型号	单位	商品图片	归类	国网配电网工程典型设计对应图号		物料名称	物料描述	单位	数量	单重 (kg)	合重 (kg)	物料归类	《成套化铁附件加工图通用设计》对应加工图号	
209	地脚螺栓	M42，1630mm，无表面处理	套	209.pdf	基础铁附件	2016 年版图 13－9		地脚螺栓	M42，1630mm，无表面处理	套	1	27.1	27.1	螺栓类	图 13－116	27.1

序号 210－地脚螺栓，M56，2170mm

序号	一级物料主表							二级子表清单								总重 (kg)
	商品名称	规格型号	单位	商品图片	归类	国网配电网工程典型设计对应图号		物料名称	物料描述	单位	数量	单重 (kg)	合重 (kg)	物料归类	《成套化铁附件加工图通用设计》对应加工图号	
210	地脚螺栓	M56，2170mm，无表面处理	套	210.pdf	基础铁附件	2016 年版图 13－9		地脚螺栓	M56，2170mm，无表面处理	套	1	58.95	59	螺栓类	图 13－116	59

国家电网有限公司
STATE GRID CORPORATION OF CHINA

通用图纸（单头螺栓、双头螺栓）

各部件尺寸及质量表

M (mm)	螺栓头 (mm)				螺母				垫圈				弹簧片			
	S (mm)	D (mm)	H (mm)	r	S (mm)	D (mm)	H (mm)	质量 (kg)	D (mm)	d (mm)	H (mm)	质量 (kg)	D (mm)	d (mm)	H (mm)	质量 (kg)
12	19	21.9	8	0.8	19	21.9	10	0.017	25	12.5	2.0	0.006	19.5	12.5	3.5	0.005
16	24	27.7	10	1.0	24	27.7	13	0.03	32	16.5	3.0	0.013	25.0	17.0	4.0	0.008
18	27	31.2	12	1.0	27	31.2	14	0.05	36	19.0	3.0	0.017	28.0	19.0	4.5	0.012
20	30	34.6	13	1.0	30	34.6	16	0.07	38	21.0	4.0	0.024	31.0	21.0	5.0	0.016
22	32	36.9	14	1.0	32	36.9	18	0.08	42	23.0	4.0	0.030	33.0	23.0	5.0	0.017
24	36	41.6	15	1.5	36	41.6	19	0.11	45	25.0	4.0	0.034	37.0	25.0	6.0	0.027

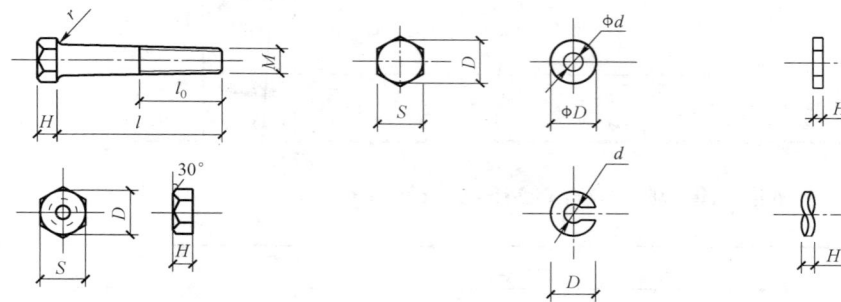

螺栓规格及质量表

型号 ($M×L$,mm)	L_0 (mm)	质量 (kg) 一母一垫	双母双垫	型号 ($M×L$,mm)	物料编码	L_0 (mm)	质量 (kg) 一母一垫	双母双垫
M12×40	30	0.074	0.097	M18×80	500012397	45	0.275	0.342
M12×60	40	0.091	0.114	M18×100	500050119	50	0.315	0.382
M12×120	50	0.143	0.166	M18×400	500012394	120	0.927	0.994
M16×50	40	0.154	0.197	M18×450	500012395	120	1.027	1.094
M16×80	45	0.201	0.244	M20×50	500012473	35	0.284	0.378
M16×100	50	0.233	0.276	M20×80	500052778	45	0.358	0.452
M16×120	50	0.264	0.339	M20×100	500012405	50	0.407	0.501
M16×150	80	0.33	0.37	M20×300	500012470	100	0.914	1.01
M16×240	100	0.47	0.56					
M16×260	100	0.484	0.512					
M16×280	100	0.515	0.56					
M16×300	100	0.557	0.60					
M16×320	100	0.579	0.56					
M16×350	120	0.65	0.69					
M16×400	120	0.729	0.769					
M18×50	35	0.215	0.282					

说明：铁件均需热镀锌。

TJ－GZ－06　单头螺栓加工图

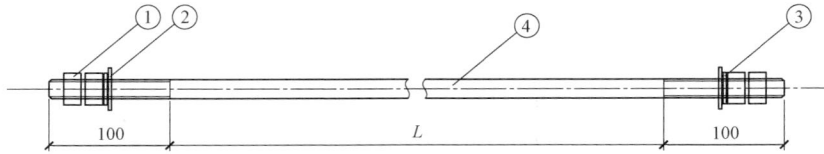

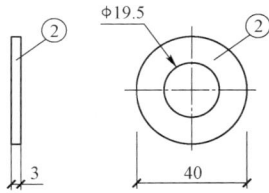
垫片大样图

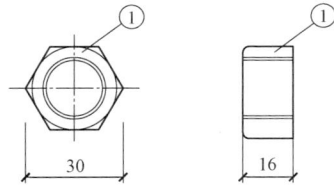
螺母大样图

注：1. 所有材料材质均为 Q235 型钢材并进行热镀锌防腐处理。

2. 螺栓的性能等级 6.8 级。

材 料 表

序号	编号	型号	名称	规格 M18×L (mm)	单位	数量	质量 (kg) 单件	质量 (kg) 小计	总质量 (kg) ①+②+③+④
1	①		螺母	AM18	个	4	0.05	0.2	
2	②		平垫	φ18	个	2	0.01	0.02	
3	③		弹垫	φ18	个	2	0.01	0.02	
4	④	ST-300	双头螺栓	M18×100	根	1	0.60	0.6	0.8
5	④	ST-310	双头螺栓	M18×110	根	1	0.62	0.6	0.8
6	④	ST-320	双头螺栓	M18×120	根	1	0.64	0.6	0.8
7	④	ST-330	双头螺栓	M18×130	根	1	0.66	0.7	0.9
8	④	ST-340	双头螺栓	M18×140	根	1	0.68	0.7	0.9
9	④	ST-350	双头螺栓	M18×150	根	1	0.70	0.7	0.9
10	④	ST-360	双头螺栓	M18×160	根	1	0.72	0.7	0.9
11	④	ST-370	双头螺栓	M18×170	根	1	0.74	0.7	0.9
12	④	ST-380	双头螺栓	M18×180	根	1	0.76	0.8	1.0
13	④	ST-390	双头螺栓	M18×190	根	1	0.78	0.8	1.0
14	④	ST-400	双头螺栓	M18×200	根	1	0.80	0.8	1.0
15	④	ST-410	双头螺栓	M18×210	根	1	0.82	0.8	1.0
16	④	ST-420	双头螺栓	M18×220	根	1	0.84	0.8	1.0
17	④	ST-430	双头螺栓	M18×230	根	1	0.86	0.9	1.1
18	④	ST-440	双头螺栓	M18×240	根	1	0.88	0.9	1.1
19	④	ST-450	双头螺栓	M18×250	根	1	0.90	0.9	1.1
20	④	ST-460	双头螺栓	M18×260	根	1	0.92	0.9	1.1
21	④	ST-470	双头螺栓	M18×270	根	1	0.94	0.9	1.1
22	④	ST-480	双头螺栓	M18×280	根	1	0.96	1.0	1.2
23	④	ST-490	双头螺栓	M18×290	根	1	0.98	1.0	1.2
24	④	ST-500	双头螺栓	M18×300	根	1	1.00	1.0	1.2
25	④	ST-510	双头螺栓	M18×310	根	1	1.02	1.0	1.2
26	④	ST-520	双头螺栓	M18×320	根	1	1.04	1.0	1.2
27	④	ST-530	双头螺栓	M18×330	根	1	1.06	1.1	1.3
28	④	ST-540	双头螺栓	M18×340	根	1	1.08	1.1	1.3
29	④	ST-550	双头螺栓	M18×350	根	1	1.10	1.1	1.3
30	④	ST-560	双头螺栓	M18×360	根	1	1.12	1.1	1.3
31	④	ST-570	双头螺栓	M18×370	根	1	1.14	1.1	1.3
32	④	ST-580	双头螺栓	M18×380	根	1	1.16	1.2	1.4
33	④	ST-590	双头螺栓	M18×390	根	1	1.18	1.2	1.4
34	④	ST-600	双头螺栓	M18×400	根	1	1.20	1.2	1.4
35	④	ST-610	双头螺栓	M18×410	根	1	1.22	1.2	1.4
36	④	ST-620	双头螺栓	M18×420	根	1	1.24	1.2	1.4
37	④	ST-630	双头螺栓	M18×430	根	1	1.26	1.3	1.5
38	④	ST-640	双头螺栓	M18×440	根	1	1.28	1.3	1.5

图 6-96 双头螺栓加工图

地脚螺栓						地脚螺栓垫板				地脚螺栓锚板				地脚螺栓箍筋				四根地脚螺栓质量总计
直径d (mm)	丝扣长L_0 (mm)	锚固长L_1 (mm)	全长 $L=L_1+L_0$ $+30$ (mm)	四根地脚螺栓 数量(件)/单重(kg)	小计 (kg)	边长a (mm)	厚度h_1 (mm)	四根地脚螺栓 数量(件)/单重(kg)	小计 (kg)	边长b (mm)	厚度h_2 (mm)	四根地脚螺栓 数量(件)/单重(kg)	小计 (kg)	直径 (mm)	总长 (mm) 四根地脚螺栓总长	四根地脚螺栓 数量(件)/单重(kg)	小计 (kg)	每组螺栓重 (含20个螺帽) (kg)
22	90	770	890	4 / 2.66	10.62	80	20	4 / 1.00	4.02	90	10	4 / 0.64	2.54	10	893	7 / 0.55	3.77	22.36
24	90	840	960	4 / 3.41	13.64	80	20	4 / 1.00	4.02	90	10	4 / 0.64	2.54	10	901	7 / 0.55	4.00	25.97
27	100	945	1075	4 / 4.83	19.33	80	20	4 / 1.00	4.02	90	10	4 / 0.64	2.54	10	1076	8 / 0.66	5.12	33.67
30	110	1050	1190	4 / 6.60	26.41	80	20	4 / 1.00	4.02	90	10	4 / 0.64	2.54	10	1088	8 / 0.67	5.53	42.19
36	120	1260	1410	4 / 11.27	45.07	100	20	4 / 1.57	6.28	120	16	4 / 1.81	7.23	10	1275	9 / 0.79	7.31	72.23
39	130	1365	1525	4 / 14.30	57.20	105	30	4 / 2.60	10.39	120	16	4 / 1.81	7.23	10	1287	10 / 0.79	7.79	90.91
42	130	1470	1630	4 / 17.73	70.91	110	30	4 / 2.85	11.40	120	16	4 / 1.81	7.23	10	1381	10 / 0.85	8.80	108.40
45	130	1575	1735	4 / 21.66	86.65	115	30	4 / 3.11	12.46	120	16	4 / 1.81	7.23	10	1474	11 / 0.91	9.88	128.32
48	160	1680	1870	4 / 26.56	106.25	120	30	4 / 3.39	13.56	150	24	4 / 4.24	16.96	10	1486	11 / 0.92	10.44	162.10
52	170	1820	2020	4 / 33.68	134.70	120	30	4 / 3.39	13.56	150	24	4 / 4.24	16.96	10	1543	12 / 0.95	11.50	195.22
56	180	1960	2170	4 / 41.96	167.83	130	30	4 / 3.98	15.92	150	24	4 / 4.24	16.96	10	1682	13 / 1.04	13.26	235.78
60	210	2100	2340	4 / 51.94	207.75	130	36	4 / 4.78	19.10	150	24	4 / 4.24	16.96	14	1779	14 / 2.15	29.02	298.64

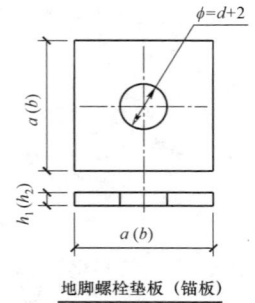

地脚螺栓垫板(锚板)

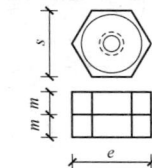

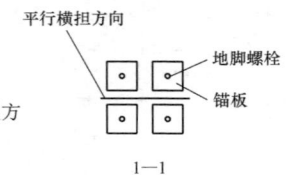

注:垫板的布置方式同锚板。

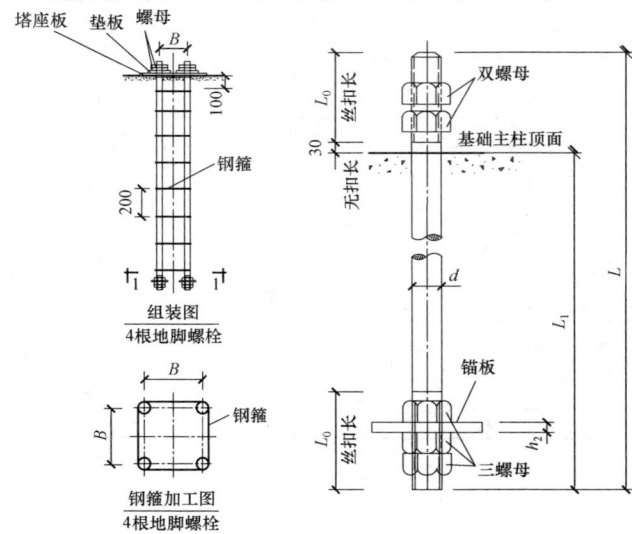

1—1

塔座板 垫板 螺母 / 钢箍 / 双螺母 / 基础主柱顶面 / 锚板 / 三螺母 / 丝扣长 / 无扣长 / 平行横担方向 / 地脚螺栓 / 锚板

组装图
4根地脚螺栓

钢箍加工图
4根地脚螺栓

螺栓直径 (mm)	22	24	27	30	36	39	42	45	48	52	56	60	64	68	70	72
螺帽 m (mm) max	19.75	21.5	24.7	25.6	31.0	32.5	34.0	36.0	38.0	41.5	45.0	48.0	51.0	54.0	55.5	57.0
e (mm) min	36.03	39.55	45.20	50.85	60.79	66.05	71.30	76.95	82.60	88.08	93.56	99.21	104.86	110.76	113.71	116.66
s (mm) max	32	36	41	46	55	60	65	70	75	80	85	90	95	100	102.5	105
单个重量 (kg)	0.07	0.09	0.13	0.18	0.32	0.41	0.50	0.61	0.74	0.92	1.09	1.29	1.51	1.71	1.81	1.91

说明:1. 地脚螺栓材质详见有关的"地脚螺栓配置表"图纸,垫板、锚板材质为Q345(质量等级B级),钢箍材质为HPB300。所有构件均可不镀锌。

2. 地脚螺栓顶部出露部分为双螺母加一块垫板;锚固端采用三螺母加一块锚板的连接方式。 螺母和丝扣按国家相关标准执行。

3. 直线转角塔、耐张转角塔的下压腿基础主柱顶部预高后,须保证地脚螺栓外露长度(即L_0+30值)不变。

4. 地脚螺栓间距B详见有关的各基础结构图图纸,另校核相对应铁塔加工图。

5. 上表中"地脚螺栓钢箍"的总长为粗估值,实际长度根据放样确定。

6. 地脚螺栓钢箍采用双面搭接焊,搭接长度$5d$,与地脚螺栓宜采用绑扎连接,可采用点焊连接,焊接用焊条均采用E43型。

7. 材料表中长度单位:mm,质量单位:kg。

8. 地脚螺栓布置时须采取有效的定位措施保证位置准确。

图 13—116　地脚螺栓加工图